家庭应急手册

刘洋 编

四川科学技术出版社

图书在版编目（CIP数据）

家庭应急手册 / 刘洋编. -- 成都：四川科学技术出版社, 2023.2

ISBN 978-7-5727-0841-1

Ⅰ. ①家… Ⅱ. ①刘… Ⅲ. ①家庭安全—手册 Ⅳ. ①X956-62

中国国家版本馆CIP数据核字（2023）第017019号

家庭应急手册

JIATING YINGJI SHOUCE

刘洋 编

出品人 程佳月
责任编辑 刘娟
助理编辑 刘倩枝
责任校对 罗丽
装帧设计 四川省经典记忆文化传播有限公司
插画 王若衡
责任出版 欧晓春
出版 四川科学技术出版社
发行 地址 成都市锦江区三色路238号 邮政编码 610023
官方微博 http://e.weibo.com/sckjcbs
官方微信公众号 sckjcbs
传真 028-86361756
成品尺寸 170mm × 240mm
印张 16.25
字数 325千字
印刷 四川华龙印务有限公司
版次 2023年2月第1版
印次 2023年9月第1次印刷
定价 58.00元

ISBN 978-7-5727-0841-1

邮购：成都市锦江区三色路238号新华之星A座25层 邮政编码：610023
电话：028-86361758

前言

意外和明天不知谁会先来

家庭是社会的基本细胞，是最核心的社会组织，也是人们最重要的精神家园。不管是面对自然界的狂风暴雨，还是纷繁世界中的躁动不安，只要回到家，就如回到了宁静的港湾，就感到了安全。当下，新业态、新技术不断涌现，丰富和方便了我们的生活。然而，高层建筑增多，新材料和新能源的广泛利用，各类生活电器大量进入家庭，在为人们带来极大的生活便利和物质享受的同时，也增添了许多危险因素，把安全风险引入了家庭居所。从大数据样本统计结果来看，坠落、中毒、刺割伤、烫伤、火灾在家庭意外事故中发生频率最高。在这些意外事故中，年龄小、经验少、好奇心重的儿童成为最易受到伤害的对象。在冰冷的意外事故的数字背后，有着多少悔不当初的悲恸。

人类文明发展的几千年历史，也是人类不断应对大自然的挑战、不断战胜各类自然灾害的历史。中国自然灾害较为严重，灾害种类多，分布地域广，发生频率高，造成损失重。地震、火灾、滑坡、泥石流，还有犹如“车轮战”的持续强降雨，无一不威胁着人们的生命。如果没有准备，灾害发生时家庭往往无法应对，造成财产甚至生命的损失。灾害固然可怕，但是比灾害更可怕的是大众对防灾减灾的无知。特别是年龄较大的老人和低龄的儿童，他们的防灾减灾意识薄弱，自救互救能力低，亟须向他们普及防灾减灾知识。提高自救互救能力，能够提前预判危险，在灾害发生时可以顺利自救或是争取更长时间保证自身安全等待救援。

灾害和意外事故发生时，出现不同结果的原因是不同的人存在安全意识和知识的差异。“君子不立危墙之下”，首先是要具备发现“危墙”的意识和知识，但这并不是与生俱来的，需要主动培养和学习。安全意识的天敌是侥幸心理。现实生活中，往往有人心存侥幸，只看到眼下的风平浪静，没有看到暴风雨即将来临；还有人虽然知道灾害和意外事故的可怕，却总是认为不会发生在自己身上，“闯红灯”“骑电瓶车进电梯”……这些明知不可为而为之的行为给灾害、意外事故留够了可乘之机，也让自己成了风险面前的“网中之鱼”。

人的生命是最宝贵的，犹如单行道，没有回头路。要学会算人生总账、算大账、算长远账，将安全投资作为家庭持续发展的基石，宁可备而无用，不可用而无备。为保证安全而做的准备所产生的支出与其带来的收益相比是微不足道的，做好安全防范就是在创造财富，更是在守护生命。主动查找、消除家庭的安全隐患，熟练掌握各类应急设备的使用方法，观察、熟悉自身所处环境以及应急通道……只有时刻做好安全防范，面对灾害、意外事故才能将损失降到最低。

“暗潮已到无人会，只有篙师识水痕。”趋利避害是人之本性，掌握自救互救技能却非一日之功。近年来，从整个社会到单个家庭，我们对防灾、减灾、救灾的重视程度不可谓不高，然而从事后复盘来看，不少灾害、意外事故的人员伤亡还是因为安全防范意识不足，自救互救技能缺乏：遇到火情，明明消防器材就在手中，却搞不清开关在哪；遭遇山洪暴发时，明明有时间顺利逃生，却不知道该往哪边跑……最终只能眼睁睁地看着悲剧酿成。“不蹚河不知水深浅”，人的安全意识再足，救援的装备再精良，关键还是要落实到实际操作中。要知道，虽然一些重大自然灾害靠人力是难以控制的，但只要防灾减灾以及自救的方式方法运用得当，人们受到的伤害绝对是可防可减的。例如，在曾发生过大地震的汶川，有的家庭把纸条贴在新发现的裂缝上，当纸条断裂就迅速做出即将发生山体滑坡，需要紧急避险的判断并及时采取避险措施；重庆酉阳4岁的小男孩因为父母日常的教育，在发现家里的投影仪燃烧后，用湿毛巾捂住口鼻、拔插头、关电源、拨打119、接水灭火的操作一气呵成，成功处置了火灾，降低或消除了火灾对自己和家人带来的伤害及损失，堪称“教科书式”灭火。

家，是温馨的，家人欢声笑语，朝夕相伴；家，是团聚的，家人缺一不可，三餐四季；家，也应该是平安的，这是一切美好的前提。但是灾害和意外事故的发生往往是不期而至的。为了父母的寄托，为了伴侣的企盼，为了儿女的心愿，我们必须清醒地认识到灾害和意外事故从来不是“假想敌”，应该时时、事事、处处留意可能出现的风险；也必须坚决杜绝安全防范中的“没想到”，未雨绸缪做足一切防灾、减灾准备；更必须千方百计提升自救互救能力，尽力降低灾害和意外事故带给我们的伤害和损失，这样才能让一家家安宁的灯火汇聚成全社会安全、稳定发展的时代之光，向着人类更加美好的未来进发。

目录

第一章 家庭应急

第二章 野外生存

第三章 突发公共事件防范与自救

第四章 自然灾害防范与自救

家庭应急

第一节　家庭应急基本常识

一、家庭应急物资建议

每个家庭可参照“家庭应急物资储备建议清单”准备应急物资，并准备一个随时可用的应急包。应急包最好是双肩包，要结实、防水，做到有备无患。

1.应急物品

（1）具备收音功能的手摇充电电筒，可对手机充电、调频（FM）自动搜台、按键可发报警声音。

（2）救生哨，建议选择无核设计，可吹出高频求救信号。

（3）便携式收音机（带备用电池）、手摇收音机。

（4）救生衣、反光衣、防水布、应急毛毯、多功能雨衣。

（5）打火机，防风、防水火柴或打火棒。

（6）针线包。

2.应急工具

（1）呼吸面罩：消防过滤式自救呼吸器，用于火灾逃生使用。

（2）多功能组合刀具：刀锯、螺丝刀、钢钳等。

（3）应急逃生绳：用于居住楼层较高的逃生使用。

（4）灭火器/防火毯：可用于扑灭油锅火、隔离热源及火焰或披覆在身上逃生。

3.医疗急救用品（适合所有灾种）

（1）常用医药品：抗感染、抗感冒、抗腹泻类非处方药（少量）。

（2）消炎用品：碘伏棉棒、酒精棉棒、创可贴、抗菌软膏，用于伤口消毒、杀菌。

（3）包扎用品：医用纱布块、纱布卷、医用弹性绷带、三角绷带、止血带、压脉带。

（4）辅助工具：剪刀、镊子、医用橡胶手套、宽胶带、棉花球、体温计。

4.水和食品（适合所有灾种）

（1）饮用水：矿泉水（三天以上）、净水片。

（2）食品：饼干或压缩饼干、干脆面、巧克力、罐头和维生素补充剂等。

（3）特殊人群食品：婴儿奶粉等儿童特殊食品；老年人特殊食品；其他，如高血压、高血糖患者食品等。

5.个人用品

（1）洗漱用品：毛巾、纸巾、牙膏、牙刷、洗发水、香皂、沐浴露、手动剃须刀等。

（2）衣物：备用内衣裤等轻便贴身衣物，防水鞋、帽子、手套、袜子（可多带）。

（3）女性用品：孕妇用品、卫生巾等。

（4）其他用品：保温杯、隐形眼镜眼药水、驱蚊防蛇剂、消毒液、漂白液、儿童图书、玩具等。

6.重要文件资料（适合所有灾种）

（1）家庭成员信息资料：身份证、户口本、机动车驾驶证、出生证、结婚证。

（2）重要财务资料：适量现金、银行卡、存折、房屋使用权证书、股票、债券等。

（3）其他重要资料：家庭紧急联络单、保险单、家庭应急卡片（建议正面附家庭成员照片、血型、常见疾病及用药情况，反面附家庭住址、家属联系方式、应急联系电话和紧急联络人联系方式）。

二、家庭常见风险自我检测

1.家用电器

首先是用电设备长期不使用时，应关闭开关或拔下插头。选用合格的电器，不要贪便宜购买及使用假冒伪劣电器、电线、开关、插头、插座等。不要超负荷用电，使用的家用电器大量增加将导致用电量急剧上升，若超过原电器线路和开关的最大承载能力，极易引发火灾。电线如长期受热、受潮或年久失修，将导致绝缘层破损、老化，易引发火灾。乱接乱拉将致使电线短路，也易引发火灾。严禁任意加粗熔断器，更不要用铜丝、铁丝、铝丝代替熔断丝。定期检查厨房及卫生间电路，禁止用湿布擦拭电源插头。在使用各种烤火器、加热器后，离开时一定要关闭电源，并且使其和窗帘、家具、衣物保持一定距离。如果只是将电器机身的开关关掉，而不将电线插头从电源插座中拔出，那么电器仍处于局部通电状态，这样长期蓄热会引起电器故障而易发生起火或爆炸。家用电器插座过于集中，增加了线路的接触电阻，长此以往也极易引发火灾。电冰箱、空调、灯具等靠近窗帘、沙发等可燃物，时间久了也可能引发火灾。使用不能自控温度的电熨斗时突遇停电，却忘了拔下插头，一旦来电，也极易引发火灾。家用电器须严格按说明书使用年限使用，空调、电冰箱安全使用年限一般为10年；洗衣机、热水器安全使用年限一般为8年；烤火、加热类家用小电器，若保存得当，它们的安全使用年限一般为5~8年。

2.厨房

在厨房做饭时，火不关则人不要离开厨房；刀具不用时，放在固定位置上；厨房要保持清洁，及时消清油垢、清理杂物，以免火屑飞散，引发火灾。如果将方便食品放在灶台上，发生火灾时会引起爆炸。炒菜时，如果连续加热时间过长，当温度超过食用油的自燃点时，就会发生自燃。离开家或者入睡前，必须将厨房用电器具断电，关闭燃气开关，消除安全隐患。厨房要做防潮、防滑处理，以防止滑倒。建议在厨房配置灭火器，家庭每个成员都需要了解其使用方法。

3.家中存放易燃、易爆物

液化石油气钢瓶与炉具要保持1米以上的安全距离，使用时先开气阀再点火，使用完毕先关气阀再关炉具开关。个人不要随意倾倒液化石油气残液，液化石油气使用完后将钢瓶交专业部门处置。发现燃气泄漏，要迅速关闭气阀，打开门窗通风，切勿触动电器开关和使用明火，特别不要在燃气泄漏场所拨打电话。发胶、除厕剂、杀虫喷雾罐等，即使已经用完，空瓶内也有很大的压力，摩擦或静电可能引发爆炸，因此不得乱扔。

4.私搭、乱放

住宅与临时搭建房屋相互毗连，形成建筑火灾隐患，稍有不慎就可能引发火灾。在楼道内接线给电瓶车充电，或者让电瓶车进入电梯都极易引发火灾。不要在楼梯间、公共走道用火或存放物品，特别不要在棚厦内点火，存放易燃、易爆物品和维修机动车辆，禁止在禁火区域吸烟、用火。

5.房屋安全

房屋使用满30年后，建议进行安全评估和鉴定；在暴风雨、雷雨多发季节，要对房屋进行安全检查；房屋出现开裂、变形、地基沉降，遭遇地震、洪水、泥石流、风灾等自然灾害，受火灾、爆炸、碰撞、震动等要进行安全鉴定；杜绝在房屋改建、装修过程中拆改承重墙、柱、梁等不规范行为，更禁止在屋顶超负荷建房、堆放重物等。

6.自然灾害风险

家住低楼层、地势低洼，靠近河或者沟渠，附近有地灾或洪水隐患点；家在台风多发地，但是窗户不够结实，屋顶漏雨；家在地震多发区，但家具未固定到墙上，柜子上放置花瓶或者重物。以上这些发生在自然灾害风险较大的地方要特别加强防范。

7.其他风险

一般要保证家具靠墙而立，以免小的带尖角的家具伤害孩子。不要靠窗放置凳子和沙发等家具，以免孩子攀爬。避免将盛水的花瓶或者水杯放在电器上面，以防花瓶或者水杯被打翻后引发电器短路从而导致火灾。在室内玻璃上粘贴胶纸，防止玻璃被打碎造成意外伤害。关注房屋周边施工情况，注意水管、燃气管道爆裂。要及时清理过期药品，特别要防范小孩接触药品。使用过期药品不但会延误治病救人，而且由于药品过期后可能会分解出一些有害物质，人服用后有可能会引发过敏甚至休克。

三、家庭应急常用知识

1.关注预警信息

依据灾害可能造成的危害程度、紧急程度和发展态势，一般将预警信号的级别划分为四级（部分气象灾害除外），即Ⅳ级（一般）、Ⅲ级（较重）、Ⅱ级（严重）、Ⅰ级（特别严重），并依次用蓝色、黄色、橙色和红色表示。

Ⅳ级（一般）蓝色预警。暴雪蓝色预警信号提醒公众12小时内降雪量将达4毫米以上，或者已达4毫米以上且降雪持续。台风蓝色预警信号提醒公众24小时内沿海或者陆地平均风力可能达6级以上，或者阵风8级以上并可能持续。暴雨蓝色预警信号提醒公众12小时内降雨量将达50毫米以上，或者已达50毫米以上且降雨可能持续。霜冻蓝色预警信号提醒公众48小时内地面最低温度将要下降到0℃以下，对农业将产生影响；或者已经降到0℃以下，对农业已经产生影响，并可能持续。寒潮蓝色预警信号提醒公众48小时内最低气气温将要下降8℃以上，最低气温小于等于4℃，陆地平均风力可达5级以上；或者最低气温已经下降8℃以上，最低气温小于等于4℃，平均风力达5级以上，可能持续。大风蓝色预警信号提醒公众24小时内可能受大风影响，平均风力可达6级以上，或者阵风7级以上；或者已经受大风影响，平均风力为6～7级，或者阵风7～8级并可能持续 。

Ⅲ级（较重）黄色预警。暴雪黄色预警信号提醒公众12小时内降雪量将达6毫米以上，或者已达6毫米以上且降雪持续，可能对交通或者农牧业有影响。台风黄色预警信号提醒公众24小时内沿海或者陆地平均风力可能达8级以上，或者阵风10级以上并可能持续。暴雨黄色预警信号提醒公众6小时内降雨量将达50毫米以上，或者已达50毫米以上且降雨可能持续。 霜冻黄色预警信号提醒公众24小时内地面最低温度将要下降到零下3℃以下，对农业将产生严重影响；或者已经降到零下3℃以下，对农业已经产生严重影响，并可能持续。寒潮黄色预警信号提醒公众24小时内最低气温将要下降10℃以上，最低气温小于等于4℃，陆地平均风力可达6级以上；或者最低气温已经下降10℃以上，最低气温小于等于4℃，平均风力达6级以上，并可能持续。大风黄色预警信号提醒公众12小时内可能受大风影响平均风力可达8级以上，或者阵风9级以上；或者已经受大风影响，平均风力为8～9级，或者阵风9～10级并可能持续。高温黄色预警信号提醒公众连续三天最高气温将在35℃以上。雷电黄色预警信号提醒公众6小时内可能发生雷电活动，可能会造成雷电灾害事故。大雾黄色预警信号提醒公众12小时内可能出现能见度小于500米的雾，或者已经出现能见度小于500米、大于等于200米的浓雾并将持续。道路结冰黄色预警信号提醒公众当路表温度低于0℃，12小时内可能出现对交通有影响的道路结冰。森林火险黄色预警信号提醒公众森林火险气象等级为三级，林内可燃物较易燃烧，森林火灾较易发生。

Ⅱ级（严重）橙色预警。暴雪橙色预警信号提醒公众6小时内降雪量将达10毫米以上，或者已达10毫米以上且降雪持续，可能或者已经对交通或者农牧业有较大影响。台风橙色预警信号提醒公众12小时内沿海或者陆地平均风力可能达10级以上，或者阵风12级以上并可能持续。暴雨橙色预警信号提醒公众3小时内降雨量将达50毫米以上，或者已达50毫米以上且降雨可能持续。 霜冻橙色预警信号提醒公众24小时内地面最低温度将要下降到零下5℃以下，对农业将产生严重影响；或者已经降到零下5℃以下，对农业已经产生严重影响，并可能持续。寒潮橙色预警信号提醒公众24小时内最低气温将要下降12℃以上，最低气温小于等于0℃，陆地平均风力可达6级以上；或者最低气温已经下降12℃以上，最低气温小于等于0℃，平均风力达6级以上，并可能持续。大风橙色预警信号提醒公众6小时内可能受大风影响平均风力可达10级以上，或者阵风11级以上；或者已经受大风影响，平均风力为10～11级，或者阵风11～12级并可能持续。高温橙色预警信号提醒公众24小时内最高气温将升至37℃以上。雷电橙色预警信号提醒公众2小时内发生雷电活动的可能性很大，或者已经受雷电活动影响，且可能持续，出现雷灾害事故的可能性比较大。大雾橙色预警信号提醒公众6小时内可能出现能见度小于200米的雾，或者已经出现能见度小于200米、大于等于50米的浓雾并将持续。道路结冰橙色预警信号提醒公众当路表温度低于0℃，6小时内可能出现对交通有较大影响的道路结冰。冰雹橙色预警信号提醒公众6小时内可能出现冰雹天气，并可能造成雹灾。干旱橙色预警信号提醒公众预计未来一周综合气象干旱指数达到重旱（气象干旱为25～50年一遇），或者某一县（区）有40%以上的农作物受旱。森林火险橙色预警信号提醒公众森林火险气象等级为四级，林内可燃物容易燃烧，森林火灾容易发生，火势蔓延速度快。

Ⅰ级（特别严重）红色预警。暴雪红色预警信号提醒公众6小时内降雪量将达15毫米以上，或者已达15毫米以上且降雪持续，可能或者已经对交通或者农牧业有较大影响。台风红色预警信号提醒公众6小时内可能或者已经受热带气旋影响，沿海或者陆地平均风力达12级以上，或者阵风达14级以上并可能持续。暴雨红色预警信号提醒公众3小时内降雨量将达100毫米以上，或者已达100毫米以上且降雨可能持续。寒潮红色预警信号提醒公众24小时内最低气温将要下降16℃以上，最低气温小于等于0℃，陆地平均风可达6级以上；或者最低气温已经下降16℃以上，最低气温小于等于0℃，平均风力达6级以上，并可能持续。大风红色预警信号提醒公众6小时内可能受大风影响，平均风力可达12级以上，或者阵风13级以上；或者已经受大风影响，平均风力为12级以上，或者阵风13级以上并可能持续。高温红色预警信号提醒公众24小时内最高气温升至40℃以上。雷电红色预警信号提醒公众2小时内发生雷电活动的可能性非常大，或者已经有强烈的雷电活动发生，且可能持续，出现雷电灾害事故的可能性非常大。大雾红色预警信号提醒公众2小时内可能出现能见度小于50米的雾，或者已经出现能见度小于50米的雾并将持续。道路结冰红色预警信号提醒公众道路地表温度小于0℃，2小时内可能出现或者已经出现对交通有很大影响的道路结冰。冰雹红色预警信号提醒公众2小时内出现冰雹伴随雷电天气的可能性极大，并可能造成重雹灾。干旱红色预警信号提醒公众预计未来一周综合气象干旱指数达到特旱（气象干旱为50年以上一遇），或者某一县（区）有60%以上的农作物受旱。森林火险红色预警信号提醒公众森林火险气象等级为五级，林内可燃物极易燃烧，森林火灾极易发生，火势蔓延速度极快。

2.识别安全标志

在公共场合或小区，经常能看到一些警告、禁止的提示性安全标志，如禁止吸烟、小心有电、小心辐射、小心有毒、应急出口、水源、避难场所等，要能正确识别。

3.家庭应急预案

家庭要有应急预案（尽量准备一个应急包），每一个房间都应计划逃生路线（最好计划两条路线），适时进行防灾讨论或者演练，特别要鼓励孩子参与。了解社区应急预警系统和应急计划，关注社区信息发布渠道，记录本地公安、应急、消防等政府应急部门的地址和联系电话。孩子要随身携带信息卡，记录紧急联系方式。家庭每个人须了解厨房灭火器以及家中其他灭火工具的位置，知道电源总开关位置，学会紧急情况下快速地切断总电源和燃气阀，时刻关注照明、烤火、烘干用具的状态，熟记家庭应急包和应急安全房间位置。总的来说，每个家庭应该加强家庭安全风险评估和应急演练，适时准备应急物资，确定安全会合地点；规范使用家用电器、燃气，重点关注孩子和老人日常使用家用电器、燃气的安全；在室内时，不管遇到任何自然灾害和事故，立即关掉水、电、气，熄灭所有明火；撤离时不乱叫、不奔跑、不推挤，有序、快速撤离。一般往既宽阔又安全的地方撤离，如公园、绿地、大广场、体育场、学校操场等。

第二节　常见伤病应急处理

无论在野外还是在家中，无论是生病还是受到意外伤害时，都可以充分利用周边的一切资源进行有针对性的初步处理。

一、常见伤病的紧急处理

1.烫伤

发生烫伤后，无论是开水烫伤还是蒸汽烫伤，如果烫伤面积较小，首先应迅速降低被烫伤皮肤的温度，尽量减轻烫伤处的进一步损伤。可立即将被烫伤部位放置在流动的冷水下冲洗或是用凉毛巾冷敷，以降低局部皮肤的温度，同时减轻疼痛。如果烫伤面积较大，应立即就医。烫伤后千万不能采用冰敷的方式治疗，冰敷会损伤已经烫伤的皮肤，导致烫伤恶化。不要弄破水疱，否则容易留下瘢痕。不要随便涂抹牙膏、猪油、酱油等在伤口处，否则易使伤口感染。当烫伤处有衣物覆盖时，不要着急脱掉衣物，以免撕破烫伤导致的水疱。可先用冷水冲洗降温，再小心地用剪刀剪开衣物。烫伤较为严重时，应先用干净纱布覆盖烫伤处或暴露伤口，然后迅速送医院治疗。专业的治疗可以减少或避免留下瘢痕。烫伤处应避免在阳光下直射，也不要过多活动，以免伤口与纱布摩擦，增加伤口的愈合时间。

被烫部位放在流动的冷水下冲洗

2.感冒发热

一般性感冒发热可用稍凉的湿毛巾（约25℃）在额头、脸上擦拭以降温；或者可用温水（37℃左右）冲澡，因其可使皮肤的毛细血管扩张，有利于将热量散出，注意冲澡后应及时擦干皮肤。体温在38℃以上时可使用冰袋降温，冰袋可放置于腋下或大腿根部等血管丰富的部位，有利于散热，注意在冰袋外面包裹干毛巾或棉垫，避免冻伤皮肤。注意，婴幼儿及血液病患者禁用酒精擦拭降温。发热时流汗增多，体内水分和盐分会加快流失，应该适当多饮用淡盐水、果汁等，尤其要注意补充盐分。

3.扭伤

扭伤一般是身体软组织的损伤。一旦扭伤，应立即用弹性绷带包扎，并将受伤部位垫高，避免再次损伤。在扭伤发生的24小时内，可用冰袋冷敷，减少肿痛，每天3～4次，每次半小时。48小时之后换为热敷，可加快受伤部位的血液循环，快速消肿。扭伤后不要活动扭伤的部位，特别不要因为主观感觉没有问题就继续运动，容易加重损伤而留下不可逆转的后遗症。如果感觉十分疼痛，可能存在骨折，要立即到医院检查、治疗。在野外，踝关节轻度扭伤时，可以将韭菜根捣烂，加入面粉和白酒，调成糊状敷于伤处，每日换1次，可消肿止痛。扭伤48小时后，用热醋清洗扭伤处也可减轻肿痛。

4. 食物中毒

进食后如出现呕吐、腹泻等疑似食物中毒症状，要立即自行催吐进行救治。如果症状没有缓解甚至加重，马上前往医院进行救治。如进食中毒食物的时间未超过2小时，可采取快速饮用冷盐水、姜汁等催吐方式，也可用手指、筷子压住舌根部位，或用鹅毛等刺激咽喉进行催吐，以尽快排出毒物。催吐后，要立即饮用较多的茶水、肥皂水、柳树皮水中和、稀释残留的毒物，并迅速送医院救治。一旦怀疑食物有毒，要立即禁止自己或他人食用该食物，并妥善保存食物，避免他人误食。

5. 腹痛

要高度重视一种腹痛叫"即刻致命性腹痛"。它表面上是腹痛，其实是急性心肌梗死引起，可迅速导致死亡，所以腹痛不容忽视。发生腹痛时，患者应立即就地平卧，尽量放松全身，同时立即拨打急救电话，在专业急救人员的陪护下去医院。如腹痛伴发热、腹泻，往往提示有急性胃肠炎。腹痛剧烈而病因尚未查清前，慎用镇痛药，如吗啡、哌替啶等药物，以免掩盖病情，延误最佳救治时间。持续或剧烈的腹痛不能缓解者，应立即前往医院查清病因并及时治疗。在野外，可以食用水生薄荷、榆树皮等缓解消化性腹痛，但一定要认准病因后再食用，同时防止中毒。

6. 蜂蜇伤

蜂蜇伤后患处立即有烧灼感或剧痛，不久即出现红肿，甚至可见水疱、大疱，皮损中间有出血点。如果多处被蜇伤，除有大面积肿胀外，还可能有不同程度的全身中毒症状，如发热、头痛、恶心、呕吐，甚至出现抽搐、肺水肿、昏迷、休克、死亡。蜂蜇伤后应先将毒刺拔出，用肥皂水或盐水清洗，马上冰敷，千万不要用红药水、紫药水、碘酒；再外敷5%碳酸氢钠溶液或10%氨水（黄蜂蜇伤则外敷食醋）。情况严重者应简单处理后立即送医院。

7. 毒蛇咬伤

夏、秋两季进入山林，要防范毒蛇咬伤。被毒蛇咬伤后一定要尽早自救或互救，如挤出毒素。一旦发生毒蛇咬伤，不要惊慌失措，更不要奔跑或乱动肢体；应就地取材，用鞋带、裤带等绳带绑扎伤处近心端（离心脏近的一端）的肢体，如手指被咬伤可绑扎指根，手掌或前臂被咬伤可绑扎肘关节下，大腿被咬伤可绑扎大腿根部，松紧度适宜；然后用手从伤口的近心端向远心端反复推挤，尽量使毒液排出；或将伤处浸入清水中，用大量清水冲洗伤口上的蛇毒和污物；移除肢体上可能的束缚物，如戒指、手镯等，以免加重伤肢肿胀。毒蛇咬伤后不能喝酒、咖啡，以及刺激性饮料，尽量保持安静，避免促进血液循环而使毒液吸收更快。按上述方法处理后，将伤肢制动、平放并进行局部降温措施，然后迅速送至医院治疗。

8.犬咬伤

犬咬伤后应尽早处理伤口及注射狂犬疫苗。先在咬伤处近心端绑扎止血带，立即就地用20%肥皂水和清水交替清洗伤口15分钟以上；清洗完成后，用碘伏对伤口进行消毒；经上述紧急处理后，及时到正规医院继续处理创面，医生会根据伤口暴露情况注射狂犬疫苗或狂犬病免疫球蛋白，并常规注射破伤风抗毒素。

9.蚊虫叮咬

被蚊虫叮咬后的表现因人而异，一般表现为红斑、丘疹、风团，在损害中央部位有暗红色淤点，自觉瘙痒。轻微症状者可用肥皂水、香皂水清洗，也可外用止痒剂，如炉甘石洗剂。在野外被蚊虫叮咬后，如发热、头晕，极易引起疟疾，要及时送医。

10.蝎子蜇伤

在登山旅游过程中，若被蝎子蜇伤，局部会出现烧灼样疼痛，数小时后毒素在体内蔓延，可能使伤者发生烦躁不安、出汗、流涎、发热、呕吐等症状，严重者还可能出现肌肉疼痛、抽搐，甚至因为呼吸肌麻痹而死亡。如果发生这种意外伤害，要立即拔出毒刺，然后用氨水、碳酸氢钠溶液等碱性溶液来冲洗伤口，也可以用肥皂水代替，冲洗完再涂上3%的氨水。情况严重者应立即就医。

11.抽筋

抽筋即肌肉痉挛，是指肌肉自发的强直性收缩，具有发生突然、疼痛剧烈且持续时间短的特点，会使人感到肌肉僵硬、疼痛难忍。抽筋的部位在全身都会发生，但以下肢最多见，俗称“腿抽筋”。诱发抽筋的原因有很多，寒冷刺激、血液中钙离子浓度过低、局部神经血管受压、运动过量、神经肌肉病变等均会引起抽筋。抽筋易发生在游泳时、夜晚睡觉时。如在游泳时突发抽筋，应保持镇定，迅速判断自己所处位置，避免呛水。若在浅水区，可马上站立并用力蹬伸，或用手把踇趾往上掰，并按摩小腿，抽筋症状可缓解；如在深水区，应先吸一口气，然后潜入水中用手揉捏抽筋部位，用力翘起脚掌，以牵引抽筋的肌肉，或者抓住前脚掌向上、向后拉，待稍微缓解后，迅速上岸。若抽筋严重，应尽早呼救。抽筋缓解后，如果仍有疼痛，可通过热水袋、热毛巾热敷，洗热水澡等方式放松肌肉。如在夜晚睡觉时发生抽筋，应用力将腿部伸直，直到疼痛、抽筋缓解，再进行适当按摩。如抽筋持续发生且原因不明，应及时到医院检查，找出病因，及时治疗。平时应加强补钙，多晒太阳，适当多吃肉类、鸡蛋等脂肪、蛋白质含量较高的食物，以增加体内能量，可有效减少抽筋的发生，也可做局部肌肉的热敷、按摩，加强局部的血液循环。

12. 外出血

血液是维持生命的重要物质，如出血量在总血量的40%（1 600毫升）以上时可出现重度休克症状，危及生命。外出血是肉眼能看到的出血，指血管破裂、皮肤表面裂开、血液流出体外。毛细血管出血时，血液呈水珠状渗出，颜色从鲜红色变成暗红色，失血量少，多能自动凝固止血，血流较慢且伤势不严重，如擦伤。静脉出血时，血液以非喷射状流出，呈暗红色，如不及时止血，流血时间过长，失血量过多会危及生命。动脉出血时血液可呈喷射状或随心搏节律性喷射，呈鲜红色，失血量多，危害性大，若不立即止血，易危及生命。成年人外出血失血量在500毫升以内时，一般无明显症状；当失血量在800毫升以上时，伤者可出现面色和口唇苍白、皮肤出冷汗、手脚冰冷、呼吸急促等症状，严重者可危及生命。因此，掌握外出血的急救措施非常重要。

若外出血较少且伤势不严重，常能自动凝固止血，这时用碘伏消毒伤口周围皮肤，或者用凉开水、自来水、生理盐水清洗伤口周围，在伤口上包扎消毒纱布或贴创可贴即可止血。若伤口较大且外出血不止，要立即止血。指压止血法通过按压出血位置的近心端阻断血液来源，以达到止血目的。此法适用于头部、颈部和四肢外出血。加压包扎止血法用消毒的纱布、棉球做成软垫放在伤口上，再用力加以包扎，以增大压力、减少出血，经生理性凝血达到止血的目的。此法适用于四肢、头顶、躯干等体表血管外出血，但注意加压时力度不宜过大，避免受压组织因局部缺血而发生坏死。屈肢加垫止血法是当前臂或小腿出现外出血时，可在肘窝、腘窝内放纱布垫、棉花团或毛巾、衣服等物品，屈曲肘关节或膝关节，用三角巾、绷带或领带等做“8”字形固定，但骨折或关节脱位者不能使用。止血带止血法适用于四肢大出血，止血带的选择以充气止血带最好，紧急情况下可用橡皮管、布条、绷带代替，但应增加衬垫，不可用止血带直接捆绑四肢。此绑扎止血带的时间要认真记录，每隔30分钟放松1～2分钟，避免绑扎时间过长引起伤口远心端的肢体缺血、坏死。

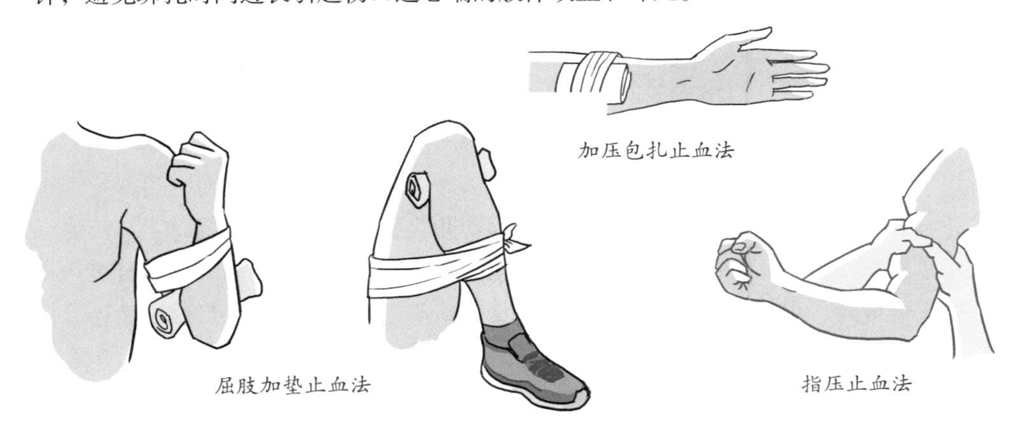

13.全身常见骨折

骨折指骨及骨小梁的连续性中断，骨骼的完整性遭到破坏。骨折往往会造成局部肿胀、疼痛，还可能出现淤血和青紫色淤斑。严重骨折患者常因广泛的软组织损伤、大量出血、剧烈疼痛或引发内脏损伤等而引起休克。

发生严重骨折后，首先是要努力维持患者心跳和呼吸的正常状态。如患者发生休克，多是失血过多导致，此时要把患者的头和躯干抬高20°～30°，下肢抬高15°～20°，以利于呼吸和下肢静脉回流；还要保证大脑供血，注意保暖。如骨折处有伤口，应立即清理污染物，并用洁净纱布覆盖；如伤口持续出血，需压迫止血；如有骨头外露，要用生理盐水等对其进行清洗，以免感染。转移时，不可盲目移动患者身体，应尽快把伤肢用夹板固定住，夹板可用木片或折叠起来的硬纸板制成，将夹板放在受伤的肢体下面或侧面，用三角形绷带、皮带或领带固定夹板和受伤的肢体。固定夹板时避免使用过细的绳子或缠得太紧，以免阻碍血液循环。止血处理后立即送医院救治。

14.异物入眼、入耳处理

异物入眼后，不要用手去揉眼睛，可转动眼球，等到眼泪大量分泌时，轻轻眨眼数次；若异物在表层，可被眼泪“冲洗”出来，但如果用眼泪无法将异物“冲洗”出来，可用清水冲洗眼将异物排出；若异物入眼较深，应及时就医。

异物入耳时，要根据异物的不同，采取相应的方法使异物脱出耳内。比如对活的昆虫类异物，先用甘油、酒精等滴入耳道淹没外耳道口，使昆虫淹毙或麻醉后再设法取出；对飞虫类异物，可试着在暗室中用亮光贴近外耳道口将其诱出。若异物入耳无法自行使其脱出耳内，要立即到医院请五官科医生处理。

15.气道异物处理

气道异物指因误吸等原因使异物进入喉、气管及支气管，可引起患者出现咳嗽、呼吸窘迫、窒息等症状，在5岁以下儿童、老年人、脑卒中患者、吞咽功能障碍患者等人群中常见。若气道异物未得到及时处理，患者容易在短时间内因气道异物发生窒息而死亡。对出现气道异物的患者，由于病情严重、危急，现场急救应采取简单易行、实用性强的操作方法。当现场无医疗设备时，急救者应快速帮助患者排出气道异物，使患者的呼吸迅速得到恢复。海姆立克急救法是应对气道异物理想的急救方法：①对婴幼儿进行急救时，使婴幼儿脸朝下放在施救者前臂上，用另一只手掌根部在婴幼儿背部两蝴蝶骨之间轻柔拍打数次。②成人自救时，患者可用自己的手或椅背、桌边顶住上腹部，快速而猛烈地挤压上腹部，挤压后随即放松，反复如此直至异物排出。③对成人进行急救时，施救者稳定站立于患者身后，用双臂环抱患者的腰部，双手放在患者身体前方，一手握拳，将拳头的拇指侧放在肚脐略上、胸骨正下方的位置，另一只手抓住握拳的手，快速向内、向上挤压，冲击患者腹部，直至异物排出。若用海姆立克急救法无效，且患者出现意识丧失，呼吸、心跳停止，要立即开始心肺复苏，并同时呼叫120迅速就医。

16.中暑

当人长时间处于高温或热辐射环境中，人体产热和散热失去平衡，导致体温调节障碍，汗腺功能衰竭，出现一系列水、电解质紊乱及神经系统功能损害症状，称为中暑。中暑有先兆中暑、轻症中暑、重症中暑三个阶段。

先兆中暑表现为体温正常或略微升高（体温不超过38℃），出现大汗、四肢无力、头晕、口渴、头痛、注意力不集中、眼花、耳鸣、动作不协调等症状，如及时将患者转移至阴凉通风处安静休息，补充水、盐，短时间内即可恢复。轻症中暑表现为皮肤灼热、面色潮红或脱水（如四肢湿冷、面色苍白、血压下降、脉搏增快等）症状，一般经过及时、有效的对症处理，可很快恢复。重症中暑包括热痉挛、热衰竭和热射病。热痉挛是一种短暂、阵发性发作的肌肉痉挛。热衰竭表现为多汗、疲乏、无力、眩晕、恶心、呕吐、头痛等，可有明显脱水征，如心动过速、直立性低血压或晕厥，还可出现呼吸增快、肌痉挛。热射病典型的临床表现为高热（直肠温度≥ 41℃）、无汗和意识障碍。

中暑时要迅速撤离高温环境，转移到阴凉通风处，并垫高头部，解开衣裤，便于呼吸和散热。多饮用一些含盐分的清凉饮料，及时补充身体所需的水分，同时补充部分无机盐。若因高温、高湿、无风，身体散热困难时，可反复用冷水擦拭全身，直至体温低于38℃。头部降温先用温水敷，后改为用冷水敷，还可以在额部、太阳穴涂抹清凉油、风油精等。服用人丹、十滴水、清热祛湿颗粒、金银花口服液、藿香正气水等。对于已出现血压降低、虚脱的重症中暑者，应立即平卧，移至通风阴凉处，并拨打120急救。

在高温天气下，应注意作业环境通风、隔热，尽量在室内活动。若确实需要在户外活动，尽量避开正午时段，并做好防晒、防暑的准备，及时饮水，适当补充电解质。在平时应合理饮食、保证营养，合理安排作息时间，保持充足睡眠，掌握中暑的急救措施，常备防暑药物。

17.坐骨神经痛

坐骨神经痛是因为长时间全身或者局部受凉，或是睡眠中受了风湿，或是登山时腰腿用力不当等引起，其症状表现为一侧腰部、臀部、大腿及小腿后外侧疼痛。对坐骨神经痛患者可以进行按摩治疗，让患者仰卧在硬板床上，屈曲双膝使之贴近胸部；然后使其感觉屈膝有困难的一条腿维持原状不动，另一条腿伸直，可由陪护者帮助患者将不易屈膝的腿尽量往患者胸部推；让患者尽力吸气，待其吸气时，一只手推住膝部，另一只手由下向上用力拍打弯腿侧的臀部。平时要注意对腰部保暖，不要睡软床，避免腰部负重过大。如果患有腰椎肥大、腰椎间盘突出症的，应先集中精力治好原发病。

18.荨麻疹

患荨麻疹的患者皮肤上会出现不同大小、块状凸起的红色或者白色风团，感觉奇痒，俗称风疹块，是一种过敏反应。旅途中出现荨麻疹，通常是由于接触花粉，或者动物羽毛沾在皮肤上引起，或者因食用鱼、虾、蟹等发生过敏反应。荨麻疹可能发生在四肢或者躯体局部，也可能发生在全身，更有人发生在胃肠道黏膜或者呼吸道等，进而引起其他症状，如呕吐、腹泻、呼吸困难，甚至窒息。局部治疗可外用止痒药物，如炉甘石洗剂。如果荨麻疹发作于呼吸道，出现胸闷、呼吸困难，则应立即送医院治疗。对于荨麻疹患者，要发现和避开致病的各种因素，避免食用刺激性或可疑致病的食物。

19.脑卒中

脑卒中俗称中风，包括缺血性脑卒中和出血性脑卒中。前者在发病前可能会出现短暂性的肢体无力，也可能突然出现单侧肢体无力或麻木、单侧面部麻木或口角歪斜、言语不清、视物模糊、恶心、呕吐等。脑卒中大多突发，常表现为头痛、恶心、呕吐、不同程度的意识障碍及肢体瘫痪等。特别要防止患者咬到自己舌头。对于脑卒中患者，时间就是生命，如及时治疗，能很大限度上减少脑卒中导致的残疾和死亡。疑似或明确为脑卒中时要立即送医，送医前要让患者通风、吸氧，暂禁止进食进水。脑卒中的日常预防包括减少吸烟、饮酒，保持规律的作息和良好的生活方式。

20.低血糖症

不吃早餐或者进食时间不规律的人，很容易出现心慌、出汗、饥饿感、身体疲软无力等低血糖症的症状，严重时甚至昏迷。当发生低血糖症时，应该立即让患者平躺休息，松解衣服和裤腰带，让其饮一些糖水或者甜饮料、果汁。有低血糖症病史者外出时，最好随身带几粒糖果、巧克力等，以便出现低血糖症时食用，并应养成吃早餐和按时进食的习惯。

21.急性腰扭伤

急性腰扭伤多是腰部突然受到外力牵拉或姿势突然改变导致，如剧烈运动、搬抬重物、久坐后突然站起等情况，表现为腰部疼痛、活动受限，严重时可出现腰部畸形和肌肉痉挛。急性腰扭伤的治疗以消除病因、缓解疼痛、解除痉挛、防止复发为原则，治疗手段以非手术治疗为主，包括卧床休息、理疗、冷敷、热敷、按摩及药物治疗。在受伤后的最初24小时内冷敷，每次15 ~ 20分钟。24小时后，采用局部热敷。急性腰扭伤，应做到持续卧床3 ~ 4周，床不宜过软。

22.鼻出血

天气干燥，蔬菜、水果吃得少，用手指挖鼻孔，鼻部受到撞击等，都易导致鼻出血。鼻出血后，应将患者衣领解开，使其头稍向前倾，以拇指和食指压住其两侧鼻翼，保持10 ~ 15分钟；或用脱脂棉、偏软的卫生纸塞入鼻孔，经一段时间后，鼻出血即可止住，堵塞物上洒云南白药效果更好。不可过早取出堵塞物，否则会再次出血。在额部、鼻部用冷毛巾或者冰块冷敷，可促使血管收缩、减少出血。如果鼻出血不止，或者血液不断流至咽部时，则出血点可能在鼻腔后部，此时就应该立即送医院，请医生处理。易鼻出血者平时需要预防，尤其在干燥的季节。对有鼻出血史的孩子，家庭应备有金霉素眼药膏，可在孩子鼻腔干燥时用金霉素眼药膏在鼻腔内均匀地涂抹，以滋润鼻黏膜，也可以用棉团蘸净水轻柔地擦拭鼻腔。儿童鼻出血不排除是由一些鼻腔局部的炎症所致，如患急、慢性鼻炎，鼻窦炎。剧烈活动会使鼻黏膜血管扩张，导致鼻腔发痒，致使孩子抠挖鼻腔而出现鼻出血。要让孩子养成良好的卫生习惯，在鼻痒时不要抠挖。秋冬天气干燥，饮食一定要注意，平时少吃煎炸及肥腻的食物，应多喝水，多吃新鲜蔬菜和水果，必要时可按医生要求服用适量维生素。

流鼻血正确姿势

23.牙痛

牙痛是口腔科常见的症状之一，主要有牙源性和非牙源性两大类，牙源性牙痛主要见于牙髓炎、根尖周炎、牙周炎等，非牙源性牙痛主要来源于口腔颌面部疾病。常见的导致牙痛的刺激因素有冷、热温度刺激，酸、甜化学性物质刺激以及咀嚼时咬合刺激。牙痛的主要表现为刺激痛、牙神经自发性疼痛、叩痛等，有时伴有牙龈红肿、疼痛，按压时也出现疼痛。

牙痛不仅影响患者日常生活，长期不处理可能导致疾病进一步加重，甚至导致牙齿缺失。发生牙痛，轻者饮食受影响，重者坐立不安。对于牙痛的处理，首先要保持牙齿清洁，剔除嵌入龋洞中的食物残渣，不吃过冷、过热、过酸、过甜的食物，餐后用温水漱口。除此之外，用1粒花椒填入龋洞可缓解牙痛；用陈醋60毫升、花椒15克，煎10分钟，取煎液含漱也可以止牙痛；或者取丁香花1朵，用牙咬碎后填入龋洞内，对缓解牙痛也有一定效果。但以上措施只是临时性应急措施，预防牙痛主要还是靠平时保持良好的口腔卫生习惯，定期检查牙齿健康状况，对早期牙病早发现、早诊断、早治疗。

24.高原反应

平时生活在平原上的人，一旦到海拔很高的地带，容易发生头痛、恶心、呕吐、心跳加快、水肿和全身无力、失眠、食欲下降、呼吸困难等高原反应症状。高原反应分急性和慢性，急性发作时，可能出现肺水肿，甚至危及生命，应及时下山治疗。

为预防高原反应，步行的速度宜慢，应分阶段逐步上山，爬一段路程后休息一段时间，使心情保持平稳，呼吸自然和缓，避免出现缺氧反应。在进入高海拔地区前几天可以服用红景天口服液、高原安胶囊等。当发生高原反应时，如果症状较轻，可以在原地休息，进行吸氧等对症治疗，几天后即可自愈。如果高原反应较重，要立即到医院治疗。

二、急救注意事项

需要急救时，施救者要确保环境安全下尽快检查患者伤势，使其保持正确姿势，一边紧急救治，一边找人迅速呼叫120。如果是外伤，除了确保患者呼吸顺畅外，还不能随意大幅度挪动患者，在送往医院途中需要挪动时要用硬物（如脊柱板）做固定处理。若有外出血，要尽快采取止血措施。如出现意识丧失、呼吸暂停或者叹息样呼吸、心跳停止时，要立即实施心肺复苏（CPR），及时取得自动体外除颤器（AED）。在整个急救过程中，要对患者采取必要的保暖措施，要随时给予患者必要的鼓励和安慰，转移患者注意力。

1.快速识别和判断心搏骤停

施救者在确认现场安全的前提下轻拍患者的肩膀，并大声呼喊“你还好吗？”，判断患者是否有反应；同时立即检查呼吸和大动脉搏动，采用听、看、感觉的方法判断患者是否有呼吸，检查有无大动脉搏动时，成人和儿童检查颈动脉，婴儿可检查肱动脉，检查时间不超过10秒。如果患者没有反应、没有呼吸或者没有正常呼吸（即只有叹息样呼吸）、没有大动脉搏动，应立即进行心肺复苏，同时拨打120。

2.胸外按压

确保患者仰卧于平地或用胸外按压板垫于其肩背下，施救者可采用跪式，将一只手的掌根放在患者胸骨下1/3处，将另一只手的掌根平行置于其上，双手紧扣进行按压。施救者按压过程中保持手指不接触胸壁，双肘必须伸直，垂直向下用力按压。成人患者的按压频率为100～120次/分，下压深度为5～6厘米，每次按压之后应让胸廓完全回弹，按压时间与放松时间相同。放松时，掌根部不能离开胸壁，以免按压点移位。对于儿童患者，用单手或双手于乳头连线中点处按压。对于婴儿患者，用两手指在乳头连线中间稍下方处按压。在整个复苏过程中应该尽量连续实施胸外按压。

3.开放气道

患者在丧失意识后，口腔异物易堵塞气管，也易出现舌后坠而导致气管阻塞。此时要立即使患者的舌部离开咽部后壁，使其保持气道畅通。开放气道有两种方法，即仰头抬颏法和托颌法。实施仰头抬颏法时，将一只手置于患者的前额，然后用力使头部后仰；将另一只手的手指置于下颌骨下方，往上抬下颌骨。托颌法仅在怀疑头部或颈部损伤时使用，因为此法可以减少颈部和脊椎的移动。应注意，在开放气道前应该掏出患者口中的异物或呕吐物，有义齿者应取出义齿。

4.人工通气

所有人工通气（无论是口对口人工通气、口对面罩通气、球囊-面罩通气）均应该持续吹气1秒以上，保证有足够量的气体进入患者肺部并使胸廓明显起伏。如第一次人工呼吸未能使胸廓起伏，可用仰头抬颏法开放气道后给予第二次通气。过度通气（多次吹气或吹入气量过大）可能有害，应避免。

实施口对口人工通气是借助施救者吹气的力量，使气体被动吹入肺泡，通过肺的间歇性膨胀，以维持肺泡通气和氧合作用，从而减轻组织缺氧和二氧化碳潴留。开放气道后，施救者用手的拇指和食指捏紧患者的鼻翼，用自己的双唇把患者的口完全包绕，然后缓慢吹气1秒以上，使胸廓扩张。吹气后，施救者松开捏鼻翼的手，让患者的胸廓及肺依靠其弹性自主回缩呼气，同时均匀吸气。以上步骤再重复一次。对婴儿及年幼儿童进行人工呼吸时，可将婴儿及年幼儿童的头部稍向后仰，用口唇封住患者的嘴和鼻子，轻微吹气。如患者面部受伤则会妨碍口对口人工通气的进行，可进行口对鼻通气，即用口唇封住患者的鼻子，抬高患者的下颌骨并用手封住其口唇，对患者的鼻子深吹一口气后移开双唇，然后用手将患者的嘴敞开，再重复前面的一系列动作。

5.循环实施胸外按压和人工通气

为了尽量避免因通气而中断胸外按压，对于未建立人工气道的成人，推荐的按压/通气比为30：2。对于婴儿和年幼儿童，双人时可采用15：2的按压/通气比，单人操作时还是为30：2。如双人或多人施救，应每2分钟或5个周期（每个周期包括30次胸外按压和2次人工通气）更换按压者，并在5秒钟内完成转换。

6.AED除颤

心室颤动是成人心搏骤停最初发生的、较为常见且较容易治疗的心律失常。对于心室颤动患者，如果能在意识丧失的3～5分钟立即实施除颤，复苏成功率较高。对于院外心搏骤停的患者或在监护心律的住院患者，迅速除颤是治疗心室颤动的好方法。操作时，要注意擦干患者胸部的水或汗液，同时防电极片两极贴反。

三、包扎注意事项

包扎是外伤现场应急处理的重要措施之一，及时、正确地包扎，可以迅速压迫止血、减少感染、保护伤口以及减少疼痛。相反，错误地包扎会增加出血量、加重感染、造成新的伤害、遗留后遗症等。如创面周围皮肤太脏并杂有泥土等，应先用清水或者生理盐水洗净，然后用碘伏等消毒创面周围的皮肤。消毒创面周围的皮肤要由内往外，即由创面边缘开始，逐渐向周围扩大消毒区，这样越靠近创面处越清洁。伤口处深而小且有不易取出的异物千万不要强行取出，以免把细菌带入伤口或增加出血。如果有异物刺入体腔或血管附近，更不可轻率地拔出，以免损伤内脏或血管，引起严重后果；应在伤口清洁后，根据具体情况做不同处理。如遇到一些特殊、严重的伤口，如内脏脱出时，不应回纳，以免引起严重的感染或发生其他意外；原则上可用消毒的大纱布，干净、湿润的布类或者保鲜膜将脱出的内脏包好，然后用酒精擦拭过的碗或小盆扣在上面，用带子或三角巾包好。常见的包扎，可使用干净的三角巾、绷带、四头带、裹伤包等进行包扎，如果缺少以上物品，也可以用帽子、衣服或毛巾代替。

1.绷带环形包扎法

绷带环形包扎法是绷带包扎法中最基本、最常用的，一般小伤口清洁后的包扎都采用此法，它还适用于颈部、头部、腿部以及胸腹等处的伤口包扎。绷带环形包扎法第一圈环绕稍斜，第二圈、第三圈作环形，并将第一圈斜出的一角压于环形圈内，这样固定更牢靠些，最后用粘胶将带尾固定。

2.绷带螺旋包扎法

绷带螺旋包扎法多用在肢体粗细差不多的地方。先按绷带环形包扎法缠绕数圈固定，然后每缠一圈盖住前圈的三分之一或三分之二呈螺旋形。

3.三角巾包扎法

先把三角巾基底折叠放于前额，两角拉到脑后与基底先做一半结，然后绕至前额打结、固定。三角巾风帽式包扎法，是将三角巾顶角和底边各打一结，即呈风帽状。在包扎头、面部时，将顶角结放于前额，底边结放在后脑勺下方，包住头部，两角往面部拉紧，向外反折包绕下颌，然后拉到枕后打结即成。如右胸受伤，将三角巾顶角放在右面肩上，将底边扯到背后在右面打结，然后再将右角拉到肩部与顶角打结。背部包扎与胸部包扎的方法一样，只是位置相反，其结打在胸部。手、足部位的包扎即将手、足放在三角巾上，顶角在前拉在手、足背上，然后将底边缠绕打结固定。

4.手臂的悬吊

如上肢骨折需要悬吊固定，可用三角巾吊臂。患肢屈肘放在三角巾上，然后将底边一角绕过肩部，在背后打结即成悬臂状。

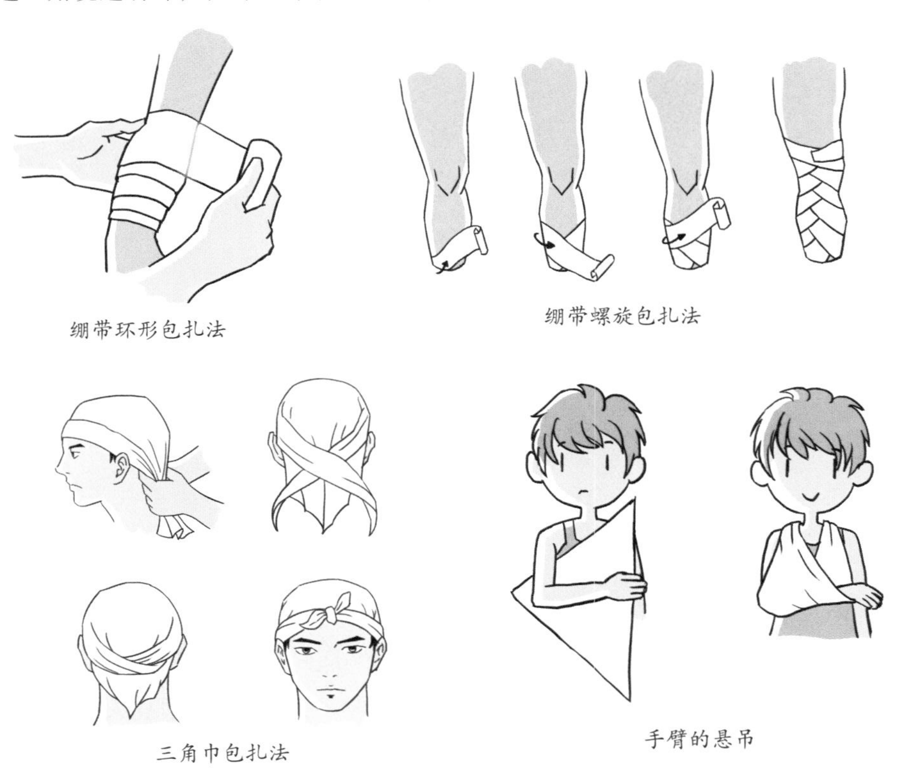

绷带环形包扎法　　绷带螺旋包扎法

三角巾包扎法　　手臂的悬吊

四、互救时安全注意事项

交通事故救援前要关闭受损车辆发动机，拉手刹，在车辆前、后放警示标志。密闭空间救援（有或无有毒气体）要先通风，检测空气，戴好防护装备，在有安全保护人员的情况下救援。抢救电击者要先断电，室外要避开物体、不打电话。水上救援要穿救生衣。外伤紧急处理要戴医用手套，必要时穿防护服、戴口罩。

第三节　家庭火灾防范与自救

未雨绸缪永远比亡羊补牢更有现实意义。在猝不及防的灾害面前，人类的生命是脆弱的，我们只有主动防范才能有效应对灾害，既减少损失、伤害，又保护自身生命安全和整个社会的安全。所有灾害中，城市家庭火灾，特别是高层建筑火灾是我们面临的最常见的风险。

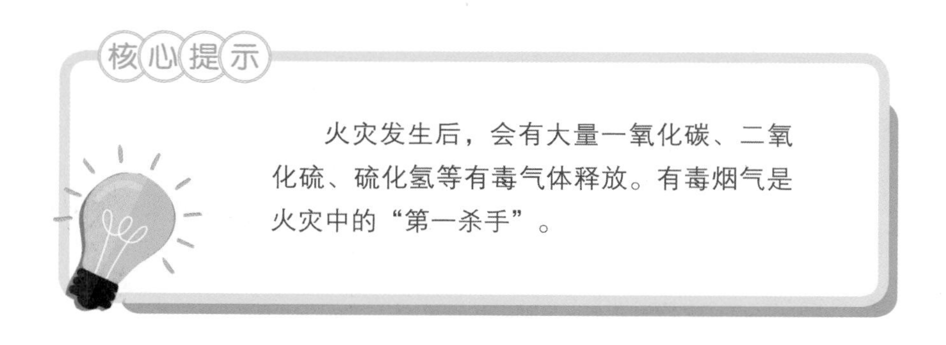

一、火灾带来的危害

火灾是指在一定的时间和空间范围内，失去控制的燃烧所造成的灾害。火灾的形成需要具备可燃物、助燃物和引火源三要素。火灾产生的烟气会遮挡视线，导致火场内的人不能够及时、快速地辨明逃生路线。火灾产生的烟气中含有大量有毒气体，如一氧化碳、二氧化硫、硫化氢等，有毒烟气是火灾中的“第一杀手”，短短数十秒就可致人死亡。火场辐射热量大，如果在火灾中受到火焰的直接烘烤，会灼伤皮肤，还会因吸入高温的热气而灼伤呼吸道，甚至死亡。

二、为什么家庭火灾伤亡率高

据统计，2019年全中国城乡居民住宅火灾占火灾总数的44.8%，全年共造成1 045人死亡，占火灾死亡总人数的78.3%，住宅火灾死亡人数远超其他场所火灾死亡人数的总和。

2020年，全中国共发生城乡居民住宅火灾10.9万起，占火灾总数的43.4%，造成917人死亡、499人受伤，分别占火灾死亡、火灾受伤总人数的77.5%和64.4%。

2021年，全中国共接报火灾74.8万起，死亡1 987人，受伤2 225人，直接财产损失67.5亿元。与2020年相比，火灾数和受伤人数、财产损失分别上升9.7%、24.1%和28.4%，死亡人数下降4.8%。值得警惕的是，住宅发生火灾时，成功逃生的机会比其他场所发生火灾时低得多，导致的人员伤亡率也更高。住宅火灾伤亡率高的原因主要有以下几点。

一是先天条件不足，大多家庭住宅里自备的消防设施为零，对初期火灾束手无策。现代家庭普遍使用家用电器、燃气灶且存在大量易燃家具及装饰等，火灾隐患大，但消防设施却几乎为零。住宅一旦发生火灾，尤其是发生在深夜的火灾，往往发现起火时火势已经很大；或即使发现得早，也因没有灭火设备而束手无策，情势危急时又不懂得及早逃生。因此家庭住宅发生火灾时，易导致高伤亡率。

二是逃生出口往往只有一个，逃生困难。公共场所一般都有两个以上的逃生出口，只要稍有逃生知识，通常就能顺利逃生。家庭住宅中的逃生出口一般是住宅的大门，特别是高层建筑，其窗户基本不能用来逃生。家中的防盗门夜间一般会反锁，而火灾多数在夜间降临，且起火时往往造成停电，家中浓烟密布，家庭成员难以顺利打开防盗门逃生。住宅火灾逃生的另一个致命的障碍是防盗网，防盗网令被困火场的人无法从阳台或窗口逃生。

三是老人和小孩最易引发火灾，又最易成为受害者。老人常常忘记关火或者忘记关电器，小孩操作家用电器不当等，因此老人和小孩正是最容易因用火不慎造成火灾的群体，同时又是逃生能力较差的群体。一旦发生火灾，老人和小孩往往会惊慌失措，错过扑灭小火的时机，也可能延误逃生的时机。他们常常不但是火灾的引发人，同时又是受害者。这无疑是导致家庭火灾伤亡率高的原因之一。

三、家庭火灾“隐患”排行榜

第一名，电路。电路超负荷、短路都可能产生火花，足以引燃木头、地毯甚至包裹电线的绝缘层。特别是夏天或者冬天的用电高峰期，线路发烫、出现异味都是超负荷的表现。

不要在厨房吸烟

第二名，厨房烹煮。烹煮时，锅中热油易溅出，在无人照看的情况下非常容易引起火灾。还有一些老人做饭、烧水、炒菜后，经常忘记关火，甚至炖汤时离家办事，极易引发火灾。

第三名，取暖工具。电暖器入睡以后或是无人看管时不断开电源，电熨斗用完未放在安全地方冷却后再存放，离开家时不拔电热毯插座，这些都容易导致火灾的发生。

第四名，乱充电。不少家庭为了方便，将电瓶车放在楼梯、走道、阳台等狭窄的空间内充电。如有明火或者电线短路引发火灾，这些空间内的杂物将成为助燃物，加速火灾蔓延。

第五名，吸烟。吸烟者在床上吸烟，入睡后，烟头掉在床上极易引燃床单引发火灾事故；或者吸烟者在厨房吸烟，当天然气燃烧不充分时，中心温度较高的烟头易引起火灾。

四、有备才能无患

避免家庭住宅火灾的发生要以预防为主、防灭结合。

（一）对家庭住宅火灾的预防

不在家中放置汽油、香蕉水、溶剂油等易燃、易爆的挥发性物品。厨房尘垢油污、烟囱、排油烟机及通风管道等，应随时清理，以减少油脂进入通风管道内。烟囱距离屋顶须有适当的高度，以免火星飞散。厨房的墙壁、天花板、灶台等均应使用不燃性建筑材料建造，房屋内部隔间、地板、天花板也应使用不燃性建筑材料，窗帘等装潢最好使用不燃性或经阻燃处理的难燃材料。严禁在家中进行烟花爆竹等易燃、易爆品的加工和制作。须保持居室过道、楼梯畅通，不堆杂物，严禁擅自安装铁门封堵楼房通道和安全出口。不卧床或躺在沙发上抽烟，不在酒后躺着抽烟，吸烟后烟头应掐灭在烟灰缸中。严禁在住房、楼道等居住区为电动车充电，不乱接电线。外出和睡觉前记得关电气总阀门，不把点燃的蚊香放在易燃家具的周围。防止小孩玩火、电器、电线。

（二）应对家庭住宅突发火灾常备“五件宝”

为防患于未然，居民家中需常备消防安全器材，并熟悉常规消防安全器材的操作。

1.灭火毯

家庭发生火灾后可能需要“穿越火线”逃生。灭火毯防火、隔热性能好，是控制灾情蔓延、做好人身安全防护的较好物品。灭火毯又称防火毯、消防被、消防毯等，是由玻璃纤维等材料经过特殊处理编织而成，能起到隔离热源及火焰的作用，可用于火场中将其披覆在身上逃生，也可用于火灾初期将防火毯直接盖在火源或着火物体上让火熄灭。

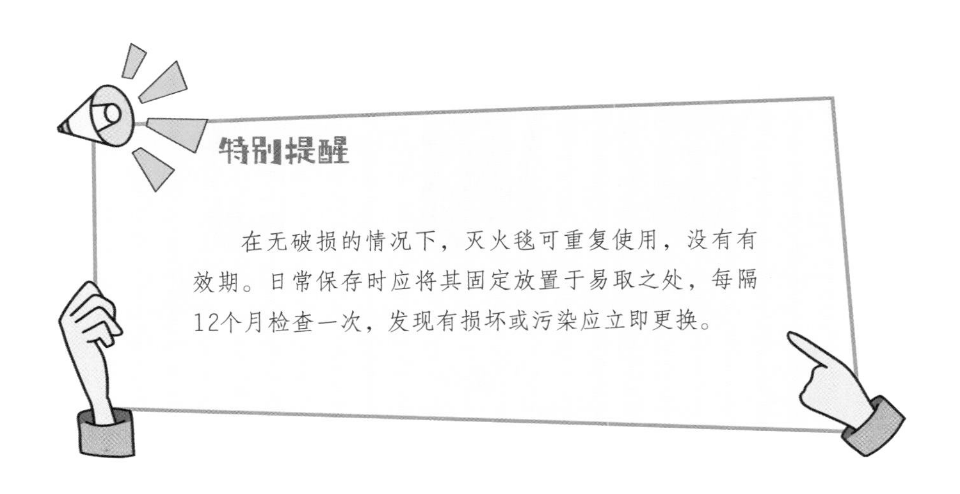

2.消防设施

在家庭住宅中火灾刚发生为小火时，若家中备有消防设施并能熟练操作，就可有效避免酿成大火，从而防止人员伤亡、减少经济损失。常见的消防设施及使用方法如下。

（1）干粉灭火器：干粉灭火器主要用于扑救各种易燃、可燃液体、气体及电器引起的火灾。使用步骤：右手拿着压把，左手托着灭火器底部，轻轻取下灭火器；

右手提着灭火器到现场，除掉铅封、拔掉保险销；左手握着喷管，右手提着压把，在距离火焰2米的地方，右手用力压下压把，左手拿着喷管左右摆动，喷射燃烧区。

（2）泡沫灭火器：泡沫灭火器主要用于扑救各种油类、木材、纤维、橡胶等固体可燃物引起的火灾。使用步骤：右手拿着压把，左手托着灭火器底部，轻轻取下灭火器；右手提着灭火器到现场；右手捂住喷嘴，左手扶住筒底边缘；把灭火器颠倒过来呈竖直状态，用力上下摇晃，然后打开喷嘴；右手抓筒耳，左手抓筒底边缘，在距离火焰8米左右的地方，用喷嘴喷射燃烧区。应注意，灭火器放在地上的时候，喷嘴应朝下。

（3）二氧化碳灭火器：二氧化碳灭火器主要用于扑救易燃液体、易燃气体、仪器仪表、图书档案、工艺器和低压用电器具引起的初期火灾。使用步骤：右手拿着压把，左手托着灭火器底部，轻轻取下灭火器；右手提着灭火器到现场，除掉铅封、拔掉保险销；左手握着喷管，右手提着压把，在距离火焰2米的地方，左手拿着喇叭筒，右手用力压下压把，对着火源根部喷射。

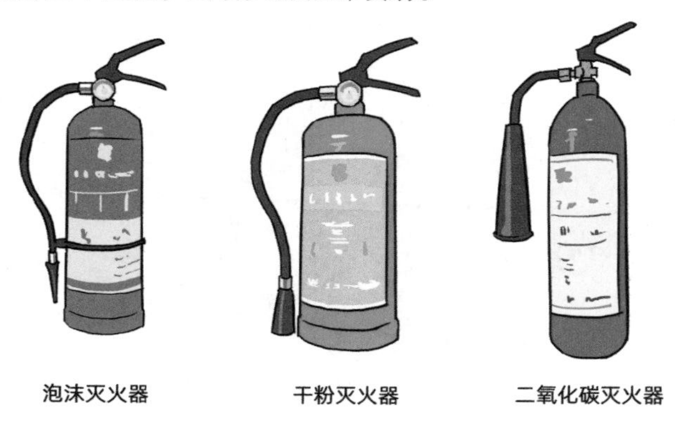

泡沫灭火器　　干粉灭火器　　二氧化碳灭火器

小提示

如何使用手提式干粉灭火器？使用灭火器前应先上下摇晃几次，使用时“一拔销子、二提管子、三压把子”，提起喷管对准火焰根部灭火。由于灭火器喷射时存在压力，需向下压住罐体。要特别注意，灭火时要背对逃生通道方向，站在上风口，如果火势过大应当放弃灭火，及时从逃生通道撤离，以保证人身安全。

特别提醒

灭火器的主要功用是灭火，不能直接喷在人身上作防火使用；应存放在干燥、通风且随手可拿到的地方，避免阳光照射、雨淋，远离腐蚀性物质，不可放在卫生间或者暖气片上；注意定期检查，看是否过期或者压力不足。

（4）消火栓：消火栓又叫消防栓，是一种固定式消防设施，主要作用是控制可燃物、隔绝助燃物、消除着火源，分室内消火栓和室外消火栓。消火栓应该放置于走廊或厅堂等公共空间，一般会在上述空间的墙体内，放置消火栓的墙面不能做装饰，要求有醒目的标志（写明“消火栓”），并不得在其前方设置障碍物，避免影响消火栓门的开启。

室内消火栓：打开消火栓门，按下内部启泵报警按钮（按下按钮用来启动消防泵并报警）；一人接好枪头和水带奔向起火点，另一人将水带的另一端接在栓头铝口上；逆时针打开阀门，待水喷出喷灭火源即可。

室外消火栓：用扳手打开地下消防栓的水带口连接开关，将消防水带进行连接；用扳手打开地下消防栓的出水阀门开关；连接水带口及出水枪头；需要至少两人手拿喷水枪头，向火源喷水直到火熄灭为止。

3.逃生绳

高层房屋突然发生火灾，常常因大门反锁逃生“无门”。家中可常备一根逃生绳，可以很大限度增加逃生机会。在绳体选择上，最好选用内芯为军用航空钢丝、外包由锦纶线编织而成的逃生绳，拇指粗细即可，一般承受重量在200千克左右。需要特别注意的是，逃生绳要兼具能固定身体、保险、匀速下降等特点，特别是不能被火烧断或被磨断，而普通绳子并不具备前述特性。如果没有经过特别训练，妇女、儿童、老人等在逃生时很难通过手臂力量让自己匀速下降，因此家庭成员平时在家要演练使用逃生绳。

小提示

在使用操作上，逃生绳固定点一定要选取牢固的物体，如牢固的大型家具等，逃生绳绑定后要用力拉一下以检验是否牢固、可靠。使用时，将安全带缠绕在臀部、腰间或腋下，调紧逃生绳松紧口，并将逃生绳顺着窗口抛下，沿绳逃离。

4.强光手电

火灾常常伴随着浓烟，配备一支带有声光报警功能的强光手电有利于快速逃生。手电要具有火灾应急照明和紧急呼救功能，用于火场浓烟以及黑暗环境下人员疏散照明和发出声光呼救信号。火场浓烟不断，消防人员有时很难判断是否还有人员被困，而高亮度的发光二极管光源手电筒具备较长的可视距离，受困人员如果能用家中的强光手电发出求救信号，救援人员能很快判断被困人员位置，极大限度地提高消防救援速度，有效减少人员伤亡。日常保存中应将强光手电放置在随手可及的地方，保持阴凉、通风、干燥。

5.防烟面具

据调查，很多火灾中的伤亡不是明火所致，而是浓烟所致。家中需要常备可用于火场浓烟环境下逃生自救的防烟面具，戴上防烟面具逃生可有效抵御有毒烟气的侵袭，极大地增加逃生机会。

防烟面具应远离热源（暖气）以及易燃、易爆、易腐蚀性物品，不可放置在卫生间等通风状况较差、潮湿的位置。此外，大部分防烟面具属于过滤式，并不是自生氧，当环境氧气浓度低于17%时不可再使用。防烟面具虽具有一定的气密性，但并不防水，不可在水中使用。火场逃生没有防烟面具时，应迅速用浸湿的衣服或毛巾捂住口、鼻呼吸。

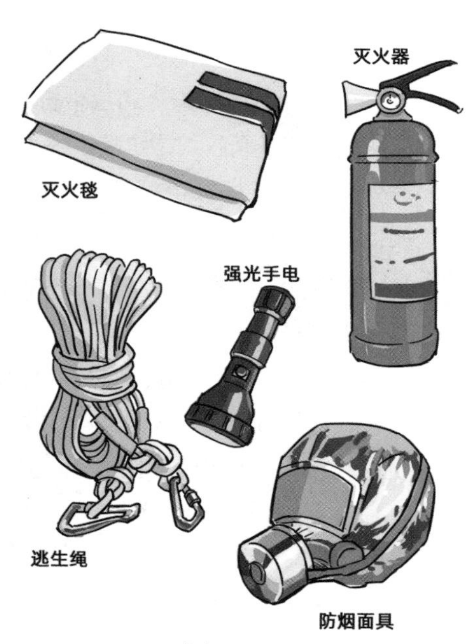

常备“五件宝”

特别提醒

很多居民存在侥幸心理，觉得自己家庭起火的概率不高，或过于依赖消防员到场灭火。但事实上，火势的蔓延非常快，而消防员到达需要一定的时间。居民家中不慎发生火灾，有效的自救灭火往往比消防员到场处置效率更高，家中常备实用性消防器材显得尤为必要。特别是独立式火灾探测报警器、可燃气体探测报警器，能够为我们争取避险时间或者逃生机会。

五、学会正确的应急措施

（一）牢记“九字口诀”

在家庭中，如果遇到火灾，应当及时运用“九字口诀”——火苗灭、大火逃、快报警！

火苗灭：如果发现小火苗，可以用灭火毯、浸湿的棉被盖住起火部位，或使用灭火器将火扑灭。如果上述操作无效，请立即撤离。若炒菜时油锅起火，千万不要惊慌，应用锅盖将锅盖住，切记不可往锅里浇水。

大火逃：如果发现火灾已经失去控制，感觉凭现有的灭火设备已经不能够将其扑灭，且威胁到自身安全时，请关闭门窗后立即撤出火场！

快报警：及时拨打119报警电话，报告清楚起火的地点，有无人员被困，有无倒塌、爆炸的风险等。

（二）火场这样逃生才正确

为了自己和家人的安全，我们要知道一些火灾中逃生自救的常识，这能帮助自己和家人在危急的情况之下安全逃离危险的火场。

1.扑灭小火，惠及自己和他人

火场逃生求救信号

当发生火灾时，如果发现火势并不大，尚未对人造成很大的威胁，而且周围又有足够的灭火器材时，应奋力将小火控制住，千万不要惊慌失措地乱叫、乱窜，置小火于不顾而酿成大灾，应该就地取材，用湿棉被、沙等覆盖火苗，有条件的可用楼层内灭火器材灭火。油锅起火，不能用水灭火，应直接用锅盖盖灭，家中有灭火毯更好。电器着火，先关掉电源阀门，再灭火。电脑冒烟时，拔掉电源插头，同时用湿润的厚衣服或毯子盖住电脑灭火，防止爆炸飞散物伤人。燃气着火，先关掉燃气阀门，再灭火。

请牢记，争分夺秒、科学应对才能扑灭初期火灾。

2.简易防护、蒙口鼻、匍匐前行

逃生时如果经过充满烟雾的路线，一定要预防烟雾中毒和窒息。可用湿毛巾、衣服、口罩蒙住口鼻，避开烟气。因烟雾较空气轻而飘于上部，贴近地面的烟气较少，所以匍匐前行是撤离的最佳方法。匍匐前行时要摸索前进，注意避免发生踩踏事故。如果烟雾越来越大无法避开烟雾，要立即返回安全的地方躲避，等待消防员救援。

请牢记，多一层防护就多一分安全。

3.辨明方向、迅速撤离

突遇火灾，面对浓烟和烈火，要强令自己保持镇静，观察、判断起火位置在哪里，寻找安全出口方向，尽量往楼下跑。若通道已被烟、火封堵，则应背向烟、火方向离开，通过楼顶、阳台、气窗、天台等往室外逃生。

请牢记，遇事沉着、冷静才能想出好办法。

4.善用步道、不用电梯

发生火灾时，要根据情况选择较为安全的楼梯通道。高层建筑的电梯在火灾发生时可能断电，且因为电梯井贯穿每个楼层，电梯运行会使火灾加速蔓延，而且电梯受热会变形，会将逃生人员困在电梯里。走楼梯撤离时，要小心踏空摔伤和踩踏。

请牢记，逃生时千万不要乘普通电梯。

5.缓降逃生、滑绳自救

遇极大火灾而安全通道又被烟火封堵时，如家中没有缓降器和逃生绳，可以迅速利用身边的床单、窗帘、衣服等自制简易逃生绳。用水泡湿后把床单、窗帘、衣服等牢牢结成长绳，系在固定的铁栏杆或暂时不会被烧毁的大型家具上（把家具淋湿水），从窗台或阳台沿绳滑到下一层或地面后安全逃生。下滑前，一定要试一试简易逃生绳是否牢固。

请牢记，要心细胆大，自制简易逃生绳可逃生自救。

6.避难场所、固守待援

假如用手摸房门已感到烫手，或者门后已经浓烟弥漫，逃生通道被切断，且短时间内无人救援时，要迅速建立临时庇护场所。首先关紧迎火的门窗，用湿毛巾或湿布塞堵门缝或用水泡湿棉被蒙上门窗，不停地往上浇水，防止烟、火渗入，固守在房内。要立即联系救援部门，说清楚房间具体位置，坚守到救援人员到达。

请牢记，防止烟雾中毒，将火拒之门外。

7.缓晃轻抛、寻求救援

被烟、火围困暂时无法逃离时，在确保安全的条件下，应迅速不间断地发出救援信号。在白天可以向窗外晃动鲜艳衣物，或外抛轻型晃眼的东西；在晚上即可以用手电筒不停地在窗口晃动或敲击东西、吹口哨，及时发出有效的求救信号，引起救援者的注意。如可能，要及时用电话、短信、微信报警，说清楚火场的准确地点。

请牢记，充分暴露自己，才能有效拯救自己。

8.熟悉环境，牢记疏散通道、安全出口和楼梯方位

当处在陌生的环境中，如酒店、商场、娱乐场所时，要熟悉并记住疏散通道、安全出口和楼梯方位等，以便关键时刻能尽快逃离火场。选择逃生路线时要注意安全出口指示方向，朝有照明或者明亮处撤离，切忌拥挤、推搡，防止造成踩踏事故。

请牢记，一定要居安思危，给自己预留一条通路。

9.积极参加消防疏散演练才能遇火不慌

单位、学校或物业等组织的消防疏散演练，我们作为工作、学习或生活在这一环境之中的每个人，应积极主动参加，只有了解和学习消防疏散常识并亲身演练，才能遇火不慌。

请牢记要想遇火不慌，必先练。

（三）高层楼房着火怎么办

俗话说，水火无情，其中高层楼房火灾尤其危险。高层楼房着火时应做到以下几点。

跑离火场时，应选择烟气不浓、大火尚未烧及的楼梯、应急疏散通道、楼外附设的敞开式楼梯等往下跑。若在往下跑的过程中受到烟、火或人为封堵，应选择水平方向的其他通道向明亮处跑，或临时退守到房间或避难层内，争取时间，采取其他方式逃生。撤离时要注意用湿毛巾捂住口鼻、湿衣裹体，身体尽量贴近地面，快速而有序地向楼下撤离。切忌乘坐电梯。电梯的供电系统在大火中可能会受损，从而将人困在电梯里，而且电梯井就如同大楼的烟囱一样，各层的有毒烟气将直接威胁电梯里的人。不要轻易选择跳楼逃生。如果没有救生气垫，就不应选择跳楼的方式逃生；如果有，则要往气垫中部跳。可以利用逃生绳、缓降器，或是将湿床单、窗帘等结成绳索逃生到其他安全楼层或地面。可以利用建筑上附设的落水管、毗邻的阳台、邻近的楼顶等逃生。在无路可逃的情况下，可靠近窗台或阳台呼救，同时关紧迎火门窗，用湿毛巾、湿布堵塞门缝，用水淋透房间，防止烟、火渗入，等待救援。一定要记得告诉救援的人你的准确房间位置，节约救援时间。

小提示

逃生过程要注意：①有条件就用湿布捂住口鼻，但不要因为准备湿布而浪费了逃生时间。②逃生全程要躲避烟气，尽量匍匐前进，尽快撤离。③撤离时，尽量把能关的门都关上。④试触房门，如果房门变热，不要打开房门。

如果被困房中：①用湿布堵住门缝，防止烟火从门下渗入房内。②发出求救信号，拨打119说明现在的详细地址和火势，等待救援。③如果身上着火，不要乱跑，可原地打滚，并用浸湿的毯子、衣物覆盖着火部位。④如果他人身上着火，也可采取上述措施，将其推倒，并帮助其翻滚身体，然后用湿润的毯子、地毯盖住着火部位，让其趴在地上，来回打滚。

（四）儿童消防注意事项

孩子玩火时要对其进行教育。要教育孩子不要随意接触家用电器，不要玩打火机或火柴等，以免引发火灾事故。停电用蜡烛照明时，应教育孩子将蜡烛与其他物品保持一定距离，点燃的蜡烛不可以直接放在纸箱等易燃物上，以免引燃周围物品。教会孩子遇到火灾时逃生自救的一些注意事项，比如弯腰匍匐前进、用湿毛巾捂住口鼻等。在容易发生火灾的地方安装烟雾报警器，告诉孩子怎样拨打119火警电话，并教育孩子没事不能随便拨打119火警电话谎报火情。教会孩子报火警时要讲清楚火灾的地点、现场情况，然后留下联系方式，并到路口迎接消防车，为其指引路线。告诉孩子在无法逃生的时候应该躲在什么地方，躲的时候该怎么自我防护，如何让消防人员及时找到等。教会孩子认识一些消防标志，认识安全出口，辨别疏散方向，遇火灾时不要乘坐电梯逃生。

第四节　家庭用电、用气、用火安全

随着我国城市化水平不断提高，城市的经济规模、人口规模不断扩大，生产、生活环境日趋复杂，看得见和看不见的风险明显增多，高层建筑、用火用电、紧急疏散等风险突出。每个家庭都存在一定的安全风险，尤其是一些家庭用电、用气、用火的安全隐患较多。每个家庭、每个人都需要关心家庭安全状况、自觉学习和了解安全常识，常提醒、常叮嘱，外出或睡觉前关闭水、电、气阀门，为家人建立安全的港湾。

一、用电安全

各种导线都有一定的负荷，当电流强度超过导线负荷时，导线温度骤增，会导致导线着火，使附近的可燃烧物燃烧，造成火灾。若电器发生火灾，应立即切断电源，迅速拨打119报警。

（一）日常电器用电隐患

1.电暖器

使用高功耗的电暖器时要选用带地线的三孔插座，最好使用带有过流保护装置的插线板。电暖器出风口旁边不要覆盖或放置任何物品，以免温度过高引起火灾。电暖器不要靠近窗帘、沙发等易燃物，背面离墙应有一定距离，以免机器温度过高造成安全隐患。电暖器出风口及其四周较热，必须注意避免皮肤直接接触。不能直接使用热水或溶剂清洗电暖器外壳，对老人和小孩必须有足够的保护措施，避免烫伤。使用中，发现漏油、异响等马上断电。不使用时应先关功能开关，再拔掉电源，一定要做到人走即切断电源。

电暖器不要靠近易燃物

2. 电热毯

电热毯要平铺在床单或薄的褥子下面，尽量不要将电热毯折叠使用，折叠使用容易增大电热毯的热效应，导致电热线的绝缘层燃烧。使用电热毯时，一定要有人在近旁看护，外出或停电时必须拔下电源线插头。不要长时间持续加热，如果温度太高，有可能使电热毯的棉布炭化起火。电热毯的平均使用寿命为5年，使用超过这个时间，电热毯极有可能老化、开裂，引发触电、火灾等安全事故。

3. 电暖宝

电暖宝最怕漏水、漏电，在通电前，要确定插座干燥。切忌将电暖宝抱在怀中充电，以防触电。充电完毕马上断开电源，不可让电暖宝长期充电。严禁重压袋身，以防液体漏出，造成漏电。发现电线绝缘层破损时，应及时更换或用绝缘胶带扎好，避免人体接触电线发生事故，绝不能用普通橡皮胶带代替绝缘胶带。

4. 照明灯

照明灯防火主要是灯泡防火和日光灯防火。灯泡通电后，表面温度相当高，在散热条件不良的情况下接触可燃物可能会导致周围的可燃物燃烧。严禁用纸灯罩灯泡或用布包灯泡。在可能受到撞击的地方，灯泡应有牢固的金属网罩。不能让灯泡过分靠近衣服、蚊帐、板壁、稻草、棉花及其他可燃物，最低要保持30厘米的距离。安装日光灯要注意通风散热，不要紧贴木板，并要防止漏雨、潮湿引发短路。安装日光灯的镇流器时，镇流器底部要朝上，不能竖装，以防沥青熔化外溢。使用中如果听到镇流器发出响声，手摸时温度很高或者闻到焦煳味，要马上切断电源检查。

5. 电动车

加强日常检查，避免线路老化发生短路。不盲目自己改动电瓶车。保持充电器良好，远离易燃易爆物品，切勿暴晒、淋雨。充电不要在消防通道进行，充完电马上拔掉电源。

（二）用电注意事项

1. 要养成好习惯

养成良好用电习惯，不用湿手摸、湿布擦灯具、开关等，做到人走断电、停电断开关、维护检查要断电等。要定期检查各类家电线路和电器使用情况，特别是严禁在冰箱上面放易燃物品，也不要在冰箱里放置危险化学物品，冰箱后面要有足够空间。空调安装在散热好的位置。烤火电器要远离窗帘等易燃物。电热水壶一定不能干烧，倒完水后要拔掉插座。在室外时，不要在电力线路下盖房、放炮、栽树、放火，不在电杆附近挖土，不在电线上晾挂衣物，不在电力线路附近放风筝、打鸟。

2. 按安全要求选购电器、安装电路

一定要选购那些经过国家质量检验部门检验并合格的电器，严格按照使用要求和注意事项去操作。安装使用家用电器时，应根据电路的电压、电流强度和使用性质正确配线。在具有酸性、高温或潮湿的场所，一定要按要求配用耐酸、耐高温和防潮的电线。电线应安装牢固，防止脱落，不能将电线打结或将电线直接紧紧挂在铁丝或铁钉上。不能将电线安装在家具、地毯下面。移动电力工具的导线要有良好的保护层，以防止其损伤、脱落。电源总开关、分开关均应安装适合的保险装置，并定期检查电流运行情况，及时消除隐患。

3. 不得私拉乱接电线

安装、维修电线、电器要请专业电工。电源引进处要安漏电保护器、保险盒、总开关。自己安装灯泡时，应关掉电闸，站在木椅子上，尽可能穿胶鞋。用合格的保险丝，严禁用铝丝、铜丝、铁丝代替。不能使用“一线一地”的方法安装灯泡，不要把地线接在自来水管、煤气管上，更不能接在电话线、广播线、有线电视上。不超负荷用电，使用电炉、空调等大功率电器必须使用专用线路，不同时使用大功率电器，不使用假冒劣质和“三无”电器。使用电熨斗、电吹风等电器，人离开时记得关闭开关。家用电器与电源连接要采用可断开插座，最好使用三相插座，严禁将导线直接插入插座孔。不要拉着电线拔插头和移动电器，移动电器时一定要断开电源。

4. 防电火花

电器可能产生电火花，极易引发易燃易爆气体、液体、粉尘的燃烧乃至爆炸。应经常检查电线绝缘层的好坏，防止裸体电线和金属体相接触，以防发生短路。在有易燃易爆液体、气体、粉尘的房屋内，要安装防爆或密封隔离式的照明灯具、开关及保险装置，严防可能带静电的物体进入。空调、电视机等大型电器后面要留足够的空间。

5. 出现异常立即断电

要及时淘汰超过使用期限的电器，定期检修常用电器。使用家用电器时发现有异常响声、气味和发热、冒烟、火光现象，要立即断开电源，请专业人员处理。

切断电源

特别注意，使用微波炉时，不要放入铁、铝等金属容器，以免发生火灾。

（三）意外紧急处置

出现触电事故应立即切断电源，用绝缘物挑开电线，切勿用手触碰带电者。发现电线断落在地上，应留人看守，不让人、车靠近，特别是高压电线断落在地上时，应单脚跳离到距其8米以外的地方。

自己触电，周围没有人救援时，一定要镇静，最初几秒很关键。触电者应迅速抓住带电体绝缘处，将带电体与自己分离。如触电点为固定在墙上的电线或者电器，用脚猛蹬墙壁，把自己弹出去，甩开电源。实在无法摆脱，应尽量大声呼救。

别人触电，救助者应立即拉下电闸断电。应用干燥的竹竿、木棒等绝缘物体挑开带电体，切勿直接进行肢体接触，救助者应穿胶鞋或者站在木凳上施救。切断电源后应使用绝缘工具将脱离带电体的触电者迅速移至通风干燥处仰卧，观察触电者有无呼吸、大动脉搏动；检查口腔，清理口腔黏液，取出义齿；松解上衣和裤带。

电器起火，参照本章第三节的“学会正确的应急措施”中关于电器起火的应对措施。

二、用气安全

使用燃气时，请保持室内的良好通风。如果通风不畅，液化石油气燃烧不充分，会产生一氧化碳等有毒气体。一氧化碳无色无味、不易被察觉，人体吸入过多极易中毒甚至死亡。轻度中毒者会出现头痛、头晕、心慌、恶心、呕吐等症状；中度中毒者除上述症状外，还出现面部潮红、口唇呈樱桃红色、出汗多、心率快、躁动不安并渐渐进入昏迷状态；重度中毒者迅速进入昏迷状态，各种反射消失，体温增高，甚至死亡。冬季在汽车里开启空调睡觉、长时间洗澡不透气，也可能发生一氧化碳中毒。

（一）购买、安装安全产品

要通过正规渠道购买安全、合格的燃气灶、煤气罐等产品，不得使用来历不明的瓶装煤气。

要注意燃气灶、煤气罐等产品的使用期限，要定期检查和更换。灶具、热水器安装必须由持有相关安全安装资质的单位或个人进行安装、接通。不得擅自改变厨房结构，不得拆除、改迁和覆盖天然气设施。使用带熄火保护功能的灶具。

严禁使用过期淘汰的直排式燃气热水器，燃气热水器烟道必须独立安装在通风场所且通向室外，不得安装在浴室、卧室、客厅、地下室等通风不好的地方。燃气灶和热水器的烟道必须分开单独设置，必须伸出窗外，不得与抽油烟机、换气扇使用同一烟道。热水器烟管应采用不锈钢管连接，接口应缠绕锡箔纸，烟道不得穿越卫生间顶部，出口应设置倒风装置。

（二）使用燃气安全注意事项

使用燃气必须在通风环境下，一定要检查胶管，防止燃气胶管老化漏气。老化、龟裂、发硬、发脆的软管尽可能不要使用，避免漏气。如果闻到臭鸡蛋味，可能出现了煤气泄漏，此时切记不要操作电器开关和拨打电话，不能动用明火，应及时关闭阀门，打开门窗通风，迅速离开现场再报修。使用燃气时要有人看管，烧水、煮奶或煮粥时器皿不要装得太满，以防水、奶、粥溢出，将炉火浇灭发生漏气，造成燃爆事故。用完燃气后一定要及时关闭灶具开关、阀门。睡觉前最好关闭厨房门，打开厨房窗户。经常教育小孩不要玩燃具，提醒老人用完燃具、灶具后关闭。一个房间严禁有两个热源，天然气、液化石油气和煤气等禁止在同一个房间同时使用。装有燃气设施的房间不能住人，也不能堆放杂物、改作他用。管道燃气设施由供气单位专业人员安装，用户首次点火由供气单位派人操作。发现燃气没气时，先关闭阀门，问清情况后再开阀门。应养成对家中燃气设施定期检漏的习惯，可用肥皂水涂抹于各个管道连接口及阀门处，如有气泡产生或能闻到臭鸡蛋味，即可能存在漏气。

（三）燃气泄漏后应急处置

发现燃气灶点不着火时，不要连续点火，应开窗散味后再点火。如嗅到燃气有异味，或者发现火焰呈黄色时，应迅速关掉燃气总阀，打开门窗通风；杜绝明火，严禁开启电器开关，千万不要开灯、排气扇和油烟机等，防止出现电火花；动作应轻缓，禁止穿、脱化纤服装，以防产生静电火花；切勿使用火柴、打火机等明火设备，不得在燃气泄漏场所拨打电话，尽快逃到室外打电话给燃气公司或者拨打119。

发现液化石油气瓶漏气，应及时送供应站处理。液化石油气瓶残渣不能随意倾倒，应由专业人员处理。家中无人时，应确认阀门关闭。使用液化石油气时，不准将气瓶靠近火源、热源，严禁用火、蒸汽、热水对气瓶加温。使用时要打开窗户或者排气扇，禁止将液化石油气瓶倒立、卧倒，禁止摔、踢、滚和撞击瓶体。液化石油气瓶直立燃烧一般不会发生爆炸，可以用湿毛巾、湿棉被直接覆盖阀门灭火，并关闭阀门。若瓶身倾倒，可能会爆炸，应就近隐蔽卧倒，护住头部；若未爆炸，应迅速撤离。

如有人员发生煤气中毒，在确保自己已做好安全防护的情况下，迅速开窗通风换气，尽快将中毒者转移到空气新鲜的地方进行现场急救，并拨打120急救电话以及时送中毒者到有高压氧治疗设备的医院治疗。

三、用煤安全注意事项

使用煤气炉、煤气瓶、农村地炉都应保持通风良好，安装适当、严密的排气设备，伸出窗外部分要加上防风帽。要经常检查煤气瓶连接管，防止老化、开裂造成漏气。

一氧化碳报警器

在家中安装一氧化碳报警器，可在一氧化碳浓度超标时及时报警。煤气炉、煤气瓶在使用之前要检查其是否完好，如果有破损、锈蚀、漏气，要及时更换。

要检查烟筒是否畅通，有无堵塞物。要定期清扫烟筒，保持烟筒通畅，如果发现烟筒堵塞或漏气，必须及时清理或修补。

伸出室外的烟筒，还应该加装遮风板或拐脖，防止大风将煤气吹回室内。

每天晚上睡觉前，要注意检查炉火是否封好，盖是否盖严，风门是否打开，确保使用安全。同时，即使冬季冷，煤炭取暖也要适当开窗通风透气，以预防一氧化碳中毒。夜晚睡觉要将取暖煤炉的煤炭烧尽，不要闷盖。炉在煤炭外倒时，要用水将余火浇灭。

寒冷季节，紧闭门窗取暖、做饭，煤气难以流通排出，容易引起煤气中毒；冶炼车间、管道漏气检修等密闭空间也极易发生煤气中毒。如遇一氧化碳中毒者，除及早拨打急救电话外，现场应进行急救，打开窗户通风换气；在做好自我防护的情况下（湿毛巾、湿衣物捂住口鼻或戴防毒面罩），力所能及切断煤气源；迅速把中毒者转移到空气新鲜的地方，特别要注意使其保暖，保持中毒者呼吸道的畅通，立即清除口腔、鼻腔内的分泌物，取出义齿等可以帮助顺畅呼吸；如果有条件，可以利用氧气袋、氧气瓶、制氧机等设备吸氧。如自身遭遇一氧化碳中毒，由于一氧化碳密度比空气小，所以靠近地面一氧化碳的浓度低，自救时要迅速匍匐到门窗处，打开门窗通风，并迅速转移到室外。如打不开门窗就砸开门窗通风，无力爬行应立即大声呼救。

煤气泄漏，切勿带明火进入，也不要开启抽油烟机、排风扇等电器开关，以免发生爆炸。

家中烧炭的，要经常打开门窗通风换气，保持室内空气新鲜。不要在密闭的卧室内，特别是在睡觉时使用煤气炉、火盆烧煤或烧炭取暖。因为一氧化碳不溶于水，所以炉子上烧水或者屋内摆放清水不能防止一氧化碳中毒。

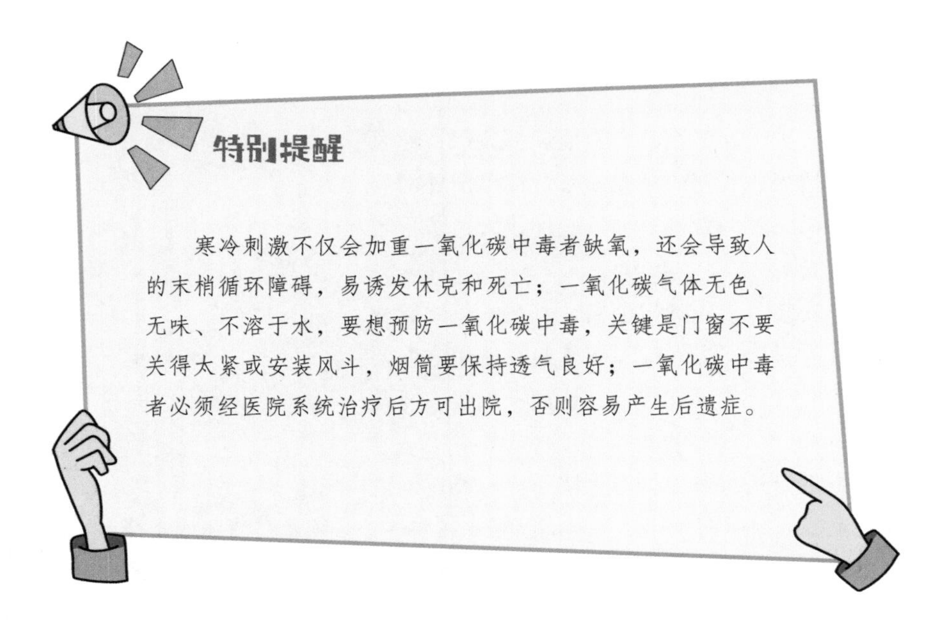

四、沼气安全

1.沼气池安全注意事项

沼气池出料口要盖严，防止禽畜误入，同时不得重压，不堆放杂物。不要在周围吸烟或者用明火，特别不得生火、放爆竹。各种喷洒农药后的植物、刚消毒的禽畜粪便、中毒死亡的禽畜尸体都不能放入沼气池，油渣、骨粉等含磷高的物质也不能放入沼气池。沼气池检修等要由专业人员在做好安全防护的前提下完成，下池作业时外面要有人同时照应看护。

2.沼气使用安全注意事项

室外沼气池应采取防晒保护措施。未使用沼气池却发现压力表针有波动，说明沼气有泄漏，应立即开窗通风，禁止明火，并检查维修。使用沼气时，可以用涂肥皂水的方法检查管道接口有无漏气，有问题应及时维修更换。使用沼气时，一开始应开小一点，待燃烧后再开大。沼气灶具不可与其他灶具混用，周围不放易燃物品。

3.沼气中毒急救常识

发现沼气池内有人员昏倒，要迅速拨打120呼叫救援。立即掏开进料管和出料管的下口，迅速用鼓风机对沼气池吹风。施救者不能盲目下池施救，要戴好防毒面具、系好安全绳，同时外面要有人照应，避免发生连续中毒。将中毒人员抬到空气新鲜的环境后实施现场急救，并尽快送往医院进行治疗。

第五节　饮食安全注意事项

世界卫生组织对食品安全的定义是食物中有毒、有害物质对人体健康影响的公共卫生问题。食品安全，指食品无毒、无害，符合应当有的营养要求，对人体健康不造成任何急性、亚急性或者慢性危害。随着经济水平不断提高，人们对食品安全要求越来越高，关注度越来越高，食品安全逐渐发展成为探讨在食品生产、加工、贮存、运输、销售等过程中确保食品卫生及食用安全、降低疾病隐患、防范食物中毒的跨学科领域。

一、食品安全风险的来源

食品安全风险是指食品中所含有的对健康有潜在不良影响的生物、化学或物理因素。食品安全风险可以分为三类，即生物性风险、化学性风险和物理性风险。

（一）生物性风险

食品生物性风险是指对食品原料、加工过程和食品造成风险的微生物及其代谢产物，包括致病性细菌、病毒、寄生虫、真菌等。细菌性风险，包括细菌及其毒素造成的风险；病毒性风险，包括甲型肝炎病毒、诺如病毒等病毒引起的风险；寄生虫风险，包括原生动物（如鞭毛虫等）、绦虫（如牛肉、猪肉绦虫）等造成的风险；真菌性风险，包括真菌（霉菌、酵母菌）及其毒素造成的风险。

（二）化学性风险

食品化学性风险主要是指食用化学物质后会引起急性中毒或慢性积累性伤害。

长期、大量接触有害化学物质可能会产生中毒、过敏、影响身体发育、影响生育、致癌、致畸、致死等风险。食品在生产、加工、贮存、运输和销售过程中，可能会受到某些有害化学物质的污染，进而产生食品化学性风险。根据食品化学性风险的来源，可以将其分为三类。

1.天然存在的化学危害物质

食品中天然存在的化学危害物质主要指食品中自然存在的毒素。根据其来源可将其分为五类：真菌毒素、细菌毒素、藻类毒素、植物毒素、动物毒素。前三类自然毒素属于生物毒素，是真菌、细菌或藻类在生长、繁殖过程中产生的次生有毒代谢产物，它们在食品中可以直接形成，也可以通过食物链迁移。后两类是食品中固有的成分，对人类和动物可能存在一定的危害。

2.有意添加的化学风险物质

有意添加的化学风险物质主要是在食品生产、加工、贮存、运输和销售过程中人为加入的，主要包括防腐剂、抗氧化剂、着色剂、膨松剂、营养强化剂等各类食品添加剂，但同时也包括不法商家为达到某种目的而向食品中添加的非法添加化学物质。对于食品添加剂，厂家若严格按照国家相关法规和标准使用，应该是没有风险的，但若使用不当或超剂量使用，就有可能成为食品中的化学风险物质。

3.外来污染带来的化学风险物质

食品中外来污染带来的化学风险物质是非故意添加的，它们是在食品生产（包括饲料作物生产、畜牧养殖与兽药生产）、加工、运输过程中或环境污染造成的。一是农药残留，是使用农药后残存于生物体、食品（农副产品）和环境中的微量农药原体、有毒代谢物、降解物和杂质的总称，是一种重要的化学风险。当农药残留超过最大残留限量时，将对人、畜产生不良影响或通过食物链对生态系统中的生物造成危害。二是兽药残留，包括兽类治疗用药、饲料添加用药残留等，如抗生素、抗寄生虫药、促生长素、性激素等，这些化学物质可以在动物体内残留。三是环境污染带来的化学物质，如重金属（镉、汞、铅、砷、铬等）、有机物（如多环芳香烃、二噁英等）等，这些化学物质可以污染土壤、水域，然后通过食物链进入植物、畜禽、水产品等体内。四是食品加工过程中使用的化学物质，如清洗剂、消毒剂、杀虫剂、灭鼠药、空气清新剂、油漆、润滑剂、颜料、涂料、化学实验室的药品等，如果使用不当，可能会污染食品。五是食品加工过程中产生的化学物质，如亚硝胺、氯丙醇等。六是来源于容器、加工设备、包装材料、运输工具的有害化学物质。七是食品加工或食品原料受到放射性污染而导致食品中含有天然放射性物质和人工放射性物质。

（三）物理性风险

物理性风险是指食用的食品中含有异物而可能导致的物理性伤害，这些异物包括玻璃、金属碎片、石块等。物理性风险的来源包括原料、水、粉碎设备、加工设备、建筑材料等。物理风险可能是生产、运输和贮存过程中不小心加入的，也有可能是故意加入的（人为破坏）。消费者误食了食品中的异物，可能引起窒息或其他健康问题。物理性风险问题在消费者投诉中是最常见的，因为窒息或其他健康问题是在吃了物理性风险食品后立即发生或短期内发生，并且来源是比较容易确认的。

二、食品安全防范注意事项

家庭食品安全应重点防范食品变质。要购买国家认定的产品，不购买“三无产品”（无厂名厂址、无出厂合格证、无保质期的食品）。购买到变质食品时，消费者应及时向当地有关部门投诉。首先，需要保留购买该变质食品的超市或者商店提供的发票、小票或者其他证据，必要的时候可以通过手机拍照或者录制视频等方式保存证据。其次，还需要记录该超市或商店的名称以及地址等信息。最后，拨打消费者投诉电话12315或12345，向工作人员说明情况，如是哪家超市的哪种商品对身体造成了哪些危害等，通过这几步合法维护自己作为消费者的权利。

（一）认真了解食品标签

读懂食品标签是了解食品很重要的一步，可以通过标签内容了解食品属性、特性，可以借助标签选购食品，从而保护自身的知情权和选择权。

1.看保质期、生产日期和贮存条件

保质期指可以保证食品具备出厂时应有品质的日期，过期后食品品质会有所下降。消费者不应食用超过保质期的食品，尽量选择距离生产日期较近的食品，并避免购买超过保质期的食品。此外，贮存条件也极为重要，须按照标签标注的条件贮存。

2.看食品名称

按国家规定，除了要在标签的醒目位置标注食品名称外，为了避免误解，还要使用同一字号及同一字体、颜色标示反映食品真实属性的专用名称。如“橙汁饮料”中的“橙汁”“饮料”都应使用同一种字号及同一种字体、颜色，而不能把“饮料”标示得很小或灰暗不显眼，使人误解食品的属性。

3.看食品类别

由于食品名称可能具有“迷惑性”，所以要了解食品的真实属性，就要看食品类别。例如，饮料包装上注明食品名称为“咖啡乳”，要确定其究竟是饮料还是乳制品，可以查看标签上标示的食品类别，如果“食品类别”项标示的是“调味牛奶”或“调味乳”，则说明是在牛奶中加了咖啡和糖，属于乳制品；如果标示的是“含乳饮料”，则是添加了咖啡和牛奶的饮料，不属于乳制品。

4.看食品标准

食品标签应明确标示食品标准，食品标准中有等级规定的，还应标注质量（品质）等级。我国食品标准主要分为国家标准、行业标准、地方标准、团体标准或者经备案的企业标准。食品标准可以是上述五类中的任一类。

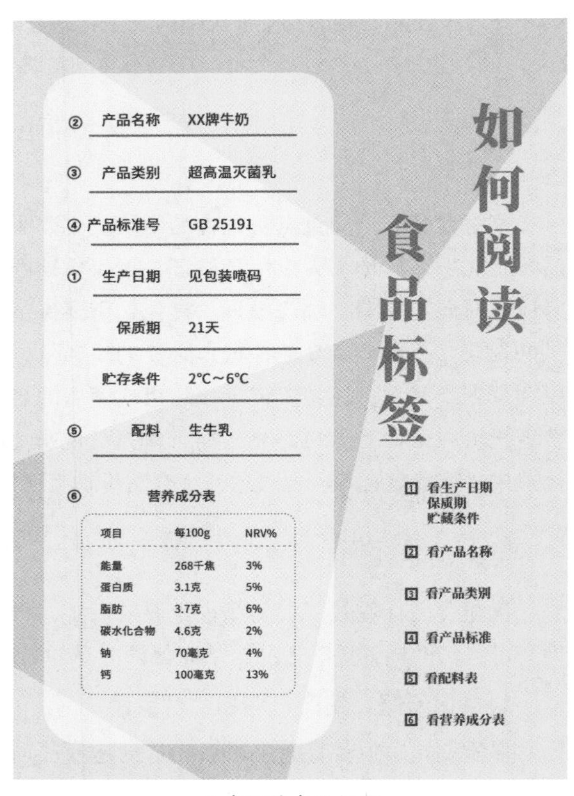

认真阅读食品标签

5.看配料表

食品配料表中的各种成分是按加工食品时加入量的递减顺序一一排列的（加入量不超过2%的配料可以不按递减顺序排列），加入量最大的应当排在第一位。体质特殊的人要特别留意食品配料表中是否有自己不宜食用的成分，如致敏物质。

6.看营养成分表

学会看食品标签中的营养成分表更有利于选择健康的食品。食品营养成分表至少标示5个基本营养数据，包括食品中所含的能量、蛋白质、脂肪、碳水化合物以及钠的含量，以及这些营养成分的含量占营养素参考值（NRV）的比例。对于以口感取胜的食品，要多关注其中的能量、脂肪、钠含量等指标。对于要控制体重的人来说，在购买一些饼干或蛋糕类食品时，要留意查看其能量和脂肪的数值，能量和脂肪的数值越大，说明在摄入同等数量食品的情况下，这种食品更容易让人长胖。

（二）购买食品安全常识

购买食品时，注意食品包装有无生产厂家、生产日期，是否过保质期，食品配料、营养成分是否标明，有无食品生产许可证编号。

1.看证照

看食品经销商是否具备营业执照、健康证及所售食品的检验合格证明等相关证件。不到无证摊贩处购买食品，可减少食物中毒的风险。购买禽畜类产品，一定要注意是否有相关部门检验检疫证明等。

2.看包装

看包装主要看外观，如有无破损或外漏，有无污染；密闭性金属包装是否有受胀鼓起的现象；包装上的文字、图案印刷是否工整、清晰；是否仿冒知名品牌包装；进口食品是否有中文标识、检验检疫证明等。

3.看生产企业信息

看包装和标签上生产企业的名称、地址、邮编、电话等企业信息是否符合基本要求。

4.看日期

看食品是否标明了生产日期和保质期，是否有提前标明生产日期或涂改、伪造生产日期、保质期等问题，食品是否过了保质期或者临近保质期。

5.不购买食品添加剂超标的食品

谨防“甜味剂”“着色剂”“防腐剂”等食品添加剂超标。如从外观上看有发潮、发黏、发霉以及过白、过红、变绿、变黑等非正常颜色的食品，一定不要购买。

食品添加剂超标

6.不购买被杂质污染的食品

购买散装食品，要注意食品中是否掺入假冒伪劣的物质冒充正常食品，是否混入砂粒、发丝等杂质。散装销售的熟肉制品、凉拌食品，看有没有防蝇、防尘设施，以及售货员是否按卫生要求佩戴手套、口罩。散装食品极易受微生物污染，如没有很好的卫生防护措施，应慎重购买。

7.不食用味道异常的食品

打开食品包装，检查食品是否具有它应有的感官性状。不能食用腐败、酸败、霉变、生虫、污秽不洁、混有异物或者其他感官性状异常的食品，如蛋白质类食品发黏或饮料有异常沉淀物等均不能食用。食品出现氨水味、酸臭味、霉味或其他异常味道，很可能已超过保质期或经过“翻新”改装，一定不要购买。

8.谨慎购买价格偏低的食品

购买食品尽量选择合法正规、信誉较好的经销商和信誉较好的食品品牌。同品牌、同规格、同重量但价格明显偏低的食品要慎重购买。购买食品，尤其是直接入口的熟食品，一定要索取并保留好发票或收据，以备发生消费纠纷时举证。

（三）食品掺假、掺杂和伪造鉴别

食品掺假是指食品中添加了廉价或没有营养价值的物品，或从食品中抽去了有营养的物质或替换进次等物质，从而降低了食品质量，如蜂蜜中加入转化糖，全脂奶粉中抽掉脂肪等。食品掺杂即在食品中加入一些杂物，如腐竹中加入硅酸钠或硼砂，辣椒粉中加入红砖粉等。食品伪造是指食品包装标识或产品说明与内容物不符。

（四）千万不能食用禁止生产经营的食品

一定避免食用以下这些明令禁止生产经营的食品：腐败、酸败、霉变、生虫、污秽不洁、混有异物或者其他感官性状异常，可能对人体健康有害的；含有毒、有害物质或者被有毒、有害物质污染，可能对人体健康有害的；含有致病性寄生虫、微生物，或者微生物毒素含量超过国家规定标准的；未经卫生检验或者检验不合格的肉类及其制品；病死、毒死或者死因不明的禽、畜、水产动物等及其制品；容器、包装污秽不洁、严重破损或者运输工具不洁造成污染的；食品掺假、掺杂、伪造，危害人体健康的；用非食品原料加工、加入非食品用化学物质或者将非食品当作食品的。

三、食品储存应注意的问题

在日常生活中储存食品的时候，如果方法不当或者随意把各种食品一起塞进冰箱，就很容易造成食品之间的交叉污染。比如生姜腐烂，甘蔗出现霉点、红心等均是霉菌污染引起，其产生的真菌毒素会损害肝脏功能甚至诱发癌变。食品如果霉变严重，那么最好都扔掉。

（一）常见食品的储存

1.水果的储存

一般来说，多数水果具有较好的耐低温性，适合在0～4℃的环境中冷藏，例如苹果和梨。可是也有例外，比如香蕉、芒果、菠萝蜜、黄皮等水果的最佳储藏温度是10～12℃，这类水果在常温状态下储存即可。

2.肉类和海鲜的储存

无论温度多低，食品中的脂肪都会发生氧化反应而让食品的风味变坏。在冷藏状态下，鲜畜肉一般可保鲜3～5天，鲜禽肉则可保鲜1～2天。冷冻状态下，猪肉、牛肉、羊肉等红肉类的保质期在10～12个月，其中牛肉性质比猪、羊肉稳定，瘦肉比肥肉保存的时间更长一些；鸡、鸭、鹅、鸽等禽肉类比红肉类保质期稍短，保质期在8～10个月；鱼、虾、鳖、贝类等海鲜、河鲜类，保质期一般能达到半年，但最好在2个月内食用。畜、禽肉类超期未食用或未按要求储存则可能变质，表现为肉色发暗、脂肪缺乏光泽；外表极度干燥或黏手，指压后的凹陷恢复慢或不能恢复；有氨味或酸味，甚至有臭味。食用变质畜、禽肉类，可能会导致急性胃肠炎发作，引发腹痛、腹泻、呕吐等一系列症状。

3.罐头食品的储存

罐头食品是经过高温灭菌制成的，通常可以在室温下储存，其中包括灭菌盒装牛奶、罐装饮料、罐头肉制品等。但酱料类罐装食品，如芝麻酱、花生酱、黄豆酱等，因其本身富含油脂，比较容易发生氧化，因此需要放入冰箱中储存。

4.牛奶的储存

牛奶的变质速度非常快，春夏季节开封后的牛奶在外放置1小时就可能变质，秋冬季节开封后的牛奶在外放置超过2小时也不建议食用。因此购买牛奶时，应根据家中每日消耗量选购适量的牛奶，并在开封后尽快食用，或放入冰箱冷藏层保鲜。日常生活中喝到的牛奶在生产时主要采用巴氏灭菌，巴氏灭菌工艺能较好地保证牛奶的营养成分不流失。

5.速冻食品的储存

速冻食品在零下18℃及以下储存的保质期大多是3个月，且温度不能有大的波动。然而，从生产到超市，再从超市到家里冰箱中，几经转手，温度已经波动了数次，这让速冻食品的储存条件并不理想。所以，速冻食品的实际保质期通常达不到3

个月，买回来后应该尽快食用。

6.蔬菜、水果的储存

冰箱内，靠近冰箱门处温度最高，靠近后壁处温度最低；冷藏室上层温度相对高，下层温度相对低。如果把新鲜蔬菜放在冷藏室靠后壁处，那么温度过低，蔬菜容易冻伤，蔬菜最好存放在冷藏室中下层稍靠外处。芦笋、豆类、菌菇类等在冷藏条件下存储时间一般不超过5天，胡萝卜、甜菜等根茎类蔬菜则在1~2周；草莓、樱桃、桃子等水果在冷藏条件下可保鲜1~3天，整个的西瓜、甜瓜等则在7天左右。过量囤积而无法在保质期内尽快食用的蔬果，变质后不仅会产生酸味、酒味，还可能在食用后影响人体健康。一般情况下，不建议冷冻储存蔬菜、水果。

7.食用油的储存

桶装食用油的保质期一般为18个月，开封后建议3个月内吃完，过期的桶装食用油被氧化后会产生过氧化脂而危害人体健康。食用油中有植物残渣，久置会出现油脂酸败现象。酸败的食用油不仅在加热时会产生更呛人的烟气，还会产生环氧丙醛等分解物，人食用后容易中毒。应根据家中人口数量及做饭次数来购买合适规格的食用油，日常饮食中应尽量搭配选用不同种类的食用油，例如大豆油、玉米油、花生油、亚麻籽油、紫苏籽油等交叉选用。

8.米面的储存

米面不仅对存储条件有一定要求，也有保质期。通常情况下，真空包装的大米保质期可以达到12个月；普通包装的大米的保质期可能只有6~12个月；散装大米的保质期没有明确规定，一般夏季为3个月，秋冬季为6个月。常温下面粉的保质期在3~12个月。面粉应储存在干燥、通风、远离墙和地面的环境中。长期放置的面粉会生虫子，这种虫子的分泌物中有一种名为“苯醌”的毒素，是典型的致癌物。有人认为将面粉过筛就可以去除虫子，但实际上仍会有部分虫卵存留。大米应放在干燥、密封效果好的容器内，并置于阴凉处存放。另外，可以在盛米的容器内放几瓣大蒜，防止大米因久置而生虫。过期的大米同样容易生虫或发生霉变，霉变的大米含黄曲霉毒素，这类致癌物对身体危害很大。因此，米面都应按需购买，避免囤积过多造成生虫、霉变，威胁生命健康。

黄曲霉毒素

9.调味料的储存

豆腐乳、蚝油等调味料应在包装注明的保质期内食用，以免久置后产生各种对身体有害的物质。

10.五谷杂粮的储存

五谷杂粮，应尽量选用分装盒或分装罐来保存，并按照需求适量购买。在存储容器的选择上，应尽量选用质量合格的玻璃或硅胶制品，这些容器既不会对身体造成危害，又能够反复使用以免造成污染。

（二）冰箱的正确使用

1.瓶装液体饮料不能放在冷冻室

不能把瓶装液体饮料放进冷冻室内，以免冻裂包装瓶。这类饮料应该放在冷藏室内或门挡上，以4℃左右的温度贮藏。

2.食物处理后再存放

食物应处理后再存放到冰箱中，例如鲜肉、鲜鱼应处理好用保鲜袋封存后再放进冰箱里，蔬菜、水果应将表层水分晾干后再放入冰箱冷藏室内。不能把冷冻室食物拿入冷藏室解冻。

3.生、熟食分开存放

生食和熟食应该分开存放到冰箱中，尽量不要混合放在一起，这样可以很好地保证食物的干净、卫生。应当按照食物的存放时间、温度要求，合理地利用冰箱内部的空间。存放剩菜，冷藏不超过2天，绿叶菜最好不过夜。

4.热的食物要放凉后再放进冰箱

当食物还是很热的时候，不可以直接放进正在运转的冰箱内，否则会降低食物的保鲜效果。一般来说，食物在温度降低到60℃以下后就建议放冰箱。凉拌菜应现吃现做，一般不放冰箱储存。

5.食物间应留间隙

冰箱内存放食物不可以过满或者食物间挨得过紧，食物间应适当地留一些间隙，这样有利于空气的流通。冰箱需要定期进行清空，定期查看有无变质食品。

四、养成良好的饮食卫生习惯

（一）拒绝不卫生食物

不买、不食腐败变质、污秽不洁及其他含有害物质的食品，不买、不食无厂名、厂址和保质期等标识不全、来历不明的食品，不买、不食无证、无照和卫生条件不佳的食品，不食在室温条件下放置超过2小时的熟食。野菜、野果要认清，因有的野菜、野果含有对人体有害的毒素，缺乏经验的人很难辨别清楚。不饮用不洁净的水或者未煮沸的自来水。

（二）养成良好的饮食卫生习惯

1.保持清洁

勤洗手、勤剪指甲，餐前、餐后要洗手，便前、便后也要洗手。洗手时，要用肥皂或者洗手液，按照七步洗手法（内、外、夹、弓、大、立、腕）认真洗手。拿食物前先用肥皂或洗手液洗手。食物制备过程中也要经常洗手，并要随时清洁台面并保持餐厨用具清洁，保持厨房清洁。防止老鼠及其他有害生物进入厨房污染食物。

2.生、熟食物分开

加工处理生鲜食物要用单独的器具。生、熟食物要用不同的器皿分开存放。不论是在砧板上面还是在冰箱里面，生、熟食物分开处理、存放可以避免生鲜食材上的微生物污染熟食。家中常备两个砧板，冰箱里分层、分盒放置等都是有效且便利的防止生、熟食物交叉污染的手段。

3.完全煮熟

加工食物，尤其是蛋类和海产品等要使其完全熟透；炖汤、炖菜要煮沸，食物中心温度至少应达到70℃；但炸、烤和烘制食物时不要过度烹调，以免产生有害物质。

4.安全储存食物

食物一旦做好就应尽快吃掉。不食在常温下存放超过2小时的熟食。熟食和易腐败的食物应及时冷藏（最好在5℃以下）。加热的食物的温度在食用前应保持在60℃以上。即便在冰箱中的食物也不能储存过久。对于过期食品，要坚决予以废弃处理。

5.水和食物原材料安全

使用符合安全标准的水，挑选新鲜、有益健康的食物原材料。

6.水果吃前洗干净

有些水果的皮营养丰富，但连皮一起吃的水果要清洗干净，这样可以尽量去除残留农药。大多数有机磷类杀虫剂在碱性环境下可迅速分解，所以碱水浸泡是去除水果表皮残留农药有效方法之一。将初步冲洗后的水果置入碱水中，根据水果量的多少配足碱水，浸泡5～15分钟再用清水冲洗水果，重复洗涤3次左右即可。

7.不吃生的水产品

虽然食用生的深海鱼类感染寄生虫的风险远小于食用生的淡水鱼，但由于餐馆和运输途中可能储存不规范，也会导致细菌滋生或者交叉污染，所以生的水产品还是不吃为妙。

8.健康用筷

长期使用的家用筷子很容易成为细菌生长的温床，如金黄色葡萄球菌、大肠杆菌等。筷子长期摆放在橱柜内，则变质的概率提高5倍以上。超期使用的一次性筷子也会滋生各种霉菌。因此，家用筷子要定期更换，一次性筷子要在保质期内使用。

（三）常见的饮食卫生误区

1.用纸包食物

白纸在生产过程中，会添加许多漂白剂及带有腐蚀作用的化工原料，纸浆虽然经过冲洗过滤，但仍含有不少化学成分，用白纸包食物会污染食物。印刷报纸时也会用许多对人体有害的油墨或其他有毒物质，对人体危害极大，因此也不能用报纸来包食物。

2.用白酒消毒碗筷

医学上用于消毒的酒精浓度为75%，75%的酒精能较好地杀灭细菌和病毒。而一般白酒的酒精浓度多在56%以下，所以用白酒擦拭碗筷达不到消毒的目的。

3.抹布清洗不及时

抹布极易滋生细菌，在用抹布擦饭桌之前，应当充分清洗抹布。抹布每隔三四天应该用开水煮沸消毒。

4.用卫生纸擦拭餐具或食物

许多普通卫生纸因消毒不彻底而含有大量细菌；或者即使消毒较好，普通卫生纸也会在摆放的过程中被污染。因此，用普通的卫生纸擦拭餐具或食物，不但不能将餐具或食物擦拭干净，反而会在擦拭的过程中污染餐具或食物。劣质卫生纸中可能存在对身体有害的真菌、细菌等，有的还可能携带肝炎病毒。劣质卫生纸中可能残留增白剂，会导致有害粉尘进入人体呼吸道而产生不利影响。因此，劣质卫生纸更不能拿来擦拭餐具或食物。

5.用干毛巾擦餐具或水果

干毛巾上常常有许多致病菌，用其擦餐具或水果容易污染餐具或水果。目前，我国城市自来水大都经过严格的消毒处理，所以说用自来水彻底冲洗过的餐具或食品基本上是洁净的，可以放心使用或食用，不要再用干毛巾擦拭。

6.将变质食物煮沸后再吃

实验证明，大多细菌在进入人体之前分泌的毒素是非常耐高温的，这些毒素即使煮沸也不易被破坏、分解。因此，变质食物煮沸后也不能吃。

7.把水果烂掉的部分剜掉再吃

即使把水果已烂掉的部分剜掉，水果剩余的部分也已被微生物污染了，长期吃这样的水果有致癌风险。因此，水果只要是已经烂了一部分就不宜吃，还是扔掉为好。

（四）科学清洗食物

农药是一把双刃剑，一方面能减少虫害、提高作物产量，但另一方面如果使用不当可能会造成农药中毒。多吃蔬菜、水果对身体有益，不能因为蔬菜、水果可能残留农药而拒绝吃或者少吃。在食用前科学清洗即可。

1.水洗浸泡法

水洗是清除蔬菜、水果上污物和去除残留农药的基础方法。一般先用水冲洗掉表面污物，否则等于将蔬菜、水果浸泡在稀释的农药里；然后用清水浸泡不少于10分钟，果蔬清洗剂可增加农药的溶出，所以浸泡时可以加入少量果蔬清洗剂；浸泡后要用流水冲洗2～3遍。

2.清洗后碱水浸泡法

有机磷杀虫剂在碱性环境下分解迅速，所以碱水浸泡法是去除有机磷杀虫剂的有效措施，可用于各类蔬菜、水果。其步骤是先用水将表面污物冲洗干净，然后放到碱水中浸泡5～15分钟，最后用清水冲洗几遍。

3.去皮法

外表不平或多细毛的蔬菜、水果，较易沾染农药或者其他污物，所以削去外皮是一种较好的去除残留农药或其他污物的方法。

4.储存法

蔬菜、水果上残留的农药随着储存的时间增加能缓慢分解为对人体无害的物质（空气中的氧与蔬菜、水果中的酶对残留农药有一定的分解作用），所以对易于保存的蔬菜、水果可以通过一定时间的存放来减少农药残留量，一般应存放15天以上。同时建议不要立即食用新采摘的未削皮的瓜果。

5.加热法

氨基甲酸酯类杀虫剂随着温度升高分解加快，所以对一些其他方法难以处理的蔬菜、水果，可通过加热去除部分农药，其步骤是先用清水将表面污物洗净，然后放入沸水中泡几分钟捞出，最后用清水冲洗几遍。

6.阳光晒

经阳光照射后晒干的蔬菜农药残留较少。

（五）健康饮用桶装水

1.桶装水使用注意事项

桶装水一旦打开，应尽量在短期内使用完，一般在一周内用完为宜，否则应加热煮沸再饮用；最好将桶装水放在避光、通风、阴凉的地方，避免在阳光下暴晒；同时还要警惕饮水机的二次污染，注意定期清洗饮水机，请厂家每隔一段时间上门清洗饮水机。

2.桶装水购买注意事项

质量较好的桶装水水桶桶体透明度高、表面光滑清亮，水桶盖鲜亮光洁、硬度较高。可倒置水桶，不漏水则为较好的桶。当把水桶从饮水机上拔出时，水桶的内压应该恰好将水桶再次堵上。使用回收的废旧塑料为原料制成的桶装水水桶，俗称“黑桶”，其颜色发黑、发暗、透明性差，应仔细选择鉴别。合格的饮用水应该无色、透明、清澈、无异味和无异臭，没有肉眼可见物。颜色发黄、浑浊、有絮状沉淀或杂质、有异味的饮用水一定不能饮用。

3.饮水机清洗

在使用饮水机时，细菌、病毒、灰尘、霉菌等易随空气进入桶装水内，加上饮水机的内部存在死角，长时间不清洗很容易成为细菌等的温床。平时应定期对饮水机包括内胆等进行彻底清洗、消毒。其步骤是先切断饮水机电源，把饮水机里的水从出水口放净，并打开后面的排污口将剩余的水排空，然后清洗外部和聪明座（有的饮水机没有），用75%酒精对饮水机外部进行消毒，依次擦拭出水口、聪明座内外部及内胆。若需要进行彻底消毒，可选用对人体无害且不影响水质的消毒剂倒入内胆作用10～20分钟，然后打开全部出水口包括排污管，排尽消毒液，用清水冲洗整个腔体直到排尽残留消毒液。

4. 定期清洗水垢

水垢对人体的危害非常大，对水垢可以用加入适量醋的水来浸泡，使水垢慢慢溶解后再清洗掉。

五、日常饮食注意事项

（一）在外就餐注意事项

1. 选择有证、照的餐饮服务单位

餐饮服务单位要从事餐饮服务经营活动，必须取得食品经营许可证以及营业执照，而且证、照必须在经营场所的显眼处悬挂。餐饮服务单位经营的范围应符合许可证核定的项目，许可证应在有效期内。消费者到餐馆用餐，要看餐馆有无悬挂卫生许可证，要注意餐饮卫生许可证上的许可范围，留意该餐馆所生产的成品是否在许可范围之内。若是经营许可范围包括“凉菜”“生食海产品”等，要格外注意凉菜等食品属于高风险食品，较易引起食物中毒，经营这些食品的餐饮服务单位必须具备特定的操作、加工条件，并在许可证备注栏目中予以注明。

2. 选择信誉等级高的餐饮单位

我国在各地实施餐饮单位食品卫生监督量化分级管理制度，目的是调动餐饮服务提供者、消费者和餐饮服务监督部门三方面的积极性，不断提高餐饮食品安全水平。监管部门会根据餐馆的基础设施、环境状况、食品安全情况来评定等级，监管部门在餐饮服务单位经营场所醒目位置设置公示标识，向消费者动态公布监督检查结果，以便消费者在知情的前提下看到该餐饮单位上一年的综合信誉等级并做出消费选择。因此，为了安全就餐，消费者应尽量到信誉等级较高的餐饮单位就餐。

3. 选择菜肴时的注意事项

要注意辨别食物颜色和外观是否正常，是否有异物或异味，如发现异常，要立即停止食用。不吃河鲀、发芽的马铃薯等高风险食品。慎食野生蘑菇、海（河）产品。海（河）鲜富含蛋白质，但易引起过敏反应，且海（河）鲜易被副溶血性弧菌污染，生食易引发食物中毒，因此不要为了贪鲜而生食，要尽可能烧熟煮透后再吃。就餐前要观察餐具是否经过清洗、消毒处理，经过清洗、消毒的餐具具有光、洁、干、涩的特点，未经清洗、消毒的餐具往往有茶渍、油污及食物残渣等。

发芽的马铃薯不要吃

（二）日常饮食注意事项

吃鱼类食物要细嚼慢咽，小心被鱼刺卡住。被鱼刺卡住后，若喉咙周围看不到鱼刺，要及时到医院就诊。吃饭时不要嬉戏打闹，否则容易将食物呛进气管。

1.尽量少吃这些常见食物

有些猪脖子肉中有圆圆的疙瘩，颜色呈灰色、黄色或暗红色，大小同黄豆，这种大多是未摘除的淋巴结，其内可能含有一些病原体、代谢废物等。如果要吃猪脖子肉，建议一定要清洗、去除猪脖子肉上的疙瘩状物体。在吃鸡脖子、鸭脖子的时候也得注意。鸡屁股的后上方有两种腺体——腔上囊和尾脂腺，包含的病原体比较多，所以最好不吃。虾头是虾内脏的聚集地，因此也是排泄废物聚积之所，最好也不吃。

2.鸡蛋要煮熟后进食

有的人喜欢吃溏心蛋、生鸡蛋，认为这样吃更营养，殊不知鸡蛋壳上有气孔，鸡蛋存放时间久了很可能受细菌、寄生虫的污染。其实生鸡蛋营养不如熟鸡蛋，因为生鸡蛋中有一种抗胰蛋白酶，它会阻碍人体吸收鸡蛋中的蛋白质，生鸡蛋中还有阻碍生物素吸收的成分，所以还是建议吃全熟的鸡蛋。

3.食用猪油的注意事项

虽然猪油富含多种营养素，但不能每餐都食用，所有的食物都讲究均衡搭配，食用猪油也是如此。根据《中国居民膳食指南（2022）》的建议，每天摄入饱和脂肪酸的量不应超过总脂肪摄入量的10%，同时建议烹调用油总量不超过30克。喜欢吃猪油的人群应该控制每次摄入猪油的量，最好每次摄入量不超过10克。如果正餐中有较多肉类，如猪肉、牛肉、羊肉、鸡肉、鱼肉等，炒菜时就尽量用植物油。长期吃素的人群可以选择饱和脂肪酸含量较高的植物油或动物油。心血管疾病患者尽量少食用猪油。

4.食用牛奶的注意事项

随着人们的生活水平提高，牛奶由于富含蛋白质、氨基酸、钙、磷、铁以及多种维生素等营养物质，已经成了很多人的日常早餐甚至是日常饮品。最好早餐时饮用牛奶，晚上临睡前喝一杯也不错，有助于睡眠。但不要空腹喝牛奶，这是因为空腹时牛奶在胃内停留时间短，会影响牛奶的消化、吸收，还可能导致腹泻等症状。需要特别提醒的是，有的药可以和牛奶同服，有的药不可以，应遵医嘱或者以药品说明书为准。

六、食物中毒及其应急办法

（一）导致食物中毒的常见因素

引起食物中毒的主要原因有原料质量把关不严，生产、加工、贮存、运输、销售及烹调等各环节卫生制度不严，使食物受到有害物质的污染；食品加工从业人员本身带致病菌或个人卫生不良，对食品造成污染；烹调不当使原本无毒的物质产生毒素；冷藏温度不够，如将煮熟的食品长时间放于室温下冷却；食品从烹调到食用的间隔时间太长，使微生物有足够的繁殖时间；烹调或加热方法不正确，加热不彻底，食物中心温度低于70℃；生、熟食品交叉污染，厨房设备、餐具清洗、消毒方法不正确等。

（二）防止食物中毒

水果和蔬菜在生食前应科学处理以去除农药、致病菌等，许多食物生吃有毒，煮熟后吃就没有毒，比如茄子。一旦发现食物没有煮熟或颜色、味道有异就不要再吃了，否则容易出现食物中毒。表皮现青色的土豆不能食用，野外蘑菇不要采食；空腹不宜吃橘子、柿子、西红柿、香蕉、荔枝、山楂以及所有冷冻品等；不食用存放过久、霉烂、形态改变、来源不明的食物；吃放置时间过久的菜可能造成亚硝酸盐中毒；花生、玉米等储存过久后食用可能造成霉菌中毒。

（三）食物中毒种类

1.细菌性食物中毒

在各类食物中毒中，以细菌性食物中毒最多见。细菌性食物中毒具有明显的季节性。气温高、空气潮湿为细菌繁殖创造了有利条件，同时气候炎热导致人体胃肠道的防御功能下降，因此气候炎热的季节细菌性食物中毒发病率高。中毒食物多为肉、鱼、奶和蛋类等动物性食品，少数是剩饭、糯米凉糕、面类发酵食品等植物性食品。沙门氏菌导致的食物中毒多由动物性食品引起，特别是畜肉及其制品，其次为禽肉、蛋、奶及其制品。沙门氏菌在100℃下立即死亡，在75℃下5分钟、60℃下30分钟、55℃下1小时也可将其杀灭。蜡样芽孢杆菌食物中毒常见于剩菜剩饭、米粉、乳类及肉类食品等，中毒者症状为腹痛、呕吐、腹泻。该类食物中毒常是食品食用前保存温度较高或放置时间较长，使食品中的蜡样芽孢杆菌得到繁殖所致。蜡样芽孢杆菌较耐热，需在100℃下20分钟才能杀灭。副溶血性弧菌食物中毒主要是食用海鱼、虾、蟹、贝类等带菌率很高的海产品所致。副溶血性弧菌中毒临床上以胃肠道症状，如恶心、呕吐、腹痛、腹泻及水样便等为主要症状。副溶血性弧菌在30～37℃、含盐量3%左右的环境中可迅速生长繁殖，但耐热力较弱，加热至55℃10分钟或90℃1分钟即可杀灭。

2.有毒动植物中毒

河鲀毒素集中在河鲀的卵巢、睾丸、肝脏以及血液中，误食或处理不当的情况下食用河鲀会引起河鲀毒素中毒。河鲀毒素中毒必须迅速送医抢救，否则常会造成死亡。鲜黄花菜里含有秋水仙碱，本身虽然无毒，但进入人体被氧化成二秋水仙碱后就具有毒性，易导致食物中毒 ，其急救措施是催吐、导泻后送医院救治。未煮熟的四季豆中含有皂苷和植物凝集素，还含有亚硝酸盐和胰蛋白酶，会强烈刺激消化道，导致胃肠炎症状，轻症中毒者可少量、多次饮服糖开水或浓茶水，重症中毒者要催吐、导泻后送医院救治。土豆发芽后可产生较高含量的茄碱（一种有毒生物碱），集中分布在芽、芽胚及芽孔周围皮肉变绿、变紫的部分，茄碱中毒后要催吐、洗胃、导泻，亦可适当饮用食醋。

3.化学性食物中毒

化学性食物中毒常因误食被有毒化学品污染的食物，食用添加非食品级的或禁止使用的食品添加剂、营养强化剂的食物，食用超量使用食品添加剂的食物，以及食用，或者因贮存等原因造成发生化学变化的有毒食物等导致。化学性食物中毒在急救时要明确中毒源头，对症下药。一般应在采用催吐、导泻措施后立即送医院救治。

4.霉变食物中毒

食用霉变甘蔗等中毒，主要症状有恶心、呕吐、腹痛、腹泻、头晕、头痛、视觉障碍，严重者出现剧吐、阵发性痉挛性抽搐、神志不清、昏迷、幻视、哭闹甚至瘫痪。发生霉变食物中毒时，催吐、导泻等方法作用有限，应尽快送医院。

（四）食物中毒应急处置注意事项

1.食物中毒危害

食物中毒通常有可能对人体造成急性、亚急性危害，慢性危害，远期危害。急性、亚急性危害，如因食物被细菌污染、腐败、含有天然毒素或被有毒化学品渗入污染等造成的急性、亚急性食物中毒症状，通常分散发生，较为多见。慢性危害，如食源性寄生虫病等；远期危害，如食品放射性污染可能致癌、致畸、致基因突变等，一般较少。

2.应急处置注意事项

发生群体性食物中毒事件时，中毒人员要立即到医院就诊，同时应及时向相关部门报告，并保护事发现场的食物原料、工具、设备等，严禁转移、毁灭相关证据。发生食物中毒而意识清醒时，可将双手洗干净，用手指或圆钝的勺柄压住喉咙深处舌根，刺激咽后壁快速催吐。在中毒者意识不清时，需由他人帮助催吐，催吐后必须立即送中毒者前往医院抢救，不要乱给药。应了解与中毒者一同进餐的人有无异常，并告知医生。应尽可能留取食物样本，或者保留呕吐物和排泄物供化验用。日常生活中，急性酒精中毒也比较常见，轻症者可以吃些苹果、香蕉、蜂蜜等含糖较多的食品，多喝水，补充维生素C和维生素B。对于昏迷者，要送往医院治疗，到医院前让中毒者侧卧。

（五）常见食物中毒

1.误食毒蘑菇应急处置

误食毒蘑菇中毒者会产生恶心、腹痛、腹泻、兴奋、躁狂、幻视、幻听，严重者出现肝功能异常，手指、脚趾及其周围麻木、烧灼痛，肾衰竭，甚至心搏骤停等，以及腰腹部疼痛、深褐色尿等急性溶血症状。出现疑似误食毒蘑菇中毒现象后要立刻进

误食毒蘑菇应急处置

行催吐，可先让中毒者服用大量温盐水，然后用手指（最好用布包着指头）等刺激咽部，促使其呕吐（孕妇慎用），以减少毒素的吸收，同时立即呼叫120急救赶往现场。如果中毒者昏迷，则不宜进行人为催吐，否则容易引起窒息。凡一同食用过同样的毒蘑菇者，无论是否发病，也需立即到医院进行检查。食用过的剩余毒蘑菇应留存以供检验和查明中毒原因。

2.生食贝类高风险

生食贝类可能会导致感染甲型肝炎病毒的风险增加。贝类为滤食性生物，在滤食水中饵料时，容易在体内富集病毒。甲型肝炎病毒在贝类体内虽然不能繁殖并引起贝类自身患病，但可在贝类体内高浓度富集并可存活15天以上。用沸水加热贝类5分钟即可使其体内的甲型肝炎病毒失去活性。应通过超市、大型批发市场等正规经营渠道选购来源可靠、养殖水域洁净且符合安全标准的贝类。贝类要彻底煮熟，不吃生、半生或腌制的贝类，适量食用，不要食用贝类的消化腺等。

3.河鲀味美防中毒

河鲀毒素的毒性是同剂量的砒霜的几百倍，煮沸并不能够使这种毒素失去活性。日常的蒸煮对河鲀毒素的去除作用十分有限，因此吃河鲀需要专业的处理手法，绝对不能不经学习和指导就擅自处理河鲀后食用。进食河鲀之前，需要了解相关知识，否则应慎吃或者尽量不吃。河鲀毒素中毒后，对于意识清醒者，应该及时催吐和洗胃（婴幼儿、孕妇慎用），施救者应做好自我防护，并及时呼叫120；对于意识不清醒者应使其侧卧，掏出其口腔内呕吐物，若无呼吸、心跳应及时行心肺复苏，并及时呼叫120。

4.熟四季豆才安全

四季豆又名豆角，在我国多地都有栽培种植，其含有的营养物质丰富。因误食未煮熟的四季豆而引起食物中毒的事件时有发生。目前四季豆的食用方式主要有直接炒熟和腌制两种。直接炒熟后食用的四季豆，要注意选取翠绿、略硬的新鲜四季豆，用清水充分洗净后下锅炒熟。有研究发现，四季豆里的毒素一般要在100℃水里煮30分钟才能被破坏，所以一定要充分加热以保证四季豆熟透。四季豆熟透的表现是四季豆变蔫，颜色暗绿、吃起来没有豆腥味。长时间地腌制能破坏四季豆中的有毒物质，也是一种安全的食用四季豆的方式。

5.新鲜黄花菜食前要脱毒

黄花菜又称金针菜，其口感清脆又富含营养物质，一直受人喜爱。但是吃新鲜黄花菜易引起中毒，通常表现为腹痛、腹泻、呕吐等胃肠道症状和四肢酸痛无力、肌肉痉挛等。目前为了储存，加工新鲜黄花菜主要有传统晒干、烘干和腌制三种方法。在加工过程中，脱毒是最重要的步骤。新鲜黄花菜加工或食用前应先去掉花蕊，花蕊中含有的毒素最多。传统的脱毒方法是将新鲜黄花菜洗干净，热水焯数分钟，再放凉水中浸泡几小时。如果处理后不制干，则将其洗净后要充分煮熟。制作干黄花菜时除了传统的晒干方法外，在低于80℃的烤箱中烘干3.5～4小时为最佳的干燥条件。虽然干黄花菜不如新鲜的好吃，但制干过程能更充分破坏其毒素，吃起来更放心。如果不小心吃了未经处理的新鲜黄花菜并出现中毒症状，可以先自行催吐、导泻，然后及时到医院就诊，以防病情进一步加重。

6.甘蔗藏危险

三四月的环境的温湿度使甘蔗极易发生霉变，而食用霉变后的甘蔗会引起急性食物中毒，出现中枢神经系统损害、细胞内酶代谢被干扰等。目前，对于误吃了霉变甘蔗而导致食物中毒者，尚无特效药物可以救治。若吃了甘蔗后有恶心、呕吐、腹泻、腹痛、头晕、头痛和复视等症状出现，应尽快就医并进行洗胃、灌肠、导泻等救治，促进体内毒素排出，并对症治疗。

在选购甘蔗时辨别霉变甘蔗有以下三个简便的方法：①用手摸，用手感觉甘蔗的软硬程度，若是新鲜甘蔗其手感较硬，若是霉变甘蔗手感会较软。②用眼睛观察，霉变甘蔗最明显的特征是在甘蔗的末端会有絮状或茸毛状的白色物质，要是把它切开还会发现其内有红色的丝状物。③用鼻子闻，用鼻子闻一下甘蔗有无怪异的气味，若是新鲜甘蔗会有股清香味，霉变甘蔗有霉坏味。

甘蔗的含糖量为17%～18%，且所含糖均由新鲜的蔗糖、果糖等构成，食后易被人体吸收，会使人体血糖快速升高，因此患有糖尿病或血糖偏高的人是不适合吃甘蔗的。容易腹泻与患有肠炎的人群也不适宜食用甘蔗。蔗茎中含有大量的植物纤维，在吃甘蔗时口腔与蔗茎中的植物纤维会产生摩擦，若是吃得多易引起口腔溃疡。低龄儿童食用甘蔗要特别注意安全，因为低龄儿童还不会吐蔗渣，还很容易会让蔗渣呛到喉咙，导致呼吸不畅。

7.白果营养科学吃

白果营养丰富，且有药用价值，但生白果含有毒物质，尤其以绿色胚部毒性最强，若处理不当，接触或食用后极有可能会引起过敏和中毒。白果中毒其潜伏期可能为几小时至十几小时，症状主要有恶心、呕吐、腹痛、腹泻、发热、发绀，还有明显的中枢神经系统受损的表现，如头痛、极端恐惧感、惊叫，轻微的声音及刺激即能引起抽搐、意识丧失或昏迷，严重者可导致呼吸麻痹而死亡。若出现中毒现象应及时催吐，并立即就医。孕妇体质特殊，最好不要食用白果，以免影响自身健康及胎儿的生长发育。白果炒熟后毒性降低，但一次食入量也不能过多，最好不要长期服用，幼儿应尽量不食用白果。捡拾白果还会引发过敏现象，主要为接触部位潮红、瘙痒，严重的患者可能会出现皮肤肿胀以及破溃，如果出现上述症状请及时冲洗，严重者尽快到医院就医。为了防止出现接触过敏，建议在处理白果的过程中做好防护措施，比如戴塑胶手套等。

8.防止椰毒假单胞菌食物中毒

椰毒假单胞菌食物中毒多发生在夏、秋两季。在自然环境中，有三类食品容易被环境中的椰毒假单胞菌污染而产生有毒的米酵菌酸。一是谷类发酵制品如发酵玉米面、糯玉米汤圆粉、玉米淀粉、发酵糯小米、吊浆粑、糍粑、醋凉粉等；二是变质的银耳或木耳；三是薯类制品如土豆粉条、甘薯面、山芋淀粉等。椰毒假单胞菌食物中毒的主要症状及体征为上腹部不适、恶心、呕吐、轻微腹泻、头晕、全身无力等，严重者甚至会出现黄疸、肝大、皮下出血、呕血、血尿、少尿、意识模糊、烦躁不安、惊厥、抽搐、休克甚至死亡，一般无发热。目前，该类中毒无特效解毒药物，病情恢复情况与摄入毒素的量有关。椰毒假单胞菌食物中毒十分危险，如果疑似中毒或在食用上述三类食品后有明显症状，食用者必须立即停止食用可疑食品，尽快催吐，排出胃内容物，以减少毒素的吸收和机体的损伤，还要尽快送到医院救治。

对于自制的谷类发酵食品，应以不使用霉变的原料为前提，在进行浸泡时要把浸泡的容器进行彻底的清洁与消毒，保持浸泡容器的干净、卫生，另外还需要勤换水。在研磨后，需要及时晾晒或者烘干。最后，在对这种食品进行保存的时候，注意要做到离墙离地、通风防潮，避免与土壤直接接触。木耳泡发后发现发黏、变软、没有韧性或有异味，一定要丢弃，不得食用。切忌食用自采鲜银耳或鲜木耳，特别是已变质的鲜银耳或鲜木耳。

9.自制豆浆的禁忌

没有煮熟的豆浆对人体是有害的，因为生豆浆里含有毒物质抗胰蛋白酶、皂苷等，可抑制人体内蛋白质的活性，影响正常生理代谢，使人出现呕吐、腹胀、腹泻等急性胃肠炎症状。此外，未煮透的豆浆含有的皂素对胃肠黏膜也有刺激作用，同时可引起恶心、呕吐、腹痛等胃肠炎症状及轻微的神经症状。豆浆不宜放在保温瓶中，一方面豆浆中有能与保温瓶内水垢反应的物质，另一方面在温度适宜的条件下，以豆浆为养料，保温瓶内的细菌会大量繁殖，3～4小时就会使豆浆酸败变质。豆浆具有一定的营养和保健价值，但是如果与药物同食，不仅可能影响豆浆中营养成分的吸收，还可能影响药效。豆浆含钙量高，易与药物成分发生化学反应形成沉淀，若长期积累可能会引发结石。

在豆浆的选材上要选粒型完整、均匀、有光泽的大豆为原料，剔除色泽不均的病斑粒、水分未干燥的皱褶粒等。不正常的大豆不仅会影响豆浆的口感和风味，而且会带来大量菌类污染。经浸泡而制成的豆浆口感细腻，出浆率高。浸泡时如果气温较高，应多换水或放入冰箱存泡，以减少菌类滋生。需要注意的是，豆浆在加热时易产生大量泡沫，这是豆浆有机物质受热膨胀形成的“假沸现象”，需确保豆浆煮沸、煮熟才可食用。豆浆机种类众多，一般设置了浸泡、除渣、煮制等各种自动功能，但不管加工方式如何，一定要保证器皿的清洁、干净。豆浆富含蛋白质，容易黏附在豆浆机器皿内，若不能及时清洗干净，则在制豆浆时会造成污染。喝剩的豆浆不可放在室温环境中，应及时放在低温条件下保存，但时间不可过长，否则会有大量的细菌繁殖。低温保存的豆浆再次饮用时也一定要加热杀菌，确保安全。

10.土榨花生油防污染

土榨花生油相比于在超市里面挂牌销售的食用油可能有更大的食用风险。黄曲霉喜欢在花生等油料上滋生，进而产生有毒的黄曲霉毒素。土榨花生油的工艺流程比较简单，能有效去除原料带入的黄曲霉毒素的过程只有高温炒干这一个步骤，所以去除黄曲霉毒素的效果有限。如果花生原料品质不够好，那么最后压榨所得的花生油中黄曲霉毒素含量很容易超标。黄曲霉毒素中毒的症状与摄入量的多少有关，如果在日常饮食中长期、小剂量摄入黄曲霉毒素，会造成慢性中毒，患者易出现肝脏慢性损伤，如肝细胞的变性、肝硬化等，并可能会引发癌症的发生。如果食用了受黄曲霉毒素污染的食品出现急性中毒，患者会出现呕吐、厌食、发热并有黄疸等症状，重症的患者会出现腹水、下肢水肿、胃肠道出血甚至死亡。鉴于土榨花生油潜藏的风险较高，建议消费者选购正规厂家品牌产品。

11.携带病毒和寄生虫的野生动物

果子狸体内携带多种寄生虫，包括旋毛虫、斯氏狸殖吸虫等，若是食用果子狸，有可能会损伤肺部及中枢神经。另外，果子狸还携带狂犬病病毒，并且易成为严重急性呼吸综合征冠状病毒等病毒的中间宿主，若是不小心食用了携带某种传染性和致病性强的病毒，后果不堪设想。

喜马拉雅旱獭是高原的特有物种，它们是鼠疫耶尔森菌等病原体的自然宿主，若感染这些病原体可直接危害人类健康。

穿山甲是唯一长鳞甲的哺乳动物，体内携带多种寄生虫，包括弓形虫、肺吸虫、绦虫、旋毛虫等。感染这些寄生虫可能会损伤胃肠并且引发心肌炎、肺炎、肝炎等并发症。

蝙蝠身上能携带超过100种病毒，是很多高致病性病毒的传播源头，其携带的

果子狸

旱獭

穿山甲

蝙蝠

特殊病毒包括严重急性呼吸综合征冠状病毒、中东呼吸综合征冠状病毒、埃博拉病毒、马尔堡病毒、尼帕病毒、亨德拉病毒等。除此之外，蝙蝠作为唯一会飞行的无脊椎动物，其特殊的生活习性让很多野生动物成了病毒的中间宿主，进而演变出传染性强的疫情。若是食用蝙蝠这种病毒源头，后果将不堪设想。

12.小心鱼胆污染鱼肉

鱼胆中含有胆酸、氢氰酸等有毒物质，毒性比同剂量的砒霜毒性还大。若不小心摄入或摄入过多，容易在短时间内造成脏器的衰竭，严重时甚至会导致死亡。

13.水果核、籽可能暗藏毒素

水果中通常都有果核、籽，在吃的时候一般会注意避开，但榨汁的话，有些人会直接连核带籽一起榨。有些水果核、籽暗藏毒素，如苹果、杏仁、李子、梅、桃等水果，果核籽里含有氰苷，水解后会产生有毒的氢氰酸。水果核、籽的毒性并不高，只要不是刻意咬碎了吃，偶尔咬碎吃了一点儿一般都不用担心中毒，并且氢氰酸也不会在体内积累，只不过对于免疫力低下的老人、小孩以及肠胃不好的人还是要尽量剔除这些果核、籽。有些果核、籽在吃之前经过了高温烘焙，毒素得以化解，可以食用。

潮湿环境中食物容易滋生黄曲霉，会代谢产生黄曲霉毒素，像变苦的坚果、变黄的大米、颜色变深的植物油都有可能滋生了黄曲霉，要格外当心。建议家中的米粮、坚果放在较为干燥、密封的容器中贮存。

第六节　居家人身安全防护

虽然我们国家是世界上公认的最有安全感的国家之一，但随着经济全球化以及信息网络化，个人和家庭也面临着一些传统和非传统的安全风险。每个人要时刻强化安全意识，注意自身和家庭安全。

一、遭遇盗贼的应急措施及防范

1.回家发现盗贼的应急措施

如果回家时发觉有盗贼入室行窃，切不可向门内的盗贼质问，更不能贸然进入。在和盗贼做斗争的时候，一定要先保证自己的安全，千万不能使自己陷入危险之中。面对望风的人，即便你明白他们就是坏人，也不要声张，应保持镇静，装出若无其事、漠不关心的样子，迅速离开家门。一旦脱离危险，应该立即报警。如发现屋内有盗贼作案，室外没有望风人员，可以迅速将其锁在室内后报警。不清楚盗贼人数和是否持有凶器时，不要逞强，应先报警，并叫上邻居和保安一起围堵。如果只有自己一个人在家，要避免与对方发生肢体上的冲突，待其离开后再报警；如盗贼优势明显，应找机会迅速撤离后大声呼救，向邻居及保安求助，同时报警；如不能撤离，且只有自己一人时，要利用对环境的熟悉程度尽快躲到安全房间中再报警。

深夜发现盗贼要报警

2.深夜发现盗贼的应急措施

如果你在熟睡中感觉到房间有异动，千万不要轻举妄动。若发现盗贼在客厅偷盗，而你身处卧室，门是反锁的，家里无其他人，你可以偷偷打电话报警。若发现盗贼就在自己房间翻东西，千万不要反抗，盗贼很有可能携带凶器，先保证自己及家人的安全，待盗贼转移到别的房间或者下楼，再报警或者呼救。迫不得已需要反抗时，不要开灯，利用熟悉的环境和周围工具进行自卫。

3.平时防范

平房和便于攀爬的阳台与窗户要加装防护网（防护网尽量设置有锁的安全出口）。睡觉要关门窗，不要敞开门窗睡觉。家中无人或夜间入睡时，一定要将门从内反锁至保险位置。离家外出时应将所有锁舌全部用上，以增加防盗门的牢固性。大量现金就近存入银行，不要存放在家中。现金或金银首饰等贵重物品应存放于密码保险箱等处。

二、防范孩子丢失

带孩子要考虑周到，外出时不要让孩子离开家长的视线范围；在医院要提高警惕，不要将新生儿交给不认识的医护人员，睡觉时关好房门；不要将孩子单独留在家中或店铺中，也要防止孩子在无人照顾时溜到马路上去玩儿被人带走；不要将孩子交给陌生人看管或带走；无暇照顾孩子时，将孩子交给信赖的亲朋好友；夜晚单独带孩子外出时，留意四周情况，注意是否有人、车跟随；不要带小孩到偏僻、人少的地方；在马路上行走时，尽量让孩子靠里走，注意防范后侧来车。应选择正规的家政服务公司，要注意其是否在工商机关注册、登记，其服务人员是否受过相关培训等；要特别留意、核实家政服务人员的身份、来源等，避免侵财类案件的发生；消费者在购买家政服务时，一定要先认定对方的职业资格，慎重审查后再与家政公司签合同，明确双方责任和义务，避免发生合同纠纷；不要在家政人员面前“显富”，防止不良家政服务人员“见财起意”或者是给以后的家庭安全留下隐患。

三、遭遇拐卖的应急及预防措施

（一）应急措施

若在公共场所发现自己受骗，立即向人多的地方靠近、奔跑并大声喊叫。如已被控制人身自由要保持镇静，在行走时故意打坏路人手机、汽车等贵重物品，适度袭击路人，吸引他人注意，争取救援机会。设法了解买主（雇主）的真实地址（省、市、县、乡镇、村、组）及基本情况，有机会外出求援或逃走时，可采取写小纸条等方式向周围人暗示你的处境，请求他人帮忙报警。始终不要放弃向公安机关报案，应想方设法寻找机会尽快报警，说明你所在的地方、买主（雇主）姓名或联系电话。

（二）预防措施

独自外出时一定要提高警惕，不要因贪小便宜而受陌生人引诱，不要轻信网友，不独自去见网友，不向陌生人介绍自己的家庭、亲属和个人信息。小孩不要随便和陌生人说话，不接受陌生人钱财，不坐陌生人的车，给开车的陌生人指路不要靠近车身，特别是不要接受陌生人的食品或者饮料。从小要教会孩子背诵自家的电话号码、所住城市和小区名、家庭成员的名字；教会孩子遇事会拨打110报警电话求助，或者拨打父母电话；教会孩子辨认警察、军人、保安等穿制服的人员；教会孩子一旦在商场、超市等公共场所与父母走失，或者遇到危险时，马上找穿制服的工作人员。与邻居和睦相处，遇事彼此照应。如需聘请家政服务人员，要保留好家政服务人员的身份证复印件和清晰的生活近照。给孩子佩戴家庭信息卡片，注意孩子身上一些明显标志，如黑痣、胎记、伤疤等。

四、遭遇电信诈骗的应急及预防措施

（一）应急措施

一旦汇款后发现自己被骗了，应第一时间拨打110报警电话或到距离最近的公安机关报案。及时拨打中国银联专线95516请求帮助。锁定诈骗账号；确认诈骗账号的归属银行，拨打该银行的客服电话；输入汇款的目标账号（骗子的账号），在提示输入密码时连续5次输入错误密码锁定该账号；或者登录该银行的网上银行，登录时输入目标账号（骗子的账号），连续输错5次密码使该账号自动锁定，锁定时间为24小时。这宝贵的24小时将使对方无法将钱转移，避免损失扩大，也为警方破案提供时间。

（二）预防措施

牢记“十个凡是”。凡是不要求资质且放款前要先交费的网贷平台，都是诈骗；凡是刷单，都是诈骗；凡是通过网络交友，诱导你进行投资或赌博的，都是诈骗；凡是网上购物后遇到自称客服并说要退款，索要银行卡号和验证码的，都是诈骗；凡是自称领导、熟人要求你汇款的，都是诈骗；凡是自称“公检法”并让你汇款到安全账户的，都是诈骗；凡是通过社交平台添加微信、QQ拉你入群，让你下载APP或者点击链接进行投资、赌博的，都是诈骗；凡是通知中奖、领奖，让你先交钱的，都是诈骗；凡是声称根据国家相关政策需要配合注销账号，否则影响个人征信的，都是诈骗；凡是非官方买卖游戏装备或者游戏币的，都是诈骗。牢记“三不一多”。未知链接不点击，陌生来电不轻信，个人信息不透露，转账汇款多核实。及时了解最新诈骗手法，防范电信网络诈骗。

五、遭遇性侵害的应急及预防措施

（一）应急措施

在公共场所遭遇性侵害时，应大声斥责对方，切忌因不好意思说出口而忍让。如无法移动可用包等物件挡住自己身体，必要时可向司乘人员、保安人员或他人求助。如果是在人少的地方遭遇性侵害，要猛击歹徒眼睛、裆部等要害部位，并大声呼救、尽快远离，朝人多的地方跑。如若不便呼救，可以采取击打旁边的车辆触响车辆警报器或敲打暖气管、墙壁等，引起别人的注意，吓退歹徒。如果遭遇性侵害而周围无人可求助时，应沉着冷静，用尽一切办法拖延，比如尝试通过谈话唤起对方的人性，或告诉对方自己有性病或其他传染病，力保自己免受伤害。如果被歹徒从后面抱住时，可用高跟鞋狠踩其脚、利用身边武器攻击歹徒、用嘴咬或大声呼喊周围群众，争取脱身。当歹徒从正面向自己靠近时，可用香水喷其双眼，或利用背包、石块、泥沙等东西还击，用以脱身。若体力难以与歹徒抗衡，要以保全生命为重，可暂时顺从歹徒，采取使用安全套等避孕措施，但要记住时间、地点、有无证人等事件经过，并抓破歹徒身体，扯掉歹徒头发、衣服纽扣等，要保留物证（如罪犯的体液、内衣、内裤等）以便遭侵犯后立刻报警。不要对歹徒说已记住他的容貌、要告发他之类的言语。在向警察报案前，不要洗澡，以留取证据。在身体已遭受性侵害后，应尽快去医疗机构检查，以防止内伤、怀孕或性病感染等，并及时进行心理治疗，保护自己的身心健康。

（二）预防措施

遇到不怀好意的人靠近、尾随或挑衅时，应注意躲避。不要被歹徒的凶恶吓得手足无措而任其摆布，要机智地利用周围人员、物体战胜歹徒。在夜晚单独乘出租车时，最好坐在后座上，看清并记住司机的工牌号及车牌号等信息；若带有手机，可提前设置好紧急联系人和快捷报警方式，方便在遇到紧急情况时能第一时间求助。对同学、老师及其他人的性骚扰，一定不能容忍，要立即制止并告知父母。不要随便见网友，特别是到异地见网友，不要和异性一起看黄色书刊、电影，讨论两性话题。防止一男一女独处一室过长时间，应对异性保持必要的警惕，避免与异性的身体接触。

六、遭遇扒手的应急及预防措施

（一）应急措施

当遇到扒手时，要沉着冷静。可出言呵斥，但必须在有绝对把握的情况下才能采取反抗行为来保护自身的财产安全。当扒手持有凶器时，尽量“弃财保命”，先确保人身安全。迅速报警，可拨打110报警电话，也可用手机发短信等方式秘密报警，切不可鲁莽行事而伤及自身。如若手机被盗，应立即持身份证到通信营业单位办理挂失手续并及时报警。扒手被发现后可能以各种手段企图引发周围人的同情，一定要报警，等待警方来到现场。

（二）预防措施

尽量不携带贵重物品出行。带贵重物品出行时，要注意保持警惕，并有意识地定时检查。如随身携带钱款，应将钱款和其他物品混放在一起，并分散放置，尽可能将拉链侧紧贴身体。不要在公共场所显摆钱款，钱包、皮夹不放在裤子的口袋、西服的口袋和衬衫的口袋。到公共场所不要拥挤，不给扒手可乘之机。出入公共场合时，要注意是否有陌生人尾随。

第七节　运动安全注意事项

生命在于运动，人们越来越喜爱体育运动。现代医学和体育科学表明，体育锻炼是增进健康的法宝。然而无论是专业的体育训练和比赛，还是业余体育运动，都有安全风险。运动时，有可能因为准备活动不足、运动状态不佳、场地器材和服装不符合运动要求、缺乏保护、超负荷运动等造成运动损伤。因此，运动前要充分了解运动方式、运动场所和运动用具，对运动安全进行全面评估和检查，防范运动安全风险。

一、运动中的安全常识

（一）运动注意事项

1.选择合适的运动负荷

必须根据自己的身体状况选择适宜的运动负荷。在锻炼过程中，应循序渐进地增加运动负荷，不要突然加大运动负荷，特别是还没有进行准备活动就用力过猛，极易造成运动损伤。锻炼应量力而行，切忌在身体处于疲劳的情况下进行体育锻炼。

2.重视准备活动

每次运动前，应进行准备活动，充分的准备活动可以有效地防止运动损伤。可慢跑5～10分钟，使身体轻微出汗，然后再进行全身各部位关节和韧带的拉伸练习。对于患有心血管疾病的人，准备活动更加重要，可以很大程度上降低运动风险。

充分重视准备活动

3.积极进行运动后恢复性活动

剧烈运动后，如果停止运动就立即坐下甚至躺下休息，会阻碍下肢血液回流，影响血液循环，加重机体疲劳，从而导致眩晕、恶心、出冷汗。所以剧烈运动后要先进行恢复性运动，如进行慢跑和拉伸等，使身体逐步恢复到正常状态。剧烈运动后，也不应立即洗澡，建议运动后半小时再洗澡。

4.注意身体安全预警

在运动中，如果出现呼吸困难、恶心、头晕、头痛、四肢肌肉剧痛、两腿无力、脉搏加快、面色苍白、出冷汗、口唇发绀等症状时，要立刻停止运动。睡眠不好、患病、伤病初愈等可能使运动协调性下降，此时要降低运动强度或停止运动。心情不愉快、急躁、不专心时也容易发生运动损伤。患有高血压、糖尿病等疾病的患者应遵医嘱进行运动。

5.选择适宜的运动环境

脚抽筋水中应急姿势

高温或低温环境对运动锻炼或多或少都有影响，尤其是中老年人在寒冷环境中运动，因体温调节功能差、身体柔韧性下降，增加了运动损伤的危险，也增加了呼吸系统及心血管系统疾病发生或复发的风险。夏季不要长时间在太阳下剧烈运动，冬季不要在雾中运动。既要避免在人多、拥挤的地方进行运动，也不要到十分偏僻的地方运动。骑车、跑步时，最好选择开阔的自然景点。武术、太极等项目最好选择在公园、森林或河边。羽毛球、篮球、足球等项目最好选择正规场地。游泳时一定要到正规游泳池，不要到陌生水域下水游玩；不要空腹下水，生病和女士例假时不要下水；游泳前要充分做好准备活动，防止腿脚抽筋。

6.全面加强身体锻炼

人体始终不停地在进行着新陈代谢，锻炼需要循序渐进、持之以恒，切忌三天打鱼，两天晒网。要积极锻炼全身各部位肌肉；通过改进和纠正技术动作，提高身体协调性；针对性地加强身体薄弱部位的肌肉力量练习。

7.穿戴防护用具

进行剧烈运动和力量练习时，使用防护用具能有效减少运动损伤。一般常用的有护目镜、腰带、护腕、护膝和护腿等，应根据运动项目的特点和身体情况进行准备。如曲棍球、冰球、棒球、垒球等运动项目，对防护用具的使用都有严格的要求。

（二）运动损伤紧急处理基本常识

常见运动损伤的紧急处理主要是迅速了解患者大体情况，紧急联系救援人员（或者拨打120）进行急救处理，并把患者送往医院。

1.保证安全，防止加重损伤

让无关人员后退并离开现场，安慰患者。在基本检查前，任何人不要随意移动患者。

2.检查生命体征，做好急救准备

应立即查看患者意识是否清醒，生命体征是否正常。查看方法为：双手轻拍患者肩膀，在耳侧呼唤患者，看是否有反应以判断其意识情况，同时寻求周围人的帮助，拨打120急救电话。如果患者意识清醒，则查看检查气道是否通畅、呼吸和脉搏是否正常。若患者无呼吸或者呼吸不正常，也没有脉搏，说明心搏骤停，需要马上进行心肺复苏。特别要注意患者有无喘息声、窒息或捂住喉部的动作，发现有此类情况应立即用海姆立克急救法进行急救。

3.检查身体损伤情况，准备简易外伤处理

如果患者意识清醒，脉搏、呼吸正常，就可以进行损伤情况检查。检查方法为：与患者交谈，了解病史和伤情，检查患者全身各部位是否发生出血肿胀、瞳孔是否对称、面色是否正常、肢体有无不正常弯曲或者凹陷等。

（三）运动损伤紧急处理注意事项

1.保证生命安全

维持气道通畅、正常呼吸、正常血液循环是保证生命安全的首要任务。发现患者有气道不通畅、呼吸不正常或血液循环受阻，应该马上组织急救，迅速进行心肺复苏（详见本章第二节“急救注意事项”部分）。

2.防止大出血

任何动脉出血或者无法控制的静脉出血都可能会危及生命。一旦发现患者严重出血，要立即拨打120急救电话，同时用消毒纱布覆盖在伤口上并用力按压。

3.防范通过血液或体液传播的疾病

救援人员要做好自身防护，情况危急时使用塑料袋或者橡胶手套。脱掉塑料袋或橡胶手套后立即洗手，并立即清洗接触过患者血液或体液的皮肤。被污染的衣物，也要按要求进行处理。

二、常见运动损伤及其他损伤的紧急处理

（一）闭合性软组织损伤的紧急处理

急性损伤主要发生在踢足球、打手球、打冰球、打篮球、骑自行车、速降滑雪等身体频繁接触、经常发生撞击、速度快或摔跤概率高的运动项目上。大部分运动损伤都是闭合性软组织损伤，只有少部分是骨折。闭合性软组织损伤紧急处理的目

标是止血、镇痛、消肿和减轻炎症反应。如果损伤部位在头部、颈部、胸部、脊椎等，要尽快到医院检查治疗。

1.冷敷

急性闭合性软组织损伤后在24小时内每天冷敷3～4次，伤害较严重时建议将冷敷时限延长至伤后72小时。冷敷时为避免不适或发生冻伤，时间不要过长，且尽量不要让冰袋直接接触皮肤，可用湿绷带或冰毛巾保护皮肤。冷敷时要避开尺神经、腓总神经等表浅神经部位。不要过早停用冷敷而转用热敷，过早使用热敷会引起肿胀和疼痛。

2.加压包扎

加压包扎是通过增加组织间隙的压力减少损伤部位的血流量，从而达到减少出血和消除肿胀的目的。加压包扎可以在冷敷前、后进行，可用弹力绷带将冰袋包裹在伤处，也可使用浸水后冷冻的弹力绷带，这样可以同时起到冷敷和加压的作用。从损伤部位的远心端向近心端牢固包扎，包扎时每层弹力绷带应该有部分重叠，松紧宜适度，不要过紧，以免引起疼痛。常采用弹力绷带的最大长度的70%紧张度做加压包扎固定，必要时可以使用脱脂棉及毛巾等做的加压垫来进行加压包扎。在加压包扎过程中要注意观察伤肢末端的颜色、感受损伤处的温度和询问患者损伤部位的感觉，以保证绷带包扎没有压迫神经或阻断血流。如果出现皮肤变色、疼痛加重、麻痹、刺痛等症状，表示包扎过紧，应解开弹力绷带重新包扎。如果加压包扎与冷敷同时进行，需注意时间的限制，避免冻伤。冷敷是间断性的，而加压包扎可在一天中连续使用。

3.抬高伤肢

抬高伤肢一般适用于肢体远端的损伤。在损伤发生后48小时内，要尽量将患肢置于高于心脏水平的位置，这样可以减少通向损伤部位的血流量及减轻来自体液的压力，加速静脉血和淋巴液的回流，从而减轻肿胀和局部淤血及疼痛。由于血流的有效自动调节机制，受伤部位需抬高到高于心脏水平30厘米以上才能使血流量减少。在实践中，常需将抬高伤肢和加压包扎联合应用才能有效降低损伤部位的血流量，需注意避免因包扎方法不当而产生损伤部位的血流阻断，继而造成损伤部位的缺血再灌注损伤。

（二）开放性软组织损伤的紧急处理

开放性软组织损伤是指受伤部位的皮肤或黏膜有破损，伤口与外界相通，容易引起出血和感染，是运动中的常见损伤。由于伤口存在感染的危险，如果早期处理不当，轻者会延长治疗时间，影响活动，重者可能会引起全身感染，甚至危及生命。因此，采取有效的方法止血、防止伤口感染，促使创面早期愈合是处理开放性软组织损伤的主要任务。在野外，要小心破伤风。

1.常见开放性软组织损伤

运动中常见的开放性软组织损伤有擦伤、撕裂伤、穿刺伤、切割伤等，其中以头面部皮肤撕裂伤最为多见，如篮球运动中，眉弓易被肘部碰撞而引起眉际皮肤撕裂；高山滑雪运动中运动员偏离滑道，身体失去控制，会被树木、滑雪杖及损坏的滑雪板等尖锐物体刺伤；滑冰时不小心被冰刀划伤或切伤，伤口边缘整齐，多呈直线，出血较多，但周围组织损伤较轻，深的切割伤可切断大血管、神经、肌腱等组织。以上这些损伤的特点是有开放性伤口和出血的情况，所以现场应急处理时必须进行可靠的消毒、止血和伤口保护。

2.常见小伤口的处理

对于伤口较浅、面积小的擦伤，可用生理盐水或清水洗净伤口，周围用75%酒精消毒，局部搽以红药水或紫药水，一般无须包扎，让其暴露在空气中待干即可，也可覆以无菌纱布。关节附近的擦伤，一般不用暴露疗法，伤口经消毒处理后，多采用消炎软膏或抗菌软膏涂搽，并用无菌敷料覆盖包扎。因为创面干裂易影响关节运动，一旦发生感染，也易波及关节。如伤口较大且有砂石等异物，应立即去往医院进行清创处理。

3.撕裂、切割伤、穿刺伤的紧急处理

在现场处理撕裂伤时应用无菌敷料加压包扎止血，同时保存好被撕裂的头皮或皮肤等组织一起急送医院进行进一步救治。对于情况不明的穿刺伤，注意不要轻易拔出刺穿物，以免引起大出血或切断神经血管等重要组织、器官的危急情况，现场需对穿刺物和身体做可靠的固定。若撕裂或切割的伤口较小，经消毒处理后，用创可贴黏合即可。较大、较深的不洁伤口，则需现场加压包扎处理后将患者转送医院，根据具体伤情及是否有神经、血管、肌腱等损伤而采取相应的治疗措施。如有离断肢体，用干净敷料或塑料袋将肢体包好，放入有冰的塑料袋中交医护人员，不能直接放入水中、冰中或酒精中。

（三）其他常见运动损伤的紧急处理

1.肌肉拉伤、关节韧带扭伤

肌肉轻度拉伤、关节韧带扭伤要进行冷敷并局部加压包扎。冷敷方法可采用冷水浸泡或冷毛巾敷，如有条件可用氯乙烷药液喷洒受伤部位，使受伤部位表层组织

骤然变冷而暂时失去痛觉。在进行冷敷治疗时，每次时间不要过长，使用冰块时可用湿布包裹。肌肉损伤严重或者完全断裂者，在加压包扎后立即送往医院治疗。平时休息时，尽量抬高受伤部位。

2.肌肉挫伤

肌肉挫伤后，首先采用冷敷和加压包扎的方式止血。内脏器官挫伤时，要及时组织抢救，迅速送往医院，让患者平躺（头偏向一侧）或者侧躺，以利于呕吐物溢出，防止窒息。要注意保暖，可加盖棉被或衣物。

3.体内出血

隐藏的体内出血从耳、鼻、口等部位流出时，要立即采取措施防止休克。不可由口给予任何饮料和食物。要使患者完全休息，松开其颈部、胸部、腰部过紧的衣物。按出血部位不同，采取不同姿势进行休息或者转运。

4.运动性昏厥

运动性昏厥的发生多与身体素质较差、机体代偿能力不完善有关。久蹲后不要突然站立，不要带病或在饥饿的情况下参加剧烈运动，剧烈运动后不要突然停下来。患者如感到无力，并伴有恶心、出汗、脸色苍白，想立即坐下或躺下，这时应使其尽快休息。发生运动性昏厥后应让患者平卧，足部略抬高，头部稍低，松开衣领，以增加脑血流量。注意保暖，防止受凉。掐压人中、合谷等穴位，一般能让运动性昏厥者恢复知觉。如伴有呕吐时，应将运动性昏厥患者的头偏向一侧，若患者清醒，可让其服用热糖水和维生素C等，并注意让其休息。以上处理无效时应立即送往医院救治。

5.运动性腹痛

运动前不要过饱或过饥，也不要大量喝水，饭后一个半小时才可进行较剧烈的运动。夏天运动时不要贪凉，冬天运动时脱衣服不要太早，特别注意胃部保暖。运动时要注意呼吸节奏，一般采用深度或者均匀的呼吸，以保证运动时氧气供应。出现运动性腹痛后，通过减慢运动速度、深呼吸、放松腹肌、用手按压疼痛部位等方法可以缓解腹痛。

6.运动猝死

有心脑血管病、昏厥等病史的人在运动中要特别注意防范运动猝死。在运动过程中，有明显的胸闷、压迫感、极度疲劳等症状时，要立即停止运动，并到医院检查。如运动时发生心跳、脉搏停止者，要立即进行心肺复苏，同时拨打120。

7.抽搐

患者发生抽搐时要防止其摔倒，立刻让其平躺，使其头偏向一边，防止呕吐物堵塞气道。患者清醒后，应让其安静休息或睡觉，注意保暖。严重者立即送医院治疗。

8.心脏病发作

有心脏病史的患者在运动时出现呼吸急促、胸痛或者胃部不适时，要让患者采取半坐卧姿势，并解开其衣领口，使其保持呼吸顺畅。要立即询问病史，如患者随身携带有药，立即帮助他服下。情况严重者，迅速送往医院，送医过程中注意保暖和通风。

9.中风

运动过程中出现中风者主要表现为头痛、眩晕、记忆力突然消失、肌肉活动困难、言语不利、耳鸣；严重者知觉丧失，呼吸困难，身体一侧上、下肢麻痹，左、右瞳孔大小不一。应急处理时，要迅速让患者侧躺，头肩部微垫高。若患者呼吸困难，要让其保持半卧位；松开患者颈部、胸部和腰部的衣物，同时注意保暖；立即拨打120，送往医院治疗。

10.脱臼

脱臼又叫关节脱位。脱臼后要固定好脱臼部位并立刻寻求医生尽快复位。运动中发生的关节脱位多为间接外力所致，肩、肘、手指关节最易发生脱位。如摔倒时手撑地而引起的肩关节或肘关节脱位。肩关节脱位后应将患肢用三角巾悬吊、固定于胸前送往医院，由专科医生将患者已脱出的肱骨头复位。发生肘关节脱位时，不要强行将其处于半伸位的患肢拉直，以免引起更大的损伤。可用绷带或三角巾将患者的患肢呈半屈曲位（肘关节屈曲135°左右）固定后，再悬吊固定在胸前，送往医院接受治疗。

11.耳道外伤（鼓膜外伤）

运动过程中发生耳道外伤时，应遵照医生的要求用消毒液涂搽外耳道，用消毒棉球轻轻塞住耳道，千万不要冲洗外耳道和经外耳道滴药。在水中运动过程中发生鼓膜破裂时，要迅速排出耳内积水，消毒后保持干燥，按医生要求服用抗生素，防止感染。

12.哮喘

运动过程中哮喘发作时，应迅速将患者放在舒适的位置休息，协助其服用治疗哮喘的药品。若情况不见好转，应尽快送往医院治疗。在寒冷天气或者空气污染较重的情况下，有哮喘的人尽量不要到室外剧烈运动。

13.骨折

运动过程中发生骨折，主要通过止痛、制动、保护伤口等进行紧急处理，以预防感染和休克。严重创伤现场急救的首要原则是抢救生命。如发现患者心跳、呼吸已经停止或濒临停止，应立即进行心肺复苏。若患者昏迷应保持其呼吸道通畅，及时清除其口咽部异物。开放性骨折患者伤口处可大量出血，一般可用敷料加压包扎止血。切不可随意搬动患肢，对于大动脉出血难以止血时，可选择止血带止血。如遇以上有生命危险的骨折患者，现场紧急处置的同时拨打120尽快送医院救治。

开放性骨折的处理除应及时、恰当处置止血外，还应立即用消毒纱布或干净衣物包扎伤口，以防伤口继续被污染。伤口表面的异物要及时清除，外露的骨折端切勿推入伤口，以免污染和刺伤深层组织。有条件者最好用消毒液冲洗伤口后再包扎、固定。开放性骨折现场急救时，及时、正确地固定断肢可减少患者的疼痛及周围组织的二次损伤，同时也便于患者的搬运和转送。急救现场如没有专业救护器材，可用木棍、硬纸板、树枝、手杖等作为固定器材，其长短以固定住骨折处上、下两个关节为准。如找不到固定的硬物，也可用布带直接将伤肢绑在身上，骨折的上肢可固定在胸壁、悬于胸前，骨折的下肢可同对侧健肢固定在一起。转运途中要注意动作轻、稳，防止震动和碰坏患肢，以减轻患者的疼痛。

骨盆骨折是一种严重的骨折，出血量大且难以止血。当怀疑有骨盆骨折时，应立即用宽大的棉质品或三角巾紧紧捆住臀部，将骨盆切实固定起来，防止骨折端继续出血；有出血，迅速按照止血方法先止血；再用棉质品将双膝关节隔开并绑扎在一起后，三人平托轻轻将患者放在硬板上，使之膝关节屈曲，下方垫上软物以减轻疼痛，并将其迅速送往医院抢救。

（四）内脏损伤的应急处理

有些内脏损伤会在数小时后才出现症状，并且发展成危及生命的状况。常见的内脏损伤有内脏神经丛痉挛、胸部内脏损伤和腹部内脏损伤，内脏损伤极易引起大出血或剧痛而致休克。

1.内脏神经丛痉挛

内脏神经分布丰富。支配各脏器的交感神经和副交感神经彼此交错成神经网络，在胸、腹腔内形成了很多神经丛。在体育运动中造成肚脐以上的胸、腹部内脏损伤，比如心窝处受到打击或撞击，可立即引起剧烈的肋骨下方疼痛、无法呼吸、不能直立、腹肌痉挛、瘫倒在地，甚至可以因为强烈的神经反射作用，使人昏厥或昏迷。有时猛烈地打击或撞击心窝处，甚至可以将胸骨剑突折断造成严重的内出血，导致严重的后果。急救处理需先安抚伤者，解除影响其呼吸的衣物、装备等。鼓励患者先做浅呼吸，再做缓慢的深呼吸，并密切监测其呼吸和循环状况。如果患者伤处持续疼痛或出现休克、呕吐及咳出物有血等情况时，表示损伤较重或合并有内脏损伤，应立即送往医院进行救治。

2.胸部内脏损伤

常见的胸部损伤包括胸部挫伤、胸部裂伤、肋骨骨折、气胸、血胸、肺裂伤、肺挫伤等。胸部损伤有时还合并腹部损伤。胸部多发性损伤如早期处理不当，可导致严重后果。因此发现胸部受伤，要迅速送往医院救治。

3.腹部内脏损伤

由于致伤原因、受伤的器官及损伤的严重程度不同，以及是否伴有合并伤等情况，腹部损伤的临床表现差异很大。一般来说，单纯腹壁损伤的症状和体征较轻，可表现为受伤部位疼痛、局限性腹壁肿胀、压痛，有时可见皮下淤斑，一般无须特殊处理，其程度和范围不是逐渐加重或扩大，而是随时间的推移逐渐减轻和缩小。合并腹部内脏损伤时，如果仅为挫伤，伤情也可能不重，可能无明显的临床表现。如为破裂或穿孔，临床表现往往非常明显，当内脏破裂出血达到一定量时，可表现出失血性休克的症状，如出冷汗、面色苍白、呕吐、脉细而快等。消化道穿孔可表现出腹膜炎的症状，如腹部压痛、反跳痛、腹肌紧张等，必须及早就医。

三、常见运动注意事项

每一项运动的安全注意事项都略有不同，要根据自己平时开展的运动有针对性地了解、学习。特别是游泳、高山滑雪、自由式滑雪、单板滑雪、潜水、攀岩等高危险性体育项目，在开展这类运动时要增强自我保护意识、熟悉安全须知。

（一）跑步

饭后一小时内不要跑步，跑步前要进行适当的准备活动。由于跑步对膝关节造成的压力较大，因此跑步前要加强膝关节的拉伸。新买的鞋不要立马穿上就进行长跑，可能会磨脚。穿太旧的鞋跑步也容易受伤，因为此时鞋底的缓冲功能已经下降。跑步鞋在跑过500千米左右的距离后就需要更换。当跑步鞋寿命过去一半时，可与新跑步鞋轮换使用。跑步时，应根据天气和环境变化更换衣物。特别是在冬季跑步时，不适宜穿过厚的衣服，因为运动会散发热量，衣服太厚不利于散热。跑步时服装的面料至关紧要，现代有助于透汗排气的高科技面料能让自己保持清爽。棉质服装吸汗，但锻炼后潮湿的棉质服装可能导致着凉，因此不适合用于运动。不要以为跑步的距离越长、速度越快就越好，结果却往往事与愿违，甚至因过度运动而受伤。过度劳损是胫骨和膝关节伤病或者髂胫束摩擦综合征产生的原因之一。跑步应循序渐进，分别设置一个短、中、长期目标。对于新手，应该逐步增加跑步里程，每周以增加不超过10%为宜，并可以通过多种锻炼交叉训练以锻炼不同部位的肌肉，防止产生厌倦情绪，同时让跑步的肌肉和关节得到充足休息。尤其需要注意的是，前一千米的跑步速度最好比最后一千米慢。通常很多人恰好相反，起跑时力量充沛而速度最快，但最后时已经体力不支跑不动了。如果跑步时身体某些部位疼痛，应该立即停止并休息。千万不能在不舒服中完成锻炼，造成伤痛经久不愈。足底患鸡眼、骨质增生的人不宜跑步。跑步爱好者，每周也至少要休息一两天，这样有助于体能恢复，避免损伤。

运动装备

（二）打篮球

尽量不要戴框架眼镜打篮球。很多近视的人打篮球时习惯戴着框架眼镜，这是很危险的。戴框架眼镜打篮球时，万一眼镜被弄碎了，极容易划破皮肤，甚至划伤眼睛。此外，戴着框架眼镜打篮球时，由于框架眼镜老是晃动，对视力也有一定损害，而且也不利于临场发挥，因此戴框架眼镜打篮球既不安全也不方便。如果视力不佳，建议打篮球时佩戴专业运动眼镜。佩戴护具可以在一定程度上减少、减轻或避免受伤。在打篮球时，护具能对一些关键部位和关节起到很好的保护作用。护膝、护腕、护肘等都是很好的篮球运动中的护具。不宜摸黑打篮球，摸黑打篮球不仅不太安全，而且也伤害视力。打篮球要想尽可能安全，最好要有专业的装备，比如使用专业篮球鞋，在专业的篮球场上运动等，可以最大限度防止各类损伤。

（三）踢足球

因踢足球跑动的距离较长、动作幅度大、出汗较多，踢球时应身着宽松、合体、透气、吸汗的运动服。踢足球时力量较大、对抗性强，易扭伤、骨折，球鞋应选用帆面胶底的防滑足球鞋，尽量佩戴足球护具（护踝、护膝、护腿板）。除了参加正式比赛外，平时锻炼不宜穿足球比赛用鞋，以防止对自己或他人造成不必要的损伤。尽量不要在场地设施不符合要求的地方踢足球，场地不平，碎石、杂物多（跑道、沙坑）容易造成踝关节扭伤、骨膜损伤、跟腱拉伤等问题。夏天踢球时，在运动间隙要适当补充水分。不要等感到口渴后再饮水，这时机体可能已处于轻度脱水状态。运动后可以喝少量的运动饮料或淡盐水，以少量多次、逐渐补充为宜，切莫一次性大量饮水。虽然踢足球是一项“全天候”的运动项目，但要尽量避免在恶劣的天气下进行。在高温、湿热天气时踢足球要注意防止中暑、抽筋和虚脱。低温、潮湿天气时踢足球要注意保暖以防止冻伤。在黄昏、黎明（尤其是雾天）时踢足球因光线不足、能见度低、神经反应迟钝、兴奋性降低，极易发生损伤。下雨地滑也是引起足球运动中发生损伤的重要原因之一。

（四）打羽毛球

打羽毛球是一项运动量较大、跑动较多的全身运动，在体验打羽毛球乐趣的同时也要做好相关的安全防护。上场前做好准备活动，穿好运动装备。不要刚上场就开始用力挥拍子，这样对腕关节等易造成损伤。进行羽毛球双打时，不要抢球，尤其是初学者，一定要注意挥拍走向和站位，避免伤及同伴。别人打球时千万不要穿场而过，自己打球时不拽扯网带。打羽毛球时羽毛球的速度较快，高速飞行的羽毛球易伤害到眼睛，特别是双打时要格外注意，避免眼睛受伤。

（五）游泳

在饭后即刻以及空腹状态下游泳，会影响人的食欲及消化功能，甚至会让人感到恶心、呕吐。不要在做完剧烈运动后马上游泳，在身体缺氧的情况下马上游泳，水对肺部产生挤压，会给肺部带来沉重的负担。为防止致病菌进入身体引起感染，也保护女性自己身体健康，女性在经期禁止下水游泳。在秋冬季游泳则在停止游泳后，不要在水下待的时间过长，以防上岸时接触到外界相对较冷的空气引起感冒。游泳时突然抽筋，如果离岸近，应该马上上岸，按摩抽筋部位；如果离岸远，应立即仰面浮出水面，按摩或者牵引抽筋部位。当抽筋情况不太严重时，马上用其他未抽筋的部位划水上岸；抽筋严重时，不要慌张，深吸一口气潜入水中，用手使劲拉伸抽筋部位，稍有缓解马上上岸。周围有人时应该马上呼救，防止溺水。选择好的游泳场所，对该场所的环境，如是否卫生、水下是否平坦、水的深浅等情况要了解清楚。不要独自一人到没有安全设施和安全救护员的地方游泳，更不要到不知水情或比较危险且常发生溺水事故的地方去游泳。要清楚自己的身体健康状况，平时四肢就容易抽筋者不宜游泳或不要到深水区游泳。要做好下水前的准备活动，如水温太低，应先在浅水处用水淋洗身体，待适应水温后再下水游泳。对自己的游泳技术和体力要心中有数，下水后不能逞强，不要贸然跳水和潜泳，不能互相打闹，更不要酒后游泳。在游泳中如果突然觉得身体有任何不舒服，如眩晕、恶心、心慌、气短等，要立即上岸休息或呼救。

（六）打网球

场地环境很重要。网球场地有室内和室外之分，从场地材质上看又有硬地、草地、红土之分。不论是采用哪种材料的地面，都应有一定的弹性，并必须保证球员在训练、比赛中不感到太滑或太黏。打网球前要注意仔细检查场地，了解地面是否平整、是否有积水，及时清除场地内的杂物，以防出现意外事故。技术要学全，按顺序学习正手、反手，网前、底线、高压、发球、切削、上旋、下旋等。各种专项技术要按照一定的顺序去学，否则在练习或比赛时因动作不规范，手腕容易受伤。打网球时发生摔倒，要先扔掉拍子，然后屈膝抱头，避免手肘等关节部位先着地，也就是说不要试图用手肘部支撑地面，可以通过翻滚降低对重要部位的伤害。平时要加强相应部位肌肉力量的练习，防止急跑急停造成扭伤。

（七）器械练习

注意热身活动，器械练习前要积极进行轻度有氧运动，比如跑步、骑单车等，从而帮助提升神经、肌肉功能。热身运动后再进行拉伸，比如静态、动态拉伸，增加关节柔软性和活动度，缓解肌肉的僵硬度，降低受伤概率。注意保护，无论是举重还是高低杠等有危险因素的器械练习，都要在他人的保护下进行。注意负荷量，增加负荷量要循序渐进，不要一次性增加过多。进行力量练习时，每次重量增加要适当。器械练习时，重复次数要根据身体状况适量增加。要提前检查器械安全性能，检查器械是否符合自己身体条件；检查器械的安全性，包括有无损坏、能否承受正常运动等，比如检查杠铃是否固定，防止滑落砸伤；进行高空器械练习时，要检查有无安全保险绳，器械下面是否有保护垫等。

（八）滑冰

滑冰是很多大人和孩子都喜爱的一项运动，但就算是滑冰熟练的大人，也要注意保护好自身的安全。

要选择安全的场地。初冬和初春时节，自然结冰的湖泊、江河、水塘的冰面尚未冻实或已经开始融化，千万不要去滑冰，以免冰面断裂而发生事故。

初学滑冰者要循序渐进地练习，特别要注意保持身体重心的平衡，避免向后摔倒而损伤脊椎或后脑。如果滑冰时人比较多，则注意力要集中，避免与人相撞。滑冰站立时两脚应略分开，约与肩同宽，两脚尖稍向外转形成外“八”字，两腿稍弯曲，上体稍前倾，目视前方。身体要通过两脚平稳地压到刀刃上，踝关节不应向内或外倒。滑行时要俯身、弯腿，重心向前更容易保持平衡，即使摔倒也会往前摔，不会损伤脊椎或后脑。初学者最喜欢滑行中直立身体，引起重心不稳而摔倒。摔倒时，应侧身用手撑地，以减少冲击，同时避免头部撞到冰面。不慎摔倒后要立刻跪在冰面上并慢慢起来，如果不能及时爬起，要寻求同伴的帮助，并观察周围人的动向，防止他人撞击造成意外伤害。绝对不要长时间躺在或者坐在冰面上，防止他人滑行时冰刀刺伤自己。如果滑行有方向性，请不要逆向滑行。不要在其他初学者身边做花样动作或者靠得太近，以免其受到惊吓而摔倒，进而引起自己和他人受伤。冲撞不可避免的时候重心应侧向倾斜，保护好头部和胸部，可以伸手缓冲撞击。滑行中尽量避免互相牵手，以免一起重摔。

滑冰时要戴好帽子、手套，注意保暖，防止感冒和身体暴露的部位发生冻伤。在寒冷的环境里活动，身体的热量损失较大，因此滑冰时间不要过长。休息时应穿好防寒外衣，同时解开冰鞋鞋带活动脚部，使血液流通，这样能够防止生冻疮。长时间在外面活动，身体暴露部位很有可能会冻伤，其中耳朵是最脆弱的部分，一定要做好保暖。一旦不小心被冻伤，千万不要用手搓热，也不要立即用热水敷，迅速进入温暖环境后，让其慢慢缓解。

装备要合身。滑冰时，合适的装备很重要，比如合脚的冰鞋，服装厚度、松紧度以不妨碍运动为宜，佩戴手套，以免摔倒时擦伤皮肤，有条件者可佩戴护具。身上不要带钥匙、小刀、手机等，以免摔倒时划伤、硌伤自己。

冰鞋分为花样滑冰鞋、冰球鞋和速滑鞋，要根据不同的项目穿不同的冰鞋。对于初学者来讲，花样滑冰鞋比较理想，因为花样滑冰鞋的鞋头是锯齿状的，鞋尾有后跟，更容易掌握平衡。滑冰前检查滑冰鞋时要看刀体是否直，刀体越直越好；冰刀是否位于冰鞋的正中间；冰刀是否光亮，有些冰刀由于钢质不好或者镀银不好，刀体表面会生锈、镀银有脱落的现象，好的冰刀会发亮，表面无锈痕；最后一点，尺码一定要合脚，不要过大或者过小。冰鞋比较硬，很容易勒伤脚，导致脚上被勒起水疱，厚点的袜子对此能够起到很好的保护作用。

（九）滑雪

滑雪很愉快，小朋友尤其喜欢，但滑雪时一定要注意保护好自己。尤其是对初学滑雪的人来说更要注意。

多层穿舒适衣服。滑雪虽是一项在寒冷环境中进行的体育运动，但运动量较大、出汗较多，在选择贴身内衣时，最好不用棉质的，因为棉质内衣吸水性较好，会大量吸收人体排出的汗液，而当人体处于静止状态时，棉质内衣的汗液很难在短时间内挥发掉，容易感冒。可以贴身穿一件带网眼的锦纶背心，然后在外面套上一件弹力棉背心，这样身体排出的汗液会透过锦纶背心吸附在弹力棉背心上。也可以选择一件丝普纶制成的内衣，它的内层有一层具有单向芯吸效应的化纤材料，本身不吸水，外层是棉质的，可将汗液吸收在棉质层上。滑雪时体力消耗比较大，排汗量增加，在零下20℃的情况下行走，穿一件长袖内衣加薄绒衣和防风外套就足够了。为了防止风雪进入衣服内，准备一些滑雪常用保暖衣物，防止风雪从衣领、袖口进入衣服内。

防止冻伤。冻伤一般发生在手、脚、耳朵等部位，所以应选用保温效果较好的羊绒制品或化纤制品对上述部位进行保温。滑雪前需要备一些治疗冻伤的药膏，了解一些治疗冻伤的方法。

保护皮肤。我国北方的冬季寒冷干燥，在这种气候条件下皮肤水分散失快，加上滑雪时形成的相对速度很快的冷风对皮肤的刺激，和强烈紫外线对皮肤的灼伤，是构成滑雪时皮肤受伤害的主要原因。为减轻水分的散失、冷风的刺激和紫外线对皮肤的灼伤等对皮肤的伤害，可选用一些油性的、有阻止水分散失功能的护肤品，然后再用防紫外线效果较好的、具有抗水性的防晒霜，并每隔一段时间就在暴露的皮肤上涂一次防晒霜，切不可因为阴天就不涂防晒霜。如果滑行中感觉冷风对脸部的刺激太强烈，可选择一个只露出双眼的头套和一个全封闭型滑雪镜将面部完全罩住，这样能有效阻止冷风对脸部的刺激。

防止发生意外。不要单独一人野外滑雪，以免出事后既无人知晓又无人救援。不要滑出滑雪场界线，否则易导致发生损伤后无人救援。千万不要饮酒后外出滑雪，一旦醉卧在外，非常容易发生冻伤。滑雪尽量要穿鲜艳服装，以便出现意外事故时寻找起来醒目。外出滑雪时要告诉家人或朋友，自己去什么地方滑雪，什么时间回来，最好发个初步定位，以便发生意外时及时救援。

野外生存

第一节　野外生存实用技能

当前户外徒步、露营的人越来越多，如何解决好安全的吃、喝、住、行是在野外生存首要的问题。据媒体公开报道，因从小训练野外生存能力，哥伦比亚未成年的四兄妹在亚马孙丛林安全度过40天后获救。

一、野外饮水注意事项

首先水是人得以生存的最重要的资源，它不仅是生命必需的物质，而且它还像人体的恒温器，冬天能保温，夏天能祛热，同时还能将人体产生的废物及时排出体外。野外生存最重要的是要寻找到可饮用的水源。在没有充足的水源时，首先要注意的就是合理地饮用自己备用的仅有的水，绝不能为解一时之渴而一顿狂饮，在能够忍受的情况下，一点一点含在嘴里，应该力争把水留到最后。要尽量减少身体水分的消耗，寻找一块阴凉处，待在那里多休息。远离一些较热的物体，避免阳光的照射。少吃或不吃容易吸收体内水分的食物，如饼干等。不要喝酒，因为酒会消耗身体内的水分。不要吸烟，防止口腔干燥。减少与别人的交流，不要用嘴进行呼吸。运动量要减到最低限度，除了去找水源之外。

（一）寻找水源

可以通过观察草木的生长分布，了解鸟、兽、虫等的活动范围来寻找各个地区的地表水或浅层地下水。群鸟飞进飞出的地方一定有水。水总是会往低处流，也应尽量到地势较低的地方去找水源。初春，其他树的树枝还没发芽时，而独有一处树的树枝已发芽，说明此处有地下水。梧桐、柳树、盐香柏等，这些植物只生长在有水的地方，在这些植物下面肯定能挖出地下水来。芨芨草生长处的地下水位于地面下2米左右。茂盛的芦苇处地下水位于地面下1米左右。如果发现长叶碱毛茛（别名黄戴戴）、马兰花等植物，在其生长处下挖50厘米或1米左右就能找到地下水。根深叶茂的竹丛不仅生长在河流岸边，也常生长在与地下河有关的地方，成串的或独立的竹林地常常是有大型水洞的标志。在秋季，如果地表有水汽上升、凌晨常出现像纱巾似的薄雾或晚上露水较重且地面潮湿，说明地下水水位高，水量充足。地表面有白霜的裂缝处、封冻晚的地方以及降雪后融化快的地方地下水水位高。地下水埋藏较浅的地方的泥土都会比较潮湿，蚂蚁、蜗牛等动物喜欢在此地做窝聚居。

除了用眼观察外，还可以通过听的方法去寻找水源。如果听到山脚、断崖、盆地、谷底等有山溪或者是瀑布的声音，或者是听到了周围有水鸟或青蛙的叫声，都说明不远的地方就有水，而且很有可能是流动的活水。空气中的潮湿味以及刮风带来的泥土的腥味都是提示水源方向的重要标志。

（二）野外采水

掌握野外采水的技巧是解决饮水问题的关键，只要掌握一些方法，周围就有很多隐藏的水源可以利用。

1.收集

雨水是较为安全的饮用水。如果在正缺水时下雨了，可千万不要放过这天赐良机，一定要抓紧一切时间，利用一切容器收集足够多的雨水。在雪地里，可通过融化雪的方法来解决饮水问题。融化的雪水需要加热消毒，因为雪里会有很多污染物质。树枝上和岩石上悬挂的冰柱是唾手可得的水源，但冰柱融化的水和雪水一样，需要加热消毒以后才能放心饮用。露水也是可靠的水源，在太阳出来以前可以找一块干净的、吸湿性较强的布，在草地收集露水，等到布上吸满露水后，再将布上的露水拧出来，盛到容器里澄清后就可以饮用了。如果有荷叶等一些较大的植物叶，也可以用一个小瓶子将叶子上汇聚在一起的露水积少成多，以备不时之需。在地表较为潮湿的地方，往往会有地下水，可以在此挖一个深坑，地下水会自动地往坑里流，等到积水量达到一定程度，就可以用一个小缸子轻轻地将水舀出来，经过过滤、加热处理就可以饮用了。

2.利用植物取水

植物取水桦树汁

在野外，有些植物吃了可以直接解渴，如黑桦树、白桦树的树汁以及山葡萄的嫩条、酸浆子的根茎。例如，在有桦树的山林野营时，可在桦树树干上钻一个深的小孔，然后用桦树的树皮制作一根细管，就可以用容器接液体喝。这种桦树的树液在空气中很容易发酵，因此不宜长时间存放，要立即饮用。有的植物直接储存水，比如竹子。有虫的竹子里面的水不要饮用。在有仙人蕉的南方丛林中，只要用刀将其从底部砍断，干净的液体就会滴下来，同时它的嫩心也可以用来充饥。有许多植物的叶子很大，可能包着雨水或露水。如果发现了，不要急于饮用，要先观察一下是否有杂质，以免喝下去导致身体不适。有一些能食用的植物的根含有很多水分且很接近地表（比如水树、沙漠橡、血木等），可以把它们挖出来砍成许多小段，剥皮后吮吸其汁液解渴。但千万要认准这些植物，千万不要饮用一些带有颜色的或是有特殊气味的不明液体，因为它们很可能有毒。在最初口渴时可以先不喝水，或者仅是润润口腔、咽喉。喝水时应该采取“少量多次”的方法，这样可以更好地补充身体所缺的水分。

3.利用动物取水

动物体内含有很多的水分，但能直接饮用的只有很少一部分。部分动物的眼眶里储存有水，吮吸就能得到。大多的鱼类体内都有可饮用的流汁，尤其是大鱼，沿鱼刺延伸的方向有许多新鲜流汁，将鱼剖开并去除骨架，就可以得到流汁。有些沙漠动物也是水的来源，比如西北地区的青蛙、沙漠中骆驼的奶。

4.淡化海水

在海边，可以取一部分海水，用火加热使其蒸发，再将水蒸气收集起来，就可以得到所需要的淡水了。在加热海水时，把毛巾贴到锅盖的内侧，蒸馏出的水就会吸附在毛巾上，然后再将毛巾吸收的蒸馏水拧到大贝壳或其他容器内，这样反复，所得的淡水就会越来越多。冬季，可将海水放在一个容器中使之冻结。当海水冰冻时，大部分溶解在水中的盐分就会结晶而离水，这时上层冻结的冰块基本上都是可以饮用的淡水。

5.其他取水方法

在条件允许的情况下，可以制作一个简易的日光蒸馏器。先在地上挖一个深坑，在坑的底部放一个容器，用一根管子从容器内连接到地表，用一块塑料薄膜将坑的表面密封起来，四周用沙土埋好，再在塑料薄膜的中央放一个小石头就形成了一个简易的日光蒸馏器。白天，阳光使坑内的土壤和空气温度升高，产生水蒸气并逐渐饱和。到了晚上，饱和的水蒸气会在塑料薄膜外的冷空气的作用下凝结成小水珠，从塑料膜上落到容器里。在昼夜温差较大的地区使用这种方法效果更好。

另外，人体内的尿液并不是像人们想象的那样污秽，在迫不得已的情况下，尿液同样可以用来作为饮用水。如果可能，先将其过滤一下。方法是找一个竹筒，在其底部开一个小孔，在筒内分别从上到下铺上木炭、土、沙子和石子，尿液经过它们再流出就会被净化。

（三）野外净化水

水在自然界的分布比较广泛且水呈流动状态，特别是地面水，流经的地域非常广，因此一般情况下很难保证水源不受污染。野外找到了水源也一定要确保水没有被污染才能饮用，例如观察水源上游有无矿山，如有矿山则水源有可能受矿物污染；如果河流的石块有异常的茶色或黄色，则此处河水可能受到污染，最好不要饮用；另外，还可以观察水中是否有鱼类或其他生物栖息，如果有则表示水的清洁度还可以，如果没有则饮用就要慎重。

如果没有找到干净的山泉，只有河流和湖泊时，要对水进行简单处理后才能饮用。河流、湖泊的水中经常会带有一些致病的物质，有腐烂的植物，昆虫、飞禽和动物的尸体及粪便，有时还可能会带有重金属盐或有毒矿物质等。一般来说，在野外除了泉水和地下井水可以饮用外，其他水源都要经过鉴别处理才能饮用。可以根据水的色、味、温度以及水迹概略地鉴别水质的好与坏。纯净的水在水层较浅时为无色透明，而较深时则呈现为浅蓝色。可以用玻璃杯或白瓷碗盛水观察，通常水越清澈说明水质越好，水越浑浊说明水里含杂质越多。一般清洁的水是无味的，而被污染的水则带有一些异味。如含硫化氢的水有臭鸡蛋味，含矿物盐的水则带有涩口的咸味，含铁较高的水带有铁锈味，含硫酸镁的水有苦味，含有机物质的水有腐败味、臭味、霉味、药味。也可以取一张白纸，将水滴在上面晾干后观察水迹，水迹清晰则水质较好，如果水迹有异常颜色则水质较差。地表水（江河、湖泊的水）的水温因气温变化而变化，浅层地下水受气温影响较小，深层地下水的水温低而恒定。如果气温未变而水温突然升高，多是有机物污染所致，工业废水污染水源后也会使水温升高。当找到可饮用水源以后，先要就当时的环境条件，对水源进行必要的净化处理，以避免因饮水而中毒或感染疾病。无论采用哪种净化方式，最后最好还是把水煮沸5分钟再使用，这种方法简单且实用。煮沸消毒过的河水、湖水、溪水、雨水、露水、雪水等可保证饮水和做饭的安全。

1.使用净水工具

外出野营时，最好带上几片净水药片，当找到不是很清洁的水，可将水存在水容器中，然后放入净水药片，搅拌、摇晃，静置几分钟即可饮用，也可灌入壶中存储备用。一般情况下，1片净水药片可对1升的水消毒，如果水质较差可用2片。如果没有净水药片，可以用随身携带的医用碘酒代替净水药片对水进行消毒。可在已经净化过的水中，每升水滴入3～4滴医用碘酒，如果水质较差，可以适当多滴一些医用碘酒，搅拌均匀后静置20～30分钟即可饮用或备用。如果连医用碘酒也没带，还可以选野炊用的食醋。在净化过的水中倒入一些醋汁，搅匀后静置30分钟后便可饮用。目前，有一种饮水净化吸管在野外非常实用，这种吸管的形状像一只粗钢笔，经它净化的水无菌、无毒、无味、无任何杂质。另外还有净水器，体积虽然小，但净水的效果非常好，能在较浑浊的液体中过滤出可饮用的纯净水。

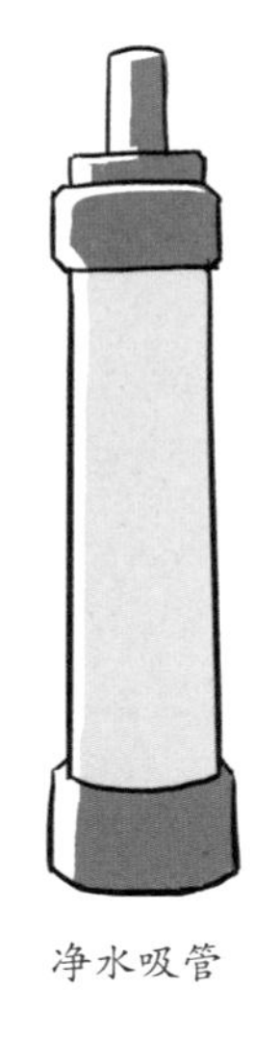

净水吸管

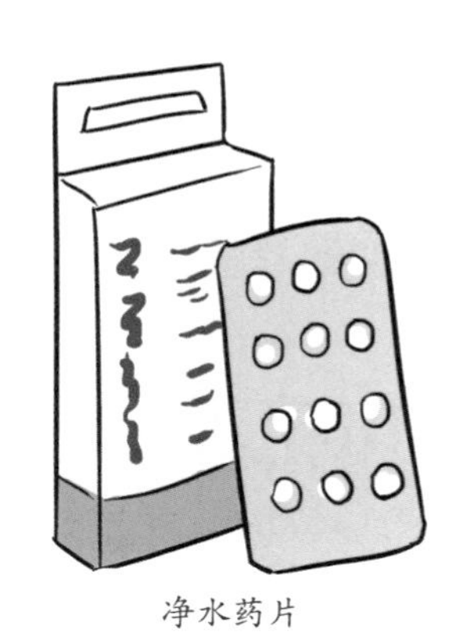

净水药片

2.沙、石渗透

当找到的水源里有漂浮的异物或水质浑浊不清，而河边、湖边有很多沙、石时，可以采用渗透法净化水源。一般可在离水源3～5米处向下挖一个深坑，这样水就会从沙、石的缝隙中自然渗出来，这些水要比水源的水干净很多。可轻轻地将已渗入坑里的水取出，放入盒或壶等存水容器中。但要注意在取水时不要搅起坑底的泥沙，以保持水的清洁干净。

3.自制过滤器

当找到的水源泥沙较多，水比较浑浊，但水源周围环境又不适宜挖坑时，可以自制一个过滤器进行过滤。过滤器可用一个塑料瓶、袜子和裤筒，然后自下向上依次填入适量无土、干净的细砂和木炭粉，压紧按实，即做成了过滤器。将浑浊的水慢慢倒入自制的简易过滤器中，等过滤器下面有水溢出时，即可用盆或水壶将过滤后的干净水收集起来。如果对过滤后的水质仍不满意，可以再制作一个同样的简易过滤器，将过滤后的水多次进行过滤，直到满意为止。用纱布对水进行层层过滤，也可以得到较为干净的饮用水。当然，如果能在裤腿内或是纱布上铺上一层木炭，效果会更好。

4.沉淀

将所找到的水集中收集到盆或壶等存水容器中，然后在水中放入少量的明矾。明矾在放入水中之前一定要先捣烂，搅匀后沉淀30分钟，轻轻舀起上层的清水，不要搅起已沉淀的浊物。

注意：无论找到什么水，无论怎么净化，加热烧开后饮用是比较安全的。

二、野外取火

对于在野外旅行的人来说，热饮是最好的营养补充剂。火的作用不仅仅是可以取暖、烤干衣物、加热水源、制作食物，有的时候火还可以让人在深夜里更容易发现野兽，并能吓退野兽。野外生存必须学会如何在野外取火。

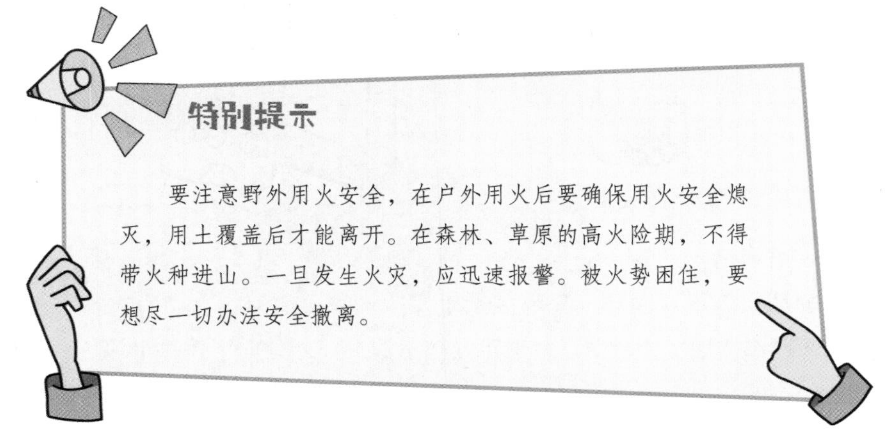

（一）材料准备

取火前，首先要做的准备工作是收集火种、引火物和维持燃烧的燃料。

1.火种

火种，即人为制作的火源。在野外生存时所选择的火种应考虑其便利、耐用及使用效率，最方便耐用又高效的火种当然是打火机、火柴等。除此之外，还有其他可作火种使用的东西，比如镁棒、电池等。

2.引火物

引火物的作用是将火种的火势增大，生火之前，务必要准备的就是引火物。引火物不宜过大，因为那样不能及时地将火种的火势增强。十分干燥的干草和枯树枝、较软的木柴以及含有松脂的木头都是理想的引火物。为了增强引火效果，可以将枯树枝、木柴或木头拆分得更加细小，使之更加容易被引燃。天气较好时，引火物比较好找，但是遇到阴雨天，引火物就难找了，因为一般嫩树枝、大树杈及湿柴草是很难直接用火种点燃的。平时背包里可准备一点儿引火物，或在行进中保存一点好的引火物。干草、枯树叶、小树枝、小木块都可用来引火，针叶松的干果和落果通常是多树脂的，是极好的引火物。枯死的松树节子上常常会有很多松树油，这种松树油也是很好的引火物。在一些枯死的老树根上，也可找到一些树脂作引火物。如果遇到雨天，可在大树底下或岩石下寻找干燥的引火物。桦树皮里含有易燃的油脂，是非常好的引火物。如果在没有树的地方，可以找一些干草，并将这些干草拧成干草绳作为引火物。燃着引火物以后，可慢慢加些小树枝或木片，然后再加上木块，木块要堆得疏松些，这样才能保持空气流通，火才能烧得旺一些。

3.燃料

燃料主要是用来让火势持续旺盛燃烧的物质。燃料一般要经得起燃烧，一些较大的干树枝、食草动物的粪便、泥炭、煤、干死的仙人掌、页岩、动物的脂肪和各种油料都能充当燃料。如果周围的蚊虫较多，可以燃烧一些不太干的燃料，这样会发出浓烟以驱赶蚊虫。

（二）取火点火

准备好所需的各种材料后，就要进行点火工作了。我们要学习和了解的是在没有打火机、火柴的情况下如何取火。

1.凸透镜取火

用凸透镜将太阳光汇聚到一点，并将这一点光始终照在引火物的某一部位，用不了多长时间，火就会燃烧起来，这时燃烧的引火物就作为火种了。在使用这种方法时要尽量避开风，并要做好用火种点燃引火物的准备工作。放大镜、望远镜、照相机的镜头，甚至近视眼镜都可以用来生火。

2.手电筒和电池取火

手电筒的电珠和电池也可以用来取火。把电珠在细砂石上小心地磨破（注意不能伤及钨丝），然后再把棉绒填入电珠内，通电后就能引燃火。若有电量较大的电池，将其正负两极接到铅笔芯或者金属丝的两端，铅笔芯或金属丝很快会烧得像电炉丝一样通红；直接将两极接触时，也会产生电火花，火花引燃引火物。用这种方法取火安全且快速。

3.打火石取火

用刀背或者是钢片不断地摩擦打火石，或者刮镁粉，让产生的火花对准纸巾等易燃物，再不断地向引火物轻轻地吹气，引火物就会燃烧起来。

4.反光罩取火

将易燃的引火物放在椭圆形反光罩的聚光点，强烈的光线汇集到这点时，甚至可以将一支香烟点燃。

5.棉绒取火

在天气较热时，可以将一小团棉绒拧成柱状，然后找一块晒得很热的石头，在石头上反复地摩擦棉绒，也能够取得火种。

6.钻木取火

钻木取火是一种很古老的取火方法，常用的有弓钻取火和手钻取火两种。弓钻取火是先用一根有弹性的树枝做成弓，在两端系绳子做弦，用一根一端削尖的树棍做钻杆。钻杆尖端插在一块软木底座（松树、白塞树、竹子均可）上，然后反复快速拉弓，木尖与软木底座摩擦，使其变得越来越热而燃烧，从而引燃引火物。在软木底座挖一个小孔，在孔下凿一个窝，在里面放上火种物，摩擦产生的热会使火种物燃烧。

7.手钻取火

手钻取火的方法和原理与弓钻取火相同，只是用手掌提动木头转动代替了用弓拉动木头转动。

8.火犁取火

在一块软木板中部刨出一条直沟，沟边放引火物，然后用一根硬木棒在沟内前后快速反复“犁”动。这样能产生出火种，并最终将引火物点燃。

9.击石取火法

这是人类最早的取火方法，这种方法的使用可能是受到制作石器工具时迸发出火花的现象所启发。我们可以找块坚硬的石头作“火石”，用小刀背或小片钢铁向下敲击“火石”，使火花落到引火物上。当引火物开始冒烟时，缓缓地吹风，使其燃起明火。如果一块石头打不出火来，可另外再寻找一块石头试试。不是所有的石头都能用来击石取火，能这样产生火花的石头是一种坚硬的石英石，一般在河滩上容易找到。

以上方法如遇风大，先建一个防风避风墙，用石块挡，或挖沟都可以。

（三）巧妙用火

取火的最终目的是要用火。有了火，我们还要建造出各种火炉，用火炉去烹制食物、取暖、烤干衣物。所以，在学会取火之后，还要懂得如何去建造火炉和烹制食物。

1.取暖火炉

取暖火炉是比较简单的一种火炉，只要在一个避风的地方燃起一堆火，就可以达到取暖的目的了。如果条件允许，最好能找到一个墙角，或是背靠着一块大石头将燃料点燃，墙角和大石头会将火光反射，使取暖的效果更好。

2.避风火炉

如果风比较大，可以在地上挖一个坑，然后在坑里点燃燃料，这就是一个最简单的避风火炉，它能有效地排除风的干扰。在避风火炉上可以用一根青树枝穿着食物烘烤或是将湿的衣物搭在上面烘干。

3.地洞火炉

地洞火炉有很好的防风效果，但建造起来比较麻烦。找一个土质较厚实的土坎，在背风的一侧挖一个深约半米的洞，洞口大小可以根据烤火时燃料的大小而定，然后再在洞壁掏一个连通外面的口径小的洞，做成一个通风的烟囱，就可以在大洞里点燃燃料了。这种火炉可以用来取暖，也可以用来烘烤食物，而且安全。

4.无烟火炉

如果烤火时不愿意闻到烟的味道，或是周围有较多易燃物，可以花点时间去建造一个安全性较高的无烟火炉。找一个土质较好且有一定高度的土坎，在背风一侧挖一个大小适中的洞，将洞与地面打通，打通的洞口的大小应与烹制食物时所用的锅的大小相适合。然后在洞的正下方挖个扁平的小洞，并小心地将它与事先挖好的大洞接通，但接通的孔不宜过大，能起到通风的效果就可以了。最后，就是要在地面上挖一条向两侧分叉的浅壕，用以消烟。使用时，将锅放在地面的洞口上，在大洞里点燃火堆时既不会有烟升起，也不易造成火灾。

5.育空火炉

先在地上挖一个环形的坑，坑的大小和深度可以根据对火势的需求而定。再在坑的边上挖一个相对较小的坑，小心地将两个坑连通。找一些拳头大小的石头，把它们在大坑的周围垒成漏斗状，并用湿土将它们密封起来，育空火炉就做好了。这种火炉可以充分地利用柴物的热量烹制各种各样的食物，使用起来效率很高。

6.简易火炉

建造简易火炉的方法很多，但需要充分利用身边的各种便利器材。找一些小石头、砖块将其垒成环状，在环内将火点燃，再把锅架在石头上就可以烹制食物了。如果能找到几块砖头，也可以把它们垒起来，做成一个小灶。如果身边还有废旧的小铁桶，则可以将其顶部去掉，再在其下部的一侧开个进柴的小口，就制成一个十分标准的火炉了。

（四）野外烹饪食物

在野外可用筒状或锅状物，将其外面糊上一层泥巴，放在火上当炊具，比如竹筒。

1.炙烤

找一个有一定深度的土沟，在土沟里将火点燃，再在土沟上方架一块铁丝网，把要烹制的食物铺在铁丝网上，每隔一段时间将食物翻一次面，直到将其烤熟为止。在炙烤食物时要注意控制好火势，否则很容易将食物烤煳。在食物不多的情况下，最好不要采用这种方法。

2.晒干

有些食物未必一定要做熟了以后才能吃，比如鱼片、小虾等。在海边，如果捉到了鱼或是小虾，可以将鱼肉切成很薄很薄的鱼片，将小虾的外壳去掉，把它们晾在一块大石头上。在强烈的阳光下，鱼片、去壳的小虾被晒干后即可食用。当然，如果能用火稍微加工下，吃起来会更可口、更安全。

3.煎烧

对于含脂肪较多的食物，除了烘烤外，煎烧也是一种好方法。找一块铁板，将其架于火上，等到铁板烧热后，再将食物平铺在铁板上煎烧。如果找不到铁板，也可以找一块平整、干燥而薄的石板来代替。

4.火培

对于坚果或是谷物，不宜直接暴露于火上，可以采用火焙的方法来处理。把要加工的坚果或谷物放在一只容器里或是平铺在一块平整的石板上慢慢地用火焙烤，等到坚果或谷物发出香味并呈现出焦黄色就可以食用了。

5.汽蒸

用树叶或苔藓类植物把需要加工的食物包起来扔进充满了火炭的土坑，再放入一层树叶或苔藓类植物，依次交替放入食物层、树叶层或苔藓层，直到把整个土坑填满。然后再用一根树枝垂直插入至土坑底部，并用沙子将整个土坑埋起来，等闻到香味时，就可以扒开沙子取出食物了。

特别提示：高锰酸钾不仅有净水功能，还可以用来生火，也可防范皮肤腐烂。

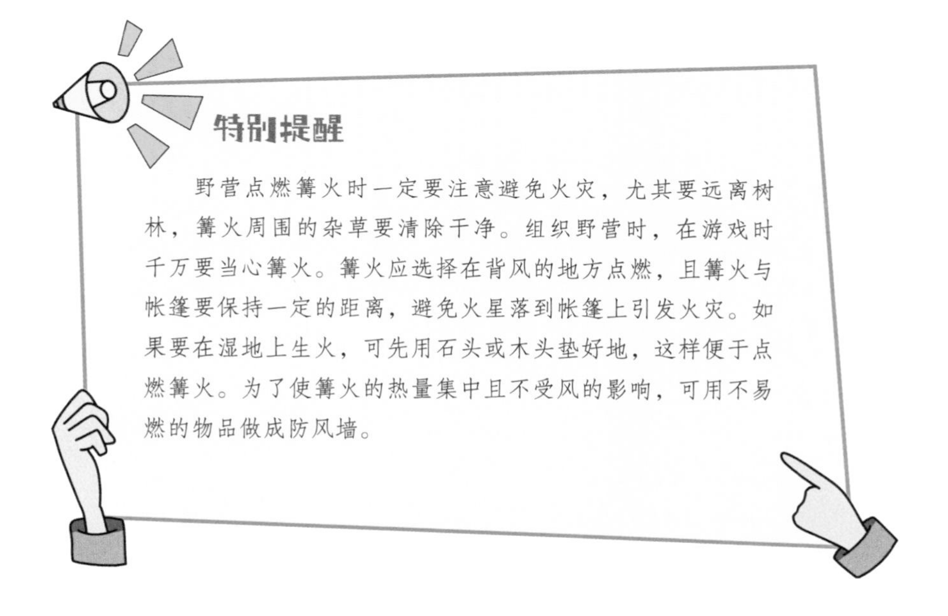

三、采食动植物

在野外生存除了自身所带的食物外，主要的食物来源之一是生长在野外的各种动植物。动物食物的来源主要是捕鱼，其他动物捕获要按相关法律法规，根据自己的野外生存能力情况来捕获食物。我国各地有许许多多的野生植物，其中能食用的有2 000种左右。在这些野生植物中，大多数都含有丰富的维生素，营养价值很高，是很好的野外食物。所以，学会识别、采食各种野生植物对于野外生存来说十分重要。采食野外植物的关键在于如何识别可食植物，防止中毒。一般来说，动物啃食过的植物是安全的。

（一）鉴别

虽然可以食用的野生植物很多，但这并不意味着野外的每一种植物都可以放心大胆地食用。在野外生长的植物中有很多是有毒的，有些还含有剧毒。在没有确定野生植物是否有毒的情况下，千万不要轻易地采食任何一种植物。通常一些已经熟透了的、发霉的果实，各种三叶植物，带有伞状花朵的野生植物，含有类似于氰化物的苦杏仁味道的植物，含有乳白色牛奶状汁液或很浓的浆状物，全白色或全黄色的野生植物，各种豆类、球茎植物或者是豆荚种子，带有粉红色、紫色或黑色尖刺的颗粒状果实，对皮肤有刺激性的野生植物等，这些食物不能食用。对于一种新采集到的野生植物，在没有确定其可食性之前绝不能根据自己的习惯或者想当然地轻易去尝试，那样做是很危险的。鉴别的方法很多，可以采用一些简单有效的方法。

1.看

先从食物的外观来看，如果某些部分已经腐烂或是长有粉红色、紫色或是黑色尖刺的颗粒状果实不能食用。如果颜色或形状很怪异，也不要轻易食用。用刀在食物表皮上划开一道口子，如果流出乳白色牛奶状汁液或很浓的浆状物，也不能食用。如果没有乳白色牛奶状汁液或是很浓的浆状物流出，可以向里面撒一小撮盐，然后观察口子是否变色，如果变色，则不能食用。

2.闻

取下植物的一小部分，放在鼻子前闻一闻，如果闻到苦杏仁味或者桃树皮味等令人恶心的怪味，就不能食用。

3.试

可以将植物夹在腋下或者是取其汁液涂在手腕等体表的敏感部位，如果感觉不适，比如起疹或是肿胀，则说明这种植物绝对不能食用。如果没有不良反应，也不能说明就可以食用，还应该再用别的方法进一步鉴别。

4.尝

在没有其他较好的判断食物可否食用时，可以用尝的方法。分别尝试叶子、茎、根部等，每次只能尝试其中一小部分。先将一小点放在嘴唇的外边缘，认真感受一下是否有灼热或是发痒的感觉；如果3分钟后没有异样的感觉，将它放在舌头上保持5分钟（如果中间有不适应立即取走）；如果仍没有异常反应，可将它嚼碎放在口中保持5分钟（切不可吞咽下肚）；如果在口中保持5分钟后在舌头上保持5分钟没有异常感觉，可以将其吞入肚中，吞食量一定要少；再耐心地等待5小时，如果5小时之内仍没有不良反应，就可以将它当成正常的食物食用了。

5.其他方法

将采集到的植物放在水中煮一段时间，在煮出的汤中加入浓茶，若产生了沉淀，则说明植物中含有金属盐或是生物碱，则不能食用。也可振荡煮出的汤，若产生大量的泡沫，则说明植物中含有皂苷类物质，也不能食用。如果看到在一些野生植物上有动物正在采食，或者看到野生植物的果实有被其他动物啃食过的痕迹，则这样的植物基本上是安全的。

（二）识别有毒植物

在自然界中，除了生长着大量可以食用的植物以外，同时也生长着大量有毒的植物，如果误食了这些植物是很危险的。

然而有许多有毒的植物常常混杂在可食用的野生植物里面，给采食者带来了极大危险。特别是砍开后流乳白色液体的植物千万不要吃。因此，采摘野生植物过程中，一定要注意加以区分，以确保安全。下面罗列几种有毒植物被误食后的反应及危害。

1.狼毒

狼毒俗称断肠草。狼毒全棵有毒，根部毒性最大。其根的颜色为浅黄色，有甜味。误食狼毒后，会有呕吐、胃灼烧、腹痛不止的症状，严重时可造成死亡。

2.老公银

老公银也叫蛇床子、野胡萝卜，叶和根都有剧毒。其根在幼苗时为灰色，长大后呈浅黄色，像胡萝卜，叶柄的颜色为黄色。老公银的幼苗没有什么异味，所以会被人误食，吃后严重者会造成死亡。成熟的老公银臭味很大。

3.苍耳

苍耳生长的范围比较广，田间、路旁和洼地都可以看到。苍耳一般在三四月长出小苗，幼苗像黄豆芽，长在向阳地方的幼苗又像向日葵苗。苍耳成年后粗大，叶片呈心形，周围有锯齿。秋后结带硬刺的种子。苍耳全棵有毒，幼芽和种子的毒性最大，吃后可造成死亡。

4.毒芹

毒芹也被称作野芹菜、白头翁、毒人参等，一般生长在潮湿的地方。毒芹的茎秆有紫色斑纹，根茎为空心，每枝生长2～3片齿状小叶，其花为白色且成串地开在一起。其叶非常像芹菜叶，夏天开花。毒芹全株有恶臭，全株有毒，花的毒性最大，吃后会出现恶心、呕吐、手足厥逆、四肢麻痹，严重的可造成死亡。

5.野生地

野生地也被称为猪妈妈。野生地的叶片上有毛，有苦味。春天开紫红色花，有的带黄色，呈唇形。误食野生地后会有呕吐、腹泻、头晕和昏迷等症状出现。

6.曲菜娘子

曲菜娘子的根在冬季不会被冻死，春天天气转暖时会长出新芽。曲菜娘子的幼苗容易和曲菜苗相混，但曲菜娘子的叶较宽且叶片比较软，叶片边缘的锯齿也不明显。吃了曲菜娘子的人，脸部会变肿。

7.铁杉

铁杉常见于草地或者荒地，毒性较大，气味难闻。

8.毛地黄

毛地黄毒性较强，多生长在荒芜地带。毛地黄基生叶，顶部生有紫色、粉红色或者黄色圆筒状花朵。

9.曼陀罗

曼陀罗主要生长在温带地区，也生长在热带地区，有令人讨厌的气味，有毒。其树叶为锯齿状，单个花朵为大型喇叭状，果实多刺。

10.类叶升麻

类叶升麻别名毒麻，常见于林区，外皮黑褐色，枝叶外轮廓由若干分齿组成，在树枝的末端有很小的成串白色花朵，结白色浆果或者黑色浆果。其果实毒性最强。

11.乌头

乌头通常生长在潮湿树林与阴湿地带，毒性较强。乌头长有手掌形叶片，叶片内有深层叶脉，叶片表面带有帽状茸毛，开蓝紫色或者黄色花朵。其成分中主要是乌头碱毒性较强。

12.毛茛

毛茛通常生长在温带地区与北极地区。其毒性能够引起严重的胃肠炎症。其花朵呈浅黄色，富有光泽，一般有5片甚至更多的花瓣。

13.野豌豆

野豌豆常见于草原或者高山草地，生有很小的对生式长矛形枝叶、漂亮的豌豆花穗，花朵一般为浅黄色、白色、粉红色、薰衣草色或者淡紫色。在花期和果期毒性较强。

14.羽扁豆

羽扁豆多生长于温带地区的空旷地区或者草地，有剧毒。其树叶是手掌状或是车轮的车条那样的辐射状。其花朵呈豌豆穗状，一般为蓝色、紫罗兰色，有时候为粉红色、白色或者黄色。

15.翠雀

翠雀生长在潮湿地带，有大毒。其叶脉呈辐射状，花朵常见的为深紫色或者是蓝色。

16.天仙子

天仙子多生长在裸露地带，常见于沿海地区，有剧毒，有恶臭味。其叶子表面多毛，呈齿状椭圆形轮廓，花朵为奶油色，带有紫色条纹。

还有许多有毒植物，在此就不一一进行列举，重点是不吃有毒植物，不吃不识别植物。

（三）植物食用处理

野外可以采食的植物大多数为野果和野菜。野果在洗净后可以直接食用，而大多数野菜则需要加工后才能食用，学会加工野菜是十分重要的。通常，主要有以下几种加工食用方法。

1.直接煮食

直接煮食适用于已知无毒并具有美味的野菜。将野菜择洗干净后用开水烫煮即可调味食用。已知无毒并具有柔嫩组织的野菜，可将野菜用开水烫或煮后，加入调味品也可食用。

2.直接炒食或蒸食

已知无毒、无味的野菜，可将其茎、叶择洗干净，切碎后即可炒食或蒸食。

3.加工储存

将嫩茎叶洗净后，在开水或盐水中煮5～10分钟，然后捞出，在清水中浸泡数小时后食用。注意，浸泡中要时不时换水，必要时可以浸泡过夜。例如海边的海藻类可用此法加工处理后食用。无论是植物还是肉制品储存，保持干燥通风是最好的。

特别要注意，每年各地都有误食有毒蘑菇的事件发生，如不能确认，不要轻易食用野生蘑菇。

四、学会使用救生绳

在生活中我们会经常使用到绳索，不仅建造露营棚要用绳索，而且攀登、制作木筏、捆绑装具，甚至家中或野外突发事件的自救中都会使用到绳索。外出野营甚至在家中都要备上长的救生绳和长短不一的备用绳，为安全增加保险。

1.绳索基本知识

绳结是能够把两条绳索连接在一起，或者是将一条绳索系在一个圆环或绳圈上的结。绳结是绳索或线条的交叉部分，可以起到系紧或固定的作用。绳弯是绳索上弯曲的部分或者是U形弯曲部。绳圈是一条绳索经过一次或者是多次折叠而形成的圈，其中间可以穿过另外一条绳索或其他东西。绳索的活动端是在绳索使用时未被固定的，可以自由活动的一端。固定端是在绳索使用时被固定住，不能随意活动的一端。

2.选择绳索

目前常用的绳索大都是由锦纶或其他人造材料制成的，它们结实、质轻、防水、防虫、防腐，但是却容易遇热软化、遇火融化，在承受巨大拉力时，还可能会突然断裂。在选择绳索时，绳索的粗细和长短要根据使用需求而定。野外出行前，如果有条件，最好是带上30～40米长的绳索。不同的使用途径所需的绳索种类也不同，比如登山时最好是用弹性较好的绳索，气候潮湿或捆绑物品时最好是用重量较轻且能够防潮的锦纶绳等。藤本植物、禾本科植物、灯心草、树皮、棕榈、动物的生皮等都是可以用来作为制作绳索的原料。从一些植物的茎秆内提取天然纤维，再经过一定的编织加工，也可以制成十分结实的绳索。例如，荨麻是优质纤维，找些生长时间长、茎秆较长的荨麻放在水中浸泡约24小时，将其泡软后铺在地上，用表面光滑的石头捶击使其表面撕裂，纤维会自动显露出来，小心地除去杂质，悬挂晒干，晒干后的纤维可以编成绳索。树皮，尤其是柳树的树皮含有高质量的纤维，取部分新生长的柳树的长枝条，将树皮内的枝干抽出，只留下外面的树皮，用若干个这样的树皮能编织成承受能力很强的绳索。另外，动物的生皮去掉脂肪和残留的肉质，将其自然晾干，干燥以后按照圆环的方向切割成较理想的长度，把切下的长条状干燥生皮放在水中浸泡直至其完全软化，再将软化的生皮进行一定的编织处理就做成结实的绳索了。

3.绳索保养

在野外，绳索也是一种很重要的生存工具，需要用心保养。否则，当急需使用时，会因为绳索损坏而陷入困难的境地。不要将绳索放在潮湿的地方或暴露在强烈的阳光下。如果不小心使绳索受潮时不要用强火将其烘干，可以风干或者是晾干。不要将绳索随意放在地上，更不要践踏或在绳索上行走，不要将绳索放在火堆、悬崖等易燃、易丢失的地方。使用完绳索后，要有规则地将其卷起来，不能随意堆放。行进过程中，要妥善地保管好绳索，不能遗忘或遗失。要定期对绳索进行检查，如果发现有磨损、裂痕、发霉、腐烂等异常情况，要及时地进行搓捻或者切割处理。

4.绳结

在日常事务中，很多时候都需用到绳结。要学习和掌握各种绳结的用途及打法，要能够在黑暗中或者其他条件下自如地打绳结，才能自如地应对突发事件。同时，还应知道如何迅速地解开绳结，因为在许多危险时刻，不会开结可能把自己置于危险境地。

5.绳圈

绳圈也叫绳环，其种类和样式较多，既有活动的绳圈也有固定的绳圈，既有单重的绳圈也有多重的绳圈。在野外旅游过程中，攀登、抢救伤员、固定物体等多种场合都会使用到绳圈，学会制作和使用绳圈很有必要。

6.索结

索结主要是用来将绳索绑在树、柱、桩、杆、石头等物体上，在野外旅游过程中使用十分广泛。绳索的使用平时一定要练习，应急时才能熟练使用。

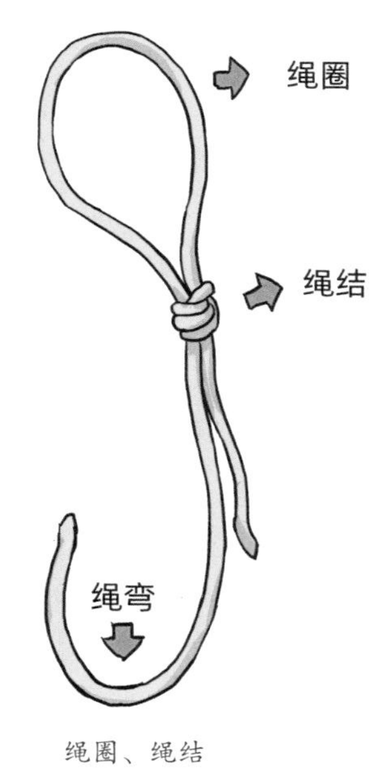

绳圈、绳结

五、防止危险动物攻击

通过攻击的方式来求生的动物是很少的，大部分动物在遇到人之后首先是避开，而不是攻击。但是如果不小心触犯了它们，让它们感到受了威胁而产生敌意，那么它们还是可能通过攻击求生的，人类可能就会处于一种危险境地。所以，要想避免受到危险动物的攻击，就要了解它们，才能够避免触犯它们或在触犯它们后灵巧地化险为夷。

1.小动物

有些小动物的威胁虽然不是致命的，但也会带来不小的麻烦。

蝎子多生活于热带、亚热带沙漠地区以及温带丛林中。蝎子的刺针位于其尾部，被蝎子袭击后，轻者会有微微不适感，重者可能会引起神经中毒，出现24～28小时的暂时性麻痹，有极少数蝎子还可以致人死亡。蝎子多在晚间出来活动，通常会藏在树皮下、岩石底或别的掩体下。在露营前，应该仔细对周围的环境进行检查，以防把露营点建在蝎子的洞穴边。睡觉时，要把帐篷密封好，否则蝎子可能会钻进帐篷。睡觉起来后，在穿衣服前，要将衣服抖几下，防止蝎子藏在衣服里。在采集植物或捡东西的时候也要尽量戴手套，或者用工具。

蜘蛛大部分是无毒的，对人体也不会有伤害。但有少数蜘蛛有毒性，极少数毒性还很强，咬人后会使人产生剧痛、流汗、战栗不止、虚弱无力等症状，有时还长达一个星期不能活动。有些蜘蛛体内的液体可能会让人的皮肤产生过敏，如果发现沾染了蜘蛛体液，要及时擦去或是用水清洗。

胡蜂过着群居的生活，对于自己建造的蜂巢十分敏感。当在树丛中行走或在植物较多的地方活动时，一定要先观察是否有胡蜂蜂巢存在，避免不小心触碰到了胡蜂蜂巢，被胡蜂群起而攻之。

蜈蚣喜欢在石缝中、草地里、岩石底下以及阴暗的地方活动。人被毒性较强的蜈蚣咬到时会有剧烈的疼痛感，而且时间可能会持续几十个小时。野营时，如果没有把帐篷封严实，蜈蚣可能就会钻进去，对人进行攻击。

水蛭通常生活在热带丛林或湿润地区，如果不小心碰到了它，它会像一片细长的树叶一样附着在皮肤上吮吸血液。发现水蛭附着在皮肤上以后，不要急于用手将它拂去，因为用手可能会引起皮肤感染，可以用火或者少量的盐促使其移动，待其从皮肤中完全退出来后，再将它拂去。

2.大动物

在深山密林里，一般会有许多体型较大、攻击力很强的动物。首先不要主动攻击，不要挡路，不要抢食物。一旦遇见较大的兽类，应迅速强迫自己冷静下来，保持警惕，不要主动发动攻击，也不要背对兽类，在自然界中这样做等于表明自己是被猎者；可面对对方，慢慢向后退，但不能让它看出你是想逃跑，如果它跟进则应立即停止后退；后退时一定要匀速且缓慢，即使对方没有跟近也不要快跑；千万不要低头或者蹲下，因为这样会诱使它猛扑上来；甚至可以猛用刀、棍子敲击树木发出巨大声音吓唬，或者猛吼。如果它真的发起攻击，要不顾一切保护自己的咽喉，并利用一些物品攻击它的眼睛和嘴巴部位。

狼是一种攻击意识较强的动物，而且一般过着群居的生活。遇到狼以后不要惊慌，时间来得及的话可以点燃一支火把或是一堆火，因为狼不敢靠近火。如有盐，可以撒一些引开它们。如果在行进中发现有一头狼远远跟随的时候，千万要小心，因为狼很少独自发起攻击，一般先会远远跟随猎物，在路途中留下记号，以吸引更多的狼加入，入夜时分才会发起攻击。当发现有一只狼跟随时，尽快回到公路或安全营地。千万不要以为把那只跟随的狼消灭即可脱险，相反这样只会引发狼群的仇恨，当狼群想复仇或想救援被捕捉的狼时，会召集其他狼群一起进攻。这时，火也无法让其退缩。

一只熊可以轻松地将人置于死地，而且它的鼻子十分灵敏，很远就能够闻到人的气味，但熊的动作相对来说要迟缓一些。离得稍远，可以用金属敲击制造大的噪声驱赶。从熊口逃生时，一定要迎风跑，熊长长的睫毛会被风吹进眼睛里，熊会因为看不见而停止追逐。

鳄鱼是十分凶猛的，应该与它保持一定的距离。在有水的地方要注意观察水面，因为鳄鱼静止时很不容易被发现。鳄鱼不仅是在水中会对人发起攻击，有时候它们也会主动到岸上来攻击。一旦发现水中有鳄鱼，要保持高度的警惕，尽快远离。

猿一般不会轻易地伤人，它们与人面对面的时候会通过声音或手势发出信号，多数时候是要求人后退或撤离。这时，只要主动地离开就会相安无事。

毒蛇一直是野外生存中较大的安全隐患，要特别引起重视。毒蛇一般尾部较粗短，头部呈三角形，颈部较细，身上有颜色鲜艳的花纹，行动比较敏捷。在杂草较多的地方行走时，可以用一根长树枝在前面“开道”，起到“打草惊蛇”的作用。如果条件允许，最好是穿上结实的皮靴。在伐取灌木、采摘水果前要小心观察树上是否有毒蛇。在翻转石块、圆木或者掘坑挖洞的时候尽量使用工具。在使用床单、衣服、包裹前要仔细察看是否有毒蛇躲在下面。不要挑逗、提起毒蛇或将它们逼入困境，否则有些毒蛇的攻击性会大大增加。如果与毒蛇不期而遇，要保持镇静，千万不要突然移动，也不要主动对其发起进攻。毒蛇虽然很敏捷，但视力比较差，只能对移动的目标看得比较清楚，如果不动，它一般是不会对你发起进攻的。如果已经决定要取毒蛇的性命，那么就要果断地采取行动，而且最好是一次成功，因为受伤的毒蛇会更加危险。被蛇咬伤后，除了按第一章进行先期处置外，野外有许多半边莲、叶下珠、鱼腥草、车前草等清热解毒植物，可先咬碎敷在伤口上。

除此以外，还有像虎、狮、豹、野猪、野狗等许许多多的野兽可能会造成严重的伤害。这些野兽不遇上则罢，如果真的遇上了，最好是想办法不要惊动它们，尽可能在它们还没有注意到之前悄悄走开。

六、野外露营

无论是利用自己携带的简易帐篷，还是找一个天然的庇身场所进行露营，其根本的目的都是为了能够充分地休息，这既是人的基本生理需要，又是为野外活动提供充沛的体力和精力的必要保证。帐篷不宜过小，也不宜过大，太小不利于行动，太大又不利于保暖。通常，帐篷的大小应当以能够容纳本人、同伴以及所携带的各种器材为标准。不管帐篷是大还是小，千万不要在帐篷内生火，否则会很容易引起火灾，也可能会导致一氧化碳中毒。如果只是要简单休息，只要将帐篷快速、简易地架设在一个合适的地方，或者干脆利用周围的树枝、土坑等建造一个临时庇身场所即可。如果要长时间地休息，那么就需要下一定的功夫来搭建一个较为稳固的帐篷或庇身场所了。搭建帐篷或庇身场所既需要有一定的技巧，又需要因地制宜、就地取材，这样才能在各种地形上建造理想的休息场所。

（一）野营前准备

1.住宿物品准备

野营前要准备好帐篷、睡袋、防潮垫、背包、一套不锈钢餐具等必备之物。特别是睡袋和防潮垫，这些东西可以更好地避免野营时受潮。野营时，一定要选用质量较好且内部容量较大的背包，把东西都装背包里，行走时再将背包背在身上，这样手就可以用来把住树枝或者石头，对于安全也是一个保障。野营时还要带一些小物品，如手电筒、小刀、火机、绳索等，这些物品的选择要以小巧、结实、耐用为原则。

2.服装准备

外出野营时要穿耐磨且宽松的长裤，并选择一双舒适、厚底的鞋，鞋的防滑性能要好，这样在山林中行走会更方便。袜子要选用质地较好的厚棉袜，可多带几双，这样可以保证在长途跋涉时脚上不会起水疱。野营时要选用防风、防割性能较好的外衣，内衣则以透气、柔软为宜，同时可准备几套内衣替换，经常出汗时内衣要经常换洗。野外早晚的温差较大，温度更低，要准备好防寒衣物。野外天气变化无常，野营时常会赶上下雨，雨衣也是必备衣物之一。

3.食品、药品准备

野营时，通常都是到大山里游玩，一定要捎带一些水，以便应急之需。野营时，应选择能量高、重量轻、体积小的食物。一般可以选用易保存的大饼、馒头、方便面、牛肉干、火腿、鸡蛋等，但是这些食物一定要真空包装，以免食物变质而食用后引起胃肠疾病。外出野营时根据身体情况，要带上一些常用的内、外用药品。

（二）选营地

野外露营的第一步就是要选择一个好的营地，如果营地选择不恰当，不仅会让搭建休息场所比较麻烦、生活不太方便，还会给人身安全带来一定的威胁。在选择营地时，由于季节、环境和地域等的不同，所遵循的原则和方法也不相同。总的来说，要选有正路、安全的点。

1.营地选取注意事项

理想的营地应选在干燥、平坦、视野辽阔、上下都有通路、能避风排水且取水方便的地方。冬天不要在多风的海滨，夏天不要在易暴发山洪的溪谷。不可在近水之处，避免涨水。不可在悬崖之下，避免落石。不可在高凸之地，避免强风。不可在独立树下，避免雷击。不可在草、树丛之中，避免蛇虫。也不要在野兽经常路过的道路上。水源地附近的营地一定要小心野兽。

2.夏、冬季营地需求

（1）夏季营地需求。露营场地应选择在比较干燥、地势相对较高、通风良好、蚊虫较少的地方，例如通风的山脊、山顶以及背面是较好的露营场地。千万不要在低洼地带露营，因为这种地方一般比较潮湿，而且有可能遭遇洪水或者落石。雷雨天不要在山顶或空旷地上扎营，以免遭到雷击。不要在河滩、河床、溪边及川谷地带扎营，以防被突如其来的洪水冲走。雨季野外宿营前一定要提前关注宿营地及其上游地区的气候、水文情况，宿营时要注意在离水面较远的高地上搭帐篷，营地要选择排水良好的地方，提前还要探寻有无可逃生的道路。营地搭建好以后，宿营时要时常注意水流量、水的浑浊情况以及流水声，一旦感觉异常，就要赶快离开此地，小心山洪、泥石流发生。很多人游玩几天以后会感觉到特别累而容易忽视一些异常，为了安全着想，应时刻提高警惕，注意周围环境变化。夏天在山沟里游玩而被冲走的许多人都是因为粗心大意。选择营地时，营地排水的性能十分重要，尤其是在可能有倾盆大雨来临时更是如此。除了应该避免在低洼地带露营，完全平整的地面也应该避免，尤其是那种没有缝隙的被压得很结实的地面，这种地面将导致雨水不容易渗入地下而容易积水。炎热且潮湿的天气里，要记着防蚊虫，在选择露营地时，注意不要选择死水塘边、茂密的草地上和任何可能有积水的地方，这正是蚊子滋生的地方。蚊子不会在通风的地方聚集，在风口处扎营比较好。

（2）冬季营地需求。冬季营地应选在避风、易于保暖的地方，比如森林里、旧房屋里以及灌木丛中都是比较合适的地方。营地距燃料、水源等不宜太远。切勿在高坡背面或者悬崖下方搭建帐篷，因为风雪或者是滑落的雪块随时可能会淹没帐篷。也不要在大石头或是金属物体上设立营地，因为大石头和金属物体很容易散发热量。

（三）不同地形露营

1.山地露营

一般来说，最好不要在山地露营，因为山地的气候和环境比较复杂，不可控因素比较多，可能会有意想不到的困难和危险发生。如果不得不在山地露营时，一定要慎重地选择并搭建好的营地，在营地四周挖排水沟，撒草木灰或者石灰，防虫蛇爬入。千万不要在森林营地乱丢垃圾，否则将吸引各种各样动物袭扰。在山地露营可以找到很多便利器材，如树枝、树叶、枯草等，有时甚至还能找到十分适合临时居住的山洞，利用它们可以轻松地建造一个营地。

（1）临时庇身场所。找两根较粗的树枝，把它们垂直牢固地插入地下一定深度，使露在地表的树枝高度约为半米，或者利用断墙、土坎或两棵大树，可以建造一个遮阳棚。把床单或是雨衣的一端压在断墙或土坎的上端（也可以水平地系在两棵大树间），另一端用石块压住即可；在两根粗树枝的顶端或者两棵小树上拉紧一根绳，把雨衣、床单等物品横搭在绳上，形成一个屋顶状顶棚；用石头、土块等将顶棚的两端压牢，并在地上铺上防潮垫或是干草，也是一个简单的临时帐篷了。寻找两排合适的小树，将小树的枝干去掉，将两排小树间的障碍物清除，将相对的小树的顶端绑在一起，形成屋顶形的支架，在支架上放上雨衣或者篷布，用石块把雨衣或篷布的两边压住，就建成一个简易的临时帐篷了。砍伐一些长度相等的树枝，把它们从一端扎起来，然后架在地面呈圆锥体或者A形，用较为茂盛的大片树叶、白桦树皮或者雨衣等在圆锥体的外面覆盖起来，就形成临时帐篷。如果有一块面积较大的雨衣或者塑料布，可以从其中部将其吊在树干上，再用树枝把它的底边固定在地面上，这样构建的临时帐篷不仅简单、快捷，而且实用性很强。如果感觉临时帐篷不够保暖，可以在树叶上铺上衣物或是其他能够挡风的东西。天然的土坑也可以做成很好的庇身场所，如找一些干草垫在坑底部，再用树枝担在坑的上面，并在树枝上铺上干草或是其他能够保暖的物品。如果怕有雨水破坏临时庇身场所，可以用塑料薄膜覆盖在其表面，在坑的四周要挖条引水沟，以便把雨水及时地排走。若有粗大的树干倒在地上，可以在树干背风的一边挖一个坑，用一些树枝担在树干和坑的另一边，再在树枝的上面铺上雨衣或是干草挡风，就可以在坑内露营了。但是为了安全起见，在露营前应该仔细地检查一下树干的下面是否有可能对自己或同伴造成伤害的小动物。找一些大石头，把它们堆成椭圆形，堆积的高度要保证可以在里面躺下或是坐起来，用泥土、树叶等将石头间的缝隙密封起来，再用树枝和干草在其上方做一个顶棚，这也是一种很简单但比较实用的庇身场所。

（2）长期庇身场所。若要在一个地方待上数日，那么就需要有一个长期的庇身场所以保证能休息好。挖猫耳洞是一种很好的露营方式，在土质较好的沟壕、土坎的一侧挖一个拱形的洞口，如果有可能最好是将洞口选择在朝阳、避风的一面。洞内可以挖成“人”字形、“丁”字形、“工”字形、“十”字形等形状，洞的大小依个人需要而定。但在构建猫耳洞时一定要特别注意防范塌方，如果在土质比较松软的地方构建猫耳洞，要视情况进行必要的支撑和被覆。如果洞内较潮湿，可以用塑料布垫在地面上，也可点燃火堆将地面烘干后再进入休息。山洞或者过大的树洞完全可以当作一个长期居住的“家”，在进入山洞之前一定要对山洞进行必要的检查，小心有毒气体，防范山洞里有栖息的动物。进入山洞前，可以在山洞的门口点燃一堆火。进入之后，要仔细观察是否可能会有石块从洞顶掉下来，要尽量避免被坠石砸伤。为了防止有野兽进入洞中对露营的人造成伤害，可以在洞口处修建简易的篱笆，或是放上石头、圆木等障碍物。也可找一块避风的平地搭建长期庇身场所，在土质较软的地方挖一个深约30厘米、长约2米、宽约1米的土坑（根据人数来增加宽度），在挖出的土坑的四周砌一条拦水土坎，再找一些干草垫在坑底，就可以在坑内露营了。这样的露营坑能起到防风、保暖的作用，最好能在坑的上方搭一个简易帐篷。如果能够遇到废旧结实的房屋，那么只要稍加改造也可以成为很好的露营场所。

猫耳洞

2.热带地区露营

热带地区通常比较潮湿，有各种昆虫和动物。不仅如此，洪水等自然灾害也随时可能会发生。所以，在热带地区露营时，一定要找一块地势相对较高且没有明显的水淹迹象的地方做营地，并且搭建的躺床还应该高出地面1米，这样一些昆虫才不能轻易地骚扰到你。在热带地区，由于受到环境的限制，露营的方法不如在山地露营的方法那么多，但在山地露营中能使用的方法也可以根据热带地区的实际情况灵活使用。

（1）简易庇身场所。热带地区生长有许多叶片很大的植物，找一些大型的叶子将它们固定在用树枝做成的框架上，就能够用来当作遮盖棚，比如大棚棕榈、香蕉树等，利用它们的叶片能够做成十分理想的遮盖棚。如果周围有竹子，那么做顶棚就更简单了。把竹子从中间劈开，打通竹节，再将它们安置到顶棚上，这样的顶棚不仅十分稳固，而且有很好的防雨效果。但要提醒的是，在砍竹子时，一定要注意不能被相互纠缠在一起的竹子划伤，还要避免被竹子中生长的有毒动物咬伤。

（2）吊床。吊床在热带雨林可以说是一种十分理想的休息场所。由于吊床是悬在空中的，所以它既不易被洪水淹没，也不易遭到昆虫的骚扰。如果在出发前已经准备了一张吊床，那么在热带雨林露营将会减少很多因为休息不好而带来的烦恼。假如没有专门带上一张吊床，也可以用随身物品来临时做一张吊床。比如把雨衣、床单等的四角用绳子系紧，再将绳子分别固定到四棵树上，就可以在这张简易吊床上充分地休息了。若是担心会被雨淋，可以再用一张较大的塑料薄膜平挂在吊床的上方当作顶棚。

（3）露营棚。把露营棚建得高于地面也是一种在热带地区露营的好方法。例如，利用树桩或者是将粗树干插入地下，把几根树干搭建成框架，再把竹子劈开，并列平铺在框架底部当作床板，并用宽大的树叶铺在框架顶部充当顶棚。这种露营棚不会因为地面潮湿而影响休息。在树与树之间或树与立柱之间搭上一根横木棒，在横木棒与地面间搭建呈45°倾角的框架。用树叶将框架的四周密封好，在其底部铺上干草。在露营棚的背风处生起火堆，并用木墙将热量反射到棚内，也能够克服潮湿和昆虫的困扰。

3.沙漠露营

在沙漠中搭建帐篷或临时庇身场所是必不可少的，它既可以遮挡白天的酷暑，又可以抵挡夜晚的寒冷。

（1）营地构建。构建露营棚或临时庇身场所时，最好是选择在清晨或是傍晚，因为那时气温不高也不低，不会消耗太多的体力，而在白天最好做一些修补性的工作。搭建露营棚时要学会充分利用当地的盛行风向。白天，可以把帐篷的四角卷起来，到了晚上再把它们放下来，这样在休息时会更加凉爽。在沙漠地表以下半米的地方温度会比地面低20～30℃。所以，可以先自地表向下挖半米形成一个大坑，再在坑的上面搭建露营棚，就可以减轻酷暑的烦恼。双层的顶棚会有很好的降温和保温效果，特别适合在沙漠中使用，如果条件允许，应该尽可能地把露营棚的顶棚建成双层。通常，在沙漠中露营的难度比较大，不仅气候和环境比较恶劣，而且露营所能使用的天然器材也相对较少。所以，必须学会收集各种植物并利用它们做成顶棚或铺垫，这将会对露营有很大的帮助。

（2）宿营安全注意事项。不要在陡峭的山坡、沙丘或其他可能会遇到洪水、大风、滚石等的地方安营扎寨。在沙漠中露营，要时刻注意天气的变化情况。一旦发现有起大风的迹象，一定要避开溪谷、冲积河道或植被稀少的地方，因为这里往往容易招致大风的袭击。在营地附近的灌木丛中或岩石下面可能会隐藏着毒蛇、蜈蚣、蝎子等危险动物，要事先检查好，在搬东西或走路时要小心。

（3）简易露营棚。寻找一块突出地面较高的岩石，把帆布或雨衣的一端紧紧地固定在岩石的上面，拉出帆布或雨衣的另一端，用石头或其他物体将其固定后就可以形成一个理想的露营棚了。如果找不到突出地面的岩石，也可以自己动手堆一个大土墩来代替它，其效果是一样的。

（4）地下露营棚。在平坦的地形上选择一个低洼的地方，也可以选择在两块岩石之间或干脆挖一个深约60厘米的坑道，直至能比较舒服地躺在里面并能放下所有的器材为止；把帆布或雨衣就地展开，用沙土把它们紧紧地固定在坑道的上方；如果材料充足的话，还可以在坑道的上面用结实的树枝做成两层的顶棚，可以防止沙石滑落；接下来，就可以在里面安稳地休息了。

4.雪地露营

在冰天雪地里露营时，有一个温暖的休息场所显得格外重要。如果总是暴露在冰雪中，将会给生命安全带来严重的威胁。在雪地里建造露营棚时，要比在其他环境下建造露营棚更加困难，因为活动会受到积雪和寒冷的限制，并且用的各种材料也不容易找到。要仔细观察周围的环境，积雪下可能会有许多潜在的危险，千万不要因为慌忙而受到不必要的伤害。建造露营棚时要有条不紊，不要把工具到处乱扔，最好是把它们堆在一起，需要使用时再取走，用完了及时放回原处，否则会很容易丢失。虽然天气很冷，但不能忘了喝水，即使感觉不到渴，也要主动喝水，如果出现脱水现象是很危险的。建造露营棚时，要尽量保存自己的体力，体力消耗得越少越好；还要注意不要把衣服弄湿了，因为在那样寒冷的情况下，想把湿衣物弄干是十分困难的；在劳动过程中，如果感觉到身体产生的热量较多，要根据情况适当地脱下部分衣服，否则汗水会把内衣浸湿，使体温下降，导致生病。如果有可能，尽量使露营棚的开口朝着阳光照射的方向，以利于在白天接收到阳光的温暖。在露营棚内休息时，不能直接躺在雪地上。而应在建好露营棚后，把里面的积雪清除出去，再用干草或者衣物等垫在地上后再休息。在雪地里构建露营棚，要学会就地取材、因地制宜，同时还要学会避开寒风，切不可将露营棚建在风口或过于暴露的地方，那样只会导致再一次搬迁。

（1）天然露营棚。天然的洞穴或者是破旧的房屋是雪地里十分理想的露营棚，如果能很幸运地找到这样的天然居住地，将能省去很多麻烦，但在进入这些场所后，一定要认真观察是否有潜在的危险。例如，洞穴里随时都可能会有碎石掉下来，破旧的房屋也可能会随时被大风吹倒，这些都是应该引起注意的地方。云杉、青松等树木上覆盖着厚厚的积雪，可以围绕着其根部挖一个地坑，再砍伐一些树枝，围绕着整个树干搭建一个圆锥形的屋顶，然后在适当的位置留下进出的开口，就可以在里面休息了。为了取暖和预防野兽，可以在旁边点燃一堆篝火，但一定要注意通风，也要防止引发山火。

（2）自建简易露营棚。在开始建造简易露营棚前，先用一个很大的布包裹住大量细碎的树枝和干草，使之成为圆球形；然后，再用积雪把整个包裹掩埋起来，并将积雪压实、压紧；小心地将布内包裹的细碎树枝和干草取出，留下的就是圆顶形的露营棚了。也可用绳子把一些弹性较好的树枝绑成框架，并在其表面披上雨衣、帆布或兽皮等保温材料，然后用积雪将整个框架严密地覆盖起来，留下进出的口就完成了。如果有一块大帆布或者是一块较大的塑料薄膜，可以搭建一个伞形露营棚。其搭建方法是在地上画一个圆，在圆的边缘垒起一定高度的雪墙，留下进出的门，在圆的中心挖一个稍低些的坑，在圆心处用雪块、冰块垒一个比四周高出一定高度的直柱，将大帆布或者是塑料薄膜覆盖在柱子与墙上，用雪块、冰块把其四周压紧即成伞形露营棚。

（3）堆砌式圆顶露营棚。建造这样的露营棚不仅需要有雪锯、雪铲等工具，还要有娴熟的技术和实践经验。这样的露营棚经久耐用，保暖效果很好，适合于长期居住。其堆砌方法是先在雪地上画出一个圆圈作为露营棚的内部，然后再从附近的地里取出若干块比较结实的雪块，把这些雪块围成一个圆圈，使每个雪块的侧面对准整个露营棚的中心点，且使它们的顶部稍微向内倾斜。完成一层后，再用同样的方法堆砌下一层，直至完成整个露营棚的堆砌工作。最后，只要将其表面稍作修整就可以了。这种露营棚要小心人体热量使周边雪融化。顶上一定要留小孔，防止氧气不够。

（4）坑道式露营棚。坑道式露营棚在地表之下，既能有效保温，又能躲避风雪的侵袭。在雪地上画出一个矩形，在画出的区域内切割出无数块高大雪块用来构成露营棚的顶棚。在堆砌时，一定要保证拼接的两个雪块严丝合缝。但，不要忘记通风。

（5）雪洞。在积雪较厚的地方可以掏筑雪洞来避风寒。如果积雪深度不够，可以将雪堆积起来达到一定深度后再构筑雪洞。雪洞不宜过大，否则容易塌陷。雪洞的开口最好是选择在避风之处，开口可以掏筑成拱形，这样会更加坚固。为了防止进风，可以在开口内拐一至两处弯角。雪洞内部的高度以人可以坐起来为标准，在地面上要垫上雨衣、大衣或者干草、树叶等以防潮。为了确保安全，在雪洞内至少要留两处通气孔，同时还要放上铁锹、铁铲等工具，这样即使有暴风雪，也不用担心出不去。雪洞还要注意防止生火后一氧化碳中毒，可以在洞外生火。可把几块石头烧热后放入洞中，保暖效果很好。当石头温度合适时，放入睡袋中保暖也很好。

5.海边露营

海边虽然有丰富的生存资源，但却不是很适合居住，如果不是迫不得已，最好不要在海边露营。

在海边，涨潮和落潮、海风的变化、天气的变化是应该随时重点注意的事项。选择露营地前，要仔细观察并确认海水涨潮时所能达到的最高位置，然后把露营棚建立在海水涨潮时不能达到的地方。海边雨水较多，露营棚的位置应该选择在地势相对较高的地方，以保证雷阵雨突然来临时不会将露营棚淹没。海风的威力也很大，构建露营棚时，其位置还要尽量能够避开海风的袭扰。在海边露营时最好是在地上铺一层能够防水的材料，比如干草、雨衣、塑料薄膜等。如果没有必要，不要到离海水太近的地方去，因为海水中生活着一些动物可能会对露营的人造成伤害。在海边构建露营棚要注意其密封性，不能构建过于暴露的露营棚。而应在一个地势相对较高、避风效果较好的地方，挖一块面积大约可以容纳一张床大小的平底坑，用一些比较结实的树干或木板搭建一个木质框架，并用树干或木板将顶棚封住，用雨衣、帆布或干草编成的网将框架全部覆盖起来，只留下自己能够进出的门，就建成一间比较牢固、可靠的露营棚了。在太阳下山的时候搭设帐篷，可避免自己身处“蒸笼”的感觉。尽可能离人群居住地近些，避免意外情况发生时无人救援。在选择好露营地后，要用硫黄或杀虫剂在露营地四周进行喷洒，防止有蛇、虫类进入露营地伤害自己。

七、野外行进方向判断

在野外行进前，可将要去的区域告诉亲朋好友，如难度较大的还可以在有信号时将定位发给可信任的人。在野外行进时，如果气候恶劣，例如有浓雾或大雨时，最好先暂停行进。在深山密林中行走时，除了计算走过的山头外，记录走过的主要的溪谷、断崖和高大树木等都有助于位置的判断。此外，可依步行的时间与速度估算在一定的时间内所走的距离。要学会用简单方法估算距离。对于没有到过的山区或者浓密的树林，在路过时都应该沿途留下记号，以便走错路时可原路折回。对一些容易误认的兽径、猎径、林道、取水径等都应加以辨认。在出发之前，一定要对所要到达地区的各种情况进行初步的了解，尽可能多地掌握该地区的信息和资料。如果有可能，最好找到一张详细的这一地区近年来的地图，仔细研究其地形特征、河流走向、盛行风向、气候特点、日出与日落的时间等，并在此基础上制订一条科学合理的行进路线。如果所要到的地区地形比较复杂，还必须学会判定方位以及在各种复杂地形上行进的技巧，掌握有关器材的使用方法，做好充分的准备，这些对于野外旅行将会起到十分重要的作用。

（一）野外方向判定准备

在野外，如果事先准备了以下器材，那么对于在野外判定方向及行进都将会有很大的帮助。不要过度依赖导航等电子产品。

1.笔和本

有了笔和本，可以随时记录行走路线、重要特征物、向左或向右拐弯的次数以及行走的时间等信息。这样，当进行回顾时就不会出现遗忘或错记的现象了。不要过于依赖手机，因为手机有可能没信号或者没电。

2.地图和指南针或指北针

地图和指南针或指北针不仅可以随时让在野外旅行的人知道现在的行进方向，而且还能为下一步的行进方向提供重要的参考，是诸多器材中最为重要的。

3.手表

手表不仅可以让野外旅行的人知道时间，还可以帮助推算出行进速度，必要时还能用以判定方向。

4.电筒

如果是夜间在野外行进，电筒可以说是十分重要的工具，它既可以提高行进安全，又可以在紧急时发出求救信号，还可防范一些动物的袭击。

5.望远镜

站在高处时可以通过望远镜看到很远的地方，有助于判定前进方向，可以让野外旅行的人避免跑很多的冤枉路，节省大量的体力和精力。

（二）学会看地图、指南针

学会看地图、指南针是预防迷路的关键，可以节约大量的时间和体力。要了解比例尺、方向、图例和注记等地图基础知识，地图一般是上北下南、左西右东。经线为南北方向，纬线为东西方向。在出发前应先把地图看熟，尽量做到心中有数，最好把应走路线上明显的地形、地物标出来，如山峰、河流、桥梁、湖泊等。要想熟练地使用地图，必须熟悉各种地物符号，如正形符号的图形与地物垂直投影在地面上的轮廓相似；侧形符号的图形与地物的侧面形状相近；象征符号的图形具有会形会意的特点；说明和配置符号主要是用来说明某种情况，通常与其他符号配合使用，不表示实地地物，如河流的流向指示箭头、行树、果园、草地等。在实际使用地图时，还可以参照地图左下侧的地物符号说明来识别地图。除了上面这种分类方法外，地物符号还可以分为依比例尺符号，如森林、湖泊等；半依比例尺符号，如道路、土坎、通信线等；不依比例尺符号，如独立树、小亭子等。

1.地图比例尺

地图上某线段的长度与相应实地水平距离之比叫地图比例尺。也就是说，地图比例尺=图上长度 ÷ 相应实地水平距离。如果知道了地图比例尺，又知道了地图上两点间的距离，那么就可以计算出两地之间的实际水平距离，相应实地水平距离=图上长度 ÷ 地图比例尺。地图比例尺较大，表明地形越接近实地。要判定两地间的实地水平距离，关键是要精确地量得两点间的图上距离。当图上两点间距离为直线时，用直尺量并读出这个值，就可以用公式去求得两地间实地水平距离了。若两点路线是曲线时，可以用一根细线沿着地图上的路线从头至尾弯曲一遍，然后再用直尺量出细线的长度，就可以得到地图上两点间的距离并进行下一步的计算。里程表是指北针上专门用于测量图上距离的一种工具，若使用里程表测量，既可以得到图上两点间的直线距离，又可以得到图上两点间的曲线距离。测量时，先使指北针归零，然后右手持里程表，表盘对胸，滚轮垂直向下，由起点沿所要测量的线段滚至终点，指针在相应比例尺分划圈上所指的千米数即为两地间的实际水平距离。

2.地理坐标

地面上某点位置的经纬度数值是该点的地理坐标，地理坐标通常用度、分、秒来表示。地图是按照经纬度分幅的，其东西内图廓线是经线，南北内图廓线是纬线。为了方便使用，我国的地图采用了高斯平面直角坐标网，将地图分割成若干个方里格，方里格内的每个点都可以用方里格的横、纵坐标概略地表示出来，这样可以快速地查找和表述某个点。等高线是按比例尺将地表高度相同的点连线成一圈环线直接投影到平面上形成水平曲线。利用等高线弯曲形状，能够合理地在地形图上显示出地貌。在同一幅地图上，等高线多，山就高；等高线少，山就低；等高线密，山的坡度就陡；等高线稀，山的坡度就缓。相邻两条等高线间的距离叫等高距，它决定着地貌被反映的详略程度，等高距越小，等高线就越多，地貌反映得就越详细；等高距越大，等高线就越少，地貌反映得就越粗略。

（三）使用地图

一般来说，无论什么样的地形地貌，地图都会用特定符号标示。结合现场使用地图，就是要在标定好地图后把地图和现地进行对照，明确自己所在位置，了解周围的地形、地物情况，找到所要到达的目标点并确定行进的方向、距离，科学、合理地选择一条最佳的行进路线。

1.标定地图

地图上的方位是上北、下南、左西、右东，只要使这些方向与现地的方向一致，地图就标定好了。较为简单、快速的标定地图的方法是使用指南针标定地图，即将指南针的准星朝向地图上方、直尺边切于子午线转动地图，使磁针北端对正指标，地图即标定好。如果没有指南针，也可以利用明显的地形和地物来标定地图，但使用这一方法的前提是已经确定自己在地图上的准确位置。先在站立点或附近选一个现地和地图上都有的明显地形，比如山顶、河流、桥梁等，再将直尺边切于地图上的站立点和所选地形的终点，最后转动地图，使直尺瞄准现地所选择的明显地形，瞄准后地图就被标定好了。如果是在夜间，可以利用北极星标定地图。标定时先找到北极星，并使地图上方朝向北极星方向，然后转动地图，使东（西）图廓线（即真子午线）对准北极星，地图即标好。

2.确定站立点

确定站立点是使用地图的关键，依靠明显地形或地物和图上相应地物符号来确定站立点是最简单的一种方法。如果站在明显的地形或地物，如山顶、河流、山谷、山脊、湖泊、大桥、道路、涵洞等的上方，只要在地形图上找到这一地形或者是地物的符号，就自然而然地找到了站立点。如果是站在这些明显地形或者是地物的附近，可以通过估算来确定站立点的大概位置。如果站在线状地物上，如道路、河流、土堤等，在线状地物相对垂直方向找一个参照物，线状地物地形与标志物的垂线方向的交点为你的站立点。如是两条线状物，直接连线两条线状物确定其交点。如不是线状物，先标定地图，再选两个图上和实地都有的参照物，再用直尺分别切两点于地图上，转动向实地瞄准，并画方向线，两条方向线交点就是图上站立点。

3.选择行进路线

在确定了站立点并找到了要到达的目标点后，应该根据地图上所显示的各种信息，在目标点和站立点间选择一条最佳的行进路线。选择路线时，要着重考虑和研究沿途与行进有关的地形因素，如地貌起伏、居民地、森林地、山路口、桥梁的状况等。为了便于掌握正确的行进方向，要随时进行地图与现地对照，还应该在沿线选定明显突出、不易变化的地物作为参照物随时进行方位校对，如行进路线上的转折点、岔路口、桥梁、河流等。选择好行进路线后，最好是能用一支笔将选定的路线标绘出来，尤其是对行进路线上的起点、转折点和终点，以及明显的方位物等都要醒目地标示出来。在标出行进路线后，可以概略地测量一下图上的行进距离，充分考虑道路、地形对行进的影响，计算出可能需要的时间，以便于根据自身实际情况做出适当的调整，控制行进的节奏。

4.按路线图行进

按路线图行进就是利用在地图上选定的行进路线，通过地图与现地对照，沿选定的路线到达预定目的地的行进方法。在出发前，应该反复查阅地图上行进路线中的有关信息，力争能够熟记行进路线。行进中，要随时根据地图与现地对照，并经常用指南针校正行进的方向是否正确。一旦发现行进方向有所偏差，应该立即停下来检查出现偏差的原因，如果不能找出原因，切不可盲目出发而导致迷路。对于沿途出现的各种明显的方位物，在记住它们的同时，还要与地形图进行对照，对于路口和转折点，必要时还应该留下一定的标记，不断查看所在的路是否在线上，是否是直线。当走完预定的距离后仍未能找到目标点时，可以在附近寻找。如果确实找不到目标点。就要仔细地分析原因了，看看到底是因为地形出现了变化，还是行进方向出现了偏差。有时候可能只是因为地形出现了变化，而实际上已经到达了预定的目标点。若是因为行进的方向出现了偏差，可以沿原路返回，再从出发点重新确定方向后走一遍。也可以以现在的位置为起点，重新选择一条通往目标点的路线，待做好一切准备后再继续出发。行进中应随时留心观察周围的风景、地形、地物以及前面走过的人所留下的脚印，应注意向导员留下的记号或者足以指引正确路径的任何标志。遇到岔路时，应该仔细辨认、观察，可以用哨音联络或者等候队伍确定正确路径。

（四）利用指南针判定方向

指南针主要由提环、直尺、磁针、刻度盘、方位玻璃框、角度摆、角度表、距离估定器、里程表、照门和准星等部分组成。利用指南针不仅可以判定方向，还可以标定地图、测定方位角、测量距离和坡度、测量图上里程等。提环主要是用来携带指南针。直尺位于指南针的一侧，主要用来量读地图上的距离。磁针是一种表面涂有夜光剂、带有磁性且能够在地球磁场的作用下自动指向地球南北两端的小指针，主要是用来指示南北方向的。刻度盘是固定不动的，在刻度盘上有内外两圈划分，内圈为6 000密位制，就是把圆周等分为6 000份。方位玻璃框位于刻度盘上，可以自由地转动，上面刻有“东”“南”“西”“北”的字样，主要是用来配合刻度盘指示方位。角度摆和角度表主要是用来测定坡度的。判定方位时，先将指南针平放，待磁针静止后，其涂有夜光剂的一端所指的方向即为磁北方向。使用指南针前，一定先检查磁针是否灵敏，即将指南针置平，以铁器多次吸引磁针，每次撤去铁器后，观察磁针能否迅速静止以及各次所指的方向是否一致，如果每次指南针的指针转动都比较缓慢，且长时间不能静止，或者每次指针所指的分划数之差大于1度，则说明该指南针存在一些问题。利用指南针水平放置使气泡居中，此时磁针静止后，其标有“N”的黑色一端所指的便是北方。除了测出正北方向外，指南针还可以测出某一目标的具体方位，方法是将指北针照门对准目标，或将刻度盘上的0刻度对准目标，使目标、照门或0刻度和磁中点在同一直线上，指北针水平静止后，N端所指的刻度便是测量点至目标的方位。

（五）利用自制指南针判定方向

如果带有指南针，那么也可以很容易地判定方位。在没有指南针的情况下，还可以自己动手制作一个简易的指南针，其效果也会很好。

1.悬挂式指南针

取一段细铁丝或一根缝衣针，反复在同一方向上与丝绸摩擦，细铁丝或缝衣针就会产生磁性。用一根细绳把细铁丝或缝衣针悬挂起来便可以指示南极。如果有块小磁石，用它来代替丝绸，效果会更好。由于细铁丝或缝衣针的磁性不太强，每隔一段时间要再摩擦一次，以增强其磁性。

2.漂浮式指南针

可以将一根带有磁性的针放在一片树叶上或者一张小纸片上，并放入盛水的瓷碗内，让它自由地转动，当这根针静止时，便会指向南、北方

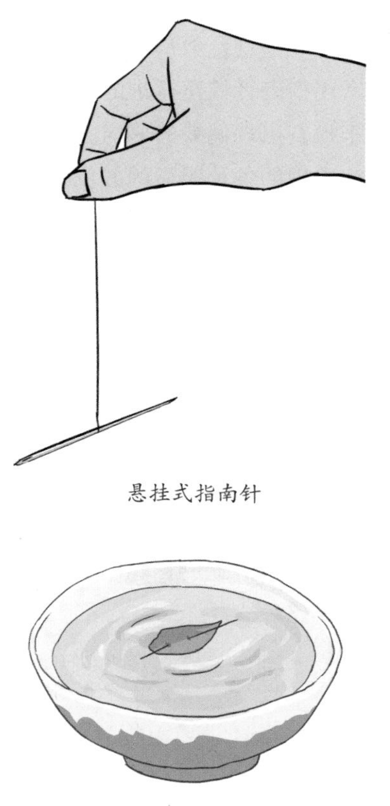

悬挂式指南针

漂浮式指南针

向。这种方法比较适合在宿营地休息时使用。

特别提醒：在使用指南针以及上面这些自制的简易指南针时，应该注意要尽量避开磁场较强的区域，比如金属矿区、变电所、高压电线附近等地区。在这些地区，金属指针会因为磁性受到影响而不能正常发挥作用。另外，在使用自制的指南针时，其指针所指示的方向可能只是概略的南、北方向，往往会与精确方向有所偏差，这就需要根据当地的实际情况和自己所掌握的各种知识进行综合的判断，并做出必要的修正。

（六）利用太阳和手表判定方向

1.手表测向

一般在上午9时至下午4时用太阳和手表能很快地辨别出方向，比如用时间的一半所指的方向对向太阳，12时刻度就是北方；或者是把表平置，时针指向太阳，时针与12时刻度平分线的反向延伸方向就是北方；也可将一根小棍垂直立在手表上方中央，转动手表，使小棍的影子与时针重合，时针与12时刻度之间的平分线即是北方，也可将当地时间数除以2，然后将手表平放，用商数对找表盘上的相应位置，将表身上这个位置对准太阳，表盘上12点方向是北方。

2.利用太阳判定方向

太阳是一种很好的方向指示物，根据太阳出和落的位置，就能概略地判定出东方与西方，如果再辅以一定的器材，还可以快速而正确地判定出周围的方向。太阳升起，张开双臂，右手指向太阳，面前就是北方。

根据太阳照射物体产生的阴影也可以判定时间和方向。在地面上竖起一根长约1米的木杆，当太阳照射时，此杆会留下阴影。给木杆在地面上留下的阴影的端点做出一个标记，过15分钟以上，再做出一个标记，沿着两个标记，可以画出一条直线，该直线可以视为东西方向线。

（七）利用星座判定方向

在满天星的夜晚，利用星座来辨别方向也是一种较为实用的方法。对于野外旅行者来说，认识和了解各种星座的形状及其具体位置，然后利用星座来判定方向是非常重要的。

北极星是北方天空中较亮的一颗恒星，它始终位于北极位置，找到了北极星就等于找到了北方。找到北极星后面对北极星，前面是北方，背后是南方，左面是西方，右面是东方。北极星不远处是北斗七星，北斗七星由七颗明亮星星组成，像把

北极星判定方向

勺子。北斗七星底部有两颗明亮星星，延长这两颗星星之间连线，就指向北极星。

在南方地区，上半年夜间可以利用南十字座判定方向。南十字座位于南极上空附近，由4颗较亮的星星组成“+”字形，它是南半球判定南方的主要星座。判定时，将南十字座中距离较长的两星连起来，并向下延伸至两星距离的4.5倍处，然后再向下与水平线相交，即可找到南极所在的方向。

星星的运动也可以用来辨别方向。如果在10分钟以内，看到一颗星星分别位于两个不同的固定点，那么就可以说明它是一颗正在运动的星星。在北半球，假如星星正处于上升阶段，那么恰好面对着正东方；假如星星正处于下降阶段，那么恰好面对着正西方；假如星星正在向右侧迂回，那么恰好面对着正南方；假如星星正在向左侧迂回，那么恰好面对着正北方。若是在南半球，以上几条原则应该逆向使用。

（八）其他判定方向的方法

有些地貌和地物，因为长期受到阳光和气候等自然条件的影响，形成了某些特征，利用这些特征也可以概略地判定出方向，但要综合分析、比较。

独立的大树，通常是南面枝叶茂密、树皮较光滑，西北面枝叶较稀少、树皮粗糙。北半球的许多树木树干的断面可见清晰的年轮，向南一侧的年轮较为稀疏，向北一侧则年轮较紧密；树桩上的年轮北面间隔小，而南面间隔大。北侧山坡低矮的蕨类和藤本植物比南侧山坡的发育更好。单个植物的向南的阳面枝叶较茂盛，向北的阴面树干则可能生长苔藓。一般南面果树结果多、成熟较早，北面结果少、成熟较晚。

突出于地面的物体，如土堆、土堤、田埂、独立岩石和建筑物等，其南面干燥，青草茂密，冬季积雪融化较快；北面潮湿，易生青苔，积雪融化较慢。在岩石众多的地方，也可以找一块醒目的岩石来观察，岩石上布满苍苔的一面是北侧，干燥、光秃的一面为南侧。

在内蒙古高原，风在冬季大多向西北方向刮，山的西北坡积雪较少，东南坡积雪较多，树干也略向东南倾斜。蒙古包的门多朝东南方向开。在沙漠地区，沙垄坡度缓的一端朝向西北方向，坡度陡的一端朝向东南方向。

在我国大部分地区，尤其是北方地区，宝塔等的正门多朝向南开。庙宇通常也是向南开门，尤其是庙宇群中的主体建筑。农村住房的门窗一般也多朝向南方。

以上这些特征只能用以概略地判定方位，有时可能会出现反常现象。为了确保判断正确，应该根据地区、季节等的不同，同时采用多种判断方法综合分析，以免误判。

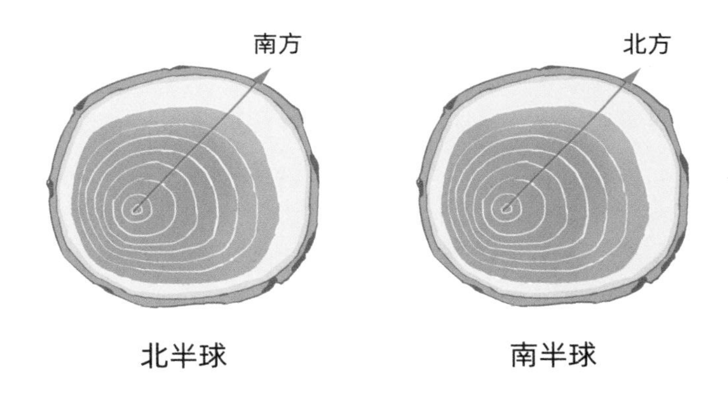

年轮辨方向

（九）迷路后处置方法

在野外行进时，一旦发现自己迷失了方向，应立即停下来，冷静地回忆一下自己已经走过的道路，利用一切可以利用的标识重新定向，争取重新找回道路。如果天色已晚，则应该立即选址宿营。若已经感到十分疲乏，也应该立即停下来休息，不要走到精疲力竭后再停止，尤其是在冬季更应该注意这一点，过度的疲劳或者流汗过多都会导致很容易脱水，严重时甚至会被冻死。在山地发现自己迷失方向后应首先登高望远，判断应该往哪儿走。通常应该朝着地势较低的方向走，这样不仅容易碰到水源，而且由于道路、居民点等常常是临河而建。如果遇到了岔路，确实无法确定应该从哪条路走时，要尽量选择靠近中间的道路走，这样可以左右兼顾，即便是走错了，也不会相差得太远。在山坡上进行时，要尽量从山脊上行走，因为山脊视野开阔，便于观察，具有一定的导向作用。在有些树木较多的山上，周围的居民会因为生活的需要而从山上砍伐树木，所以如果发现某一块山上的树木明显比其他山上的树木少，则说明这一山区周围可能有人居住，至少是有人经常在这里活动。

沙漠地区的景物比较单调，常常会使人迷失方向，少看沙漠地区的景致。在寻找、辨认道路时，可以根据骆驼、马、驴等的粪便来辨认。如果实在找不到方向，可以沿着骆驼的足迹行进。在沙漠中，骆驼对水源有种特殊的感知，依照骆驼的足迹行进，还能找到水源。在固定和半固定的沙丘和草原地区，一般会有一条被人和动物常期走出来的路，一般变化不大，只要保持了总的行进方向，便可一直走下去，但要防止不自觉右偏。在有流沙的地区，个别路段可能会被流沙覆盖而出现左右绕行的道路，但这种绕行距离一般不会很远，应随时校正，切勿沿着岔路一直走下去而迷失方向。如果在沙漠戈壁或密林中迷失了方向，依照确定的方向做直线运动非常重要，这样就不会走了很久又回到原来的位置或者越走越乱。可利用长时间吹向一个方向的风或者是迅速朝一个方向飘动的云来确定自己是否走的直线，比如迎着风、云行走或与其保持一定的角度行进，则可在一定时间内保证沿着直线前进。也可使用“叠标线法”来修正自己的行进方向，即每走一段距离，在背后做一个标记（如放石头、插树枝或在树干上用刀刻标记），走出一段距离后回头看看自己所走过的路线是否在一条直线上，这样就可以很轻松地知道自己是否偏离了原来的方向，并进行必要的修正。在沙漠中，还应该十分注意不要受到“海市蜃楼”现象的迷惑。

在森林中行进时，由于高大而且浓密的树冠遮天蔽日，所以较难看到日月星辰，很容易迷失方向。进入森林时，为避免迷失方向，应该把当地的地图研究清楚，特别要注意行进方向两侧可作为指向的线形地物，如河流、公路、山脉、长条形的湖泊等。注意其位置在行进路线的左方还是右方，是否与路线平行。如果发现迷失了方向，应该立即朝着标志物的方向前进，到达后再进行方位的判定。也可以先估计从有确定方位的地方走出了多远，然后寻找身边便于观看的树干，用刀刮去其表皮做环形标记，再根据自己的记忆往回走。如果找不到原来的地方，则应该折回标记处，然后再换个方向重新试行。

如需救援，夜间可在高处点燃火堆；白天可燃烟，在火上放上青草，就会发出白烟，应每隔10秒放一次青草，这是国际通用的求救信号。若在森林中，可用石头、棍棒击打桦树等树木。在开阔的地段，如草地、海滩、雪地上可以因地制宜制求救地面标志，如将青草割成一定标志，在雪地上踩出或用树木、石块摆放出相应求救标志等。

在前进的时候，随时要注意所经过的明显的自然标识，如河、湖、岩壁、形状比较有特点的山头等，这样一旦迷路也可以根据这些明显标识找到来时的路。我们徒步的地区大都有人活动，可以根据路的大小或有无人经常走动的痕迹来判断徒步的路线曾经是否是热点路线，可以留意路上是否有一些先行徒步爱好者留下的路标。

八、学会发送求救信号

遭遇突发事件后要及时将自己面临的困境通过各种方式传递出去，那么会用正确的求救信号引起他人的注意就十分重要。声音、光和烟雾都是比较好的求救信号，在条件允许的情况下现代通信工具是发送求救信号较为便捷的手段。要根据自身的情况和周围的环境条件发出不同的求救信号。一般情况下，重复三次的行动象征着寻求援助。

1.烟火信号

燃放三堆火焰是国际通用的烟火求救信号，即将火堆摆成三角形，每堆之间的间隔尽量相等。如果燃料稀缺或者自己伤势严重、身体虚弱，点不够三堆火焰，那么点燃一堆也行。火堆的燃料要易于燃烧，点燃后要能快速燃烧，因为有些机会转瞬即逝。有条件的话可以利用汽油，但要注意安全，不可将汽油倾倒于火堆上，应用一些布料缠绕在木棍上，在汽油中浸泡后放在燃料堆上。注意要将汽油罐移至安全地点后再点燃火堆，火势即将熄灭需要添加汽油时，要确保将汽油添加在没有火

烟火信号

花或余烬的燃料中。在火堆上添加些绿草、树叶、苔藓和蕨类植物会产生浓烟，易引人注意。任何潮湿的东西在燃烧时都会产生烟雾，例如潮湿的草席、坐垫，并且还可熏烧很长时间，同时能有效防飞虫。晚上则可放些干柴，使火烧旺，使烟雾升高。黑色烟雾在雪地或沙漠中最醒目，橡胶和汽油在燃烧时可产生黑色烟雾。如果受到气象条件限制，烟雾只能近地表飘动，可以加大火势，这样暖气流上升势头更猛，会携带烟雾到一定的高度。在森林草原中点火，一定注意防止发生火灾。

2.旗语信号

国际上有一些通用的旗语求救信号，例如用一面旗子或一块色泽鲜艳的布料系在木棒上，持棒运动时，在左侧长划，右侧短划，做“8”字形运动。或当搜救飞机较近时，双手大幅度挥舞与周围环境的颜色反差较大的衣物，表达遇险的意思。如果双方距离较近，不必做“8”字形运动，只需要一个简单的划动就可以，在左侧长划一次，在右侧短划一次，前者应比后者用时稍长。

旗语信号

3.声音信号

如救援者隔得较近，可通过大声呼喊或用木棒敲打树干求救，有救生哨则作用会更明显，三声短三声长，再三声短，间隔1分钟之后再重复。特别是被困地下通道，可通过敲击水管、石头来传递求生信号。2019年12月，四川杉木树煤矿发生透水事故时，被困人员通过敲击管道成功将信息传递给救援者。

4.光反射信号

利用阳光和一个反射镜即可射出信号光。任何罐头盖、玻璃、金属铂片等明亮的材料都可加以利用，有面镜子当然更加理想。即使救援者距离相当遥远也能察觉到光反射信号，但由于并不知晓欲联络目标的位置，所以得多多试探。注意环视天空，如果有飞机靠近，就快速反射出信号光。但要注意这种光线或许会使营救者目眩，所以一旦确定自己已被发现，应立刻停止反射光线。

5.地面标志信号

在比较开阔的地面，如草地、海滩、雪地上可以制作地面标志。如把青草割成一定标志图案；或在雪地上踩出求救标志；也可用树枝、海草等拼成求救信号；还可以使用国际民航统一规定的地空联络符号标示，如求救（SOS）、送出（SEND）、医生（DOCTOR）、帮助（HELP）、受伤（INJURY）、迷失（LOST）、水（WATER）。

6.及时留下自身信息

当离开危险地时，要随时留下一些信号物，以便让外面救援者发现。地面信号物可让救援者分析、了解求救者的位置或者经过的位置，有助于救援者寻找行动方向路径。要不断地留下信息，不仅可以让救援者方便搜寻，而且可以辅助你标定前进路线。留下的信息要显眼，方向指示要明确，而且要十分牢固。可以将岩石或碎石片摆成箭形；将棍棒支撑在树杈间，顶部指着行动的方向；在草的中上部系上结，使其顶端弯曲指示行动方向，最好绑上塑料袋；在地上放置一根分叉的树枝，用分叉点指向行动方向；用小石块垒成一个大石堆，在边上再放一小石块指向行动方向；用一个刻于树干的箭头形凹槽表示行动方向。两根交叉的木棒或石头意味着此路不通，用三块岩石、三根木棒传达情况危险或紧急。还可以用塑料瓶制作漂流瓶，写上求救信息。无论怎样留下信号，能让空中看得见是最好的。

第二节　野外行进注意事项

野外行进一定要有针对性地做好充分准备，时刻提高警惕，主动防御，把隐患和问题消灭在萌芽状态；查清路线、地形和天气情况，带上指南针、全球定位系统、手电筒、救生绳、救生毯、刀锯、打火机、常用药品等安全保障用品；再次提醒，到野外行进或露营前，一定要将相关位置信息告诉亲朋好友。倘若心存侥幸、淡薄麻木、意气用事，特别是单独行动，可能会因小失大。

一、丛林或山地行进注意事项

丛林天气变化没有规律，狂风暴雨随时可能发生。在丛林行进要特别注意防雨、防潮、防毒蛇、防蚊虫、防大型动物，重点是防蚊虫。雨季在山地行进时，应该尽量避开低洼地，如沟谷、河溪等，如果遇到风雪、浓雾、强风等恶劣天气，也应该停止行进，躲避在坚固的山崖下或山洞里，待天气好转后再走。防范动物的同时，也要小心一些有毒植物，在阴暗的地方一些黑色树叶的树要特别小心，注意可能伤人的花草树木。

（一）行进前准备

注意着装穿戴，鞋子要防滑，衣服要贴身、不繁杂、不裸露，以免枝条刮挂、蚊虫叮咬。如果是进入丛林，则在进入前应检查好背包防水性，带好雨衣，防止备用衣物打湿。外面要穿能遮挡全身的登山服，里面要穿透气、吸汗的内衣。领口、袖口、裤腿都要绑紧，最好穿靴子。如果是上山前，务必将备用衣服用塑料袋包好，在山上至少应保证有一套干衣服，准备休息或搭营时穿，切不可因为怕穿湿衣服走路难受而将干衣服用尽。下雨要穿上雨衣，雨停了就要脱下，穿不透气材质的雨衣行走易出汗，行走要穿透气材质的雨衣。只有在又冷又湿的天气才穿防水裤，防水裤绑腿最好，穿脱方便。登山要穿舒适合脚、受潮时容易干、耐磨的运动鞋，并准备适量饮用水。如果是夏季登山，更要带足饮用水，因为登山会出汗，如果不补充足够的水分，容易发生虚脱、中暑现象。随身携带急救药品，如云南白药、止血绷带等，以便在发生摔伤、碰伤、扭伤时派上用场。没力气继续攀爬时，可以用结实的木棍做手杖辅助攀登。

（二）行进中注意事项

要辨别方向，定好参照物和目标，按直线行走，随时校正方向、判定方向。在丛林中行进时，可以沿着大型野兽踩出的足迹行走，这样就不易误入毒虫集中生活的地区，也不易误入沼泽地区。由于野兽行进的道路上常常会有猎人设下的圈套，要特别小心，当看到不明的拉线、不自然弯曲的树枝或竹竿、路中间突然出现一堆乱草或者是树叶等现象时，那些都可能是陷阱、铁夹子或者是吊索，都要引起高度重视，做到观景不走路，走路不观景。照相时要特别注意安全，要选择能保障安全的地点和角度，尤其要注意岩石有无风化。在山谷中行进时，还应该注意要尽量靠近山谷的中心线，以免被山坡的滚石砸伤。在山地行进，不要过高地估计自己的体力，如果感到疲劳，就应该适时进行休息，不要等到走得快累垮了才休息。在雨季，应避开沟壑、河溪、地震带松软的地方，防止塌方、泥石流、山洪。情况不佳、天气不好时，不宜乱闯，应先寻找一个不会发生山崩、山洪或落石的安全地点扎营。若遇风雨太强而无法扎营时，要顶着帐篷换上干衣，外层穿着风衣和雨衣，以免失温。如果衣服都湿透而无法保暖，可将干草或干的报纸塞在衣内，皆有御寒作用。体温调节中枢在头部，应将头部保护好。出发前可准备老姜及糖，煮食姜汤亦是一种保暖法。将老姜在家以果汁机打碎后煮成姜汤，用瓶装上带上山，要喝时加热即可，还可带姜汁包。遇到闪电、听到雷声不用紧张，不要在最高地势的山头或光秃秃的地方扎营，打雷闪电时避免站在高树之下，要躲到稠密的灌木带中，手中、身上的金属类东西最好丢弃。如果来不及逃避，那么就地卧倒也可将危险降至最低。下雨时，千万不要撑雨伞，以避免雷击，并且可以防止人和伞一起被风刮走。在山上避雨时，不要选择山顶或树下，最好就近进入洞穴。进入洞穴前，要检查洞穴是否牢固，有无野生动物。

（三）预防毒虫、毒蛇咬伤

在低矮丛林或者草丛中行走，要边行进边以木棍“打草惊蛇”，可防止毒蛇和蚊虫。蚊虫特别多的时候，要涂防蚊药等气味芬芳浓郁的东西，也可防蛇。要注意观察有无蜂巢，遇成群毒蜂，用雨衣等大的衣物把全身遮住，有水潜入水中最好。如果不慎被毒蜂蜇到，要尽快使用碱性的肥皂清洗，再以水或冰块冷敷患部。进入丛林时，先以酒精、汽油、煤油、肥皂、食盐等物质涂抹在皮肤及衣裤上，以防止蚂蟥附着。如果还是不慎被蚂蟥咬伤，千万不要用手抓蚂蟥，这样很可能把它的身体扯断，将其头留在皮肤内而易引起感染。最好以手拍动皮肤，在其身上涂食盐、白糖、石灰，或熏烧，使其自然脱落。蚂蟥脱落后，立即挤压伤口，让伤口流出血水，其量应与被蚂蟥吸取的血量相等。当行进至较潮湿的地区时，一定要倍加防范蚂蟥的攻击，它会在不知不觉中吸走血液，还会导致伤口流血不止，甚至是感染。一般来说，丛林中棘刺较多，没有明显的道路，且马蜂、沙蚤、蝎子、蛇、蜈蚣、蚂蟥以及蚊子等繁生，在丛林中行进时，要学会自己寻找道路、开辟道路。比如，千万不能光着脚行进。如果有靴子应该立即穿上；如果没有靴子，可以用布或者是树皮绑腿将裤腿扎好；如果带有眼镜帽子、围巾、手套等，最好是戴上。当流汗较多时，有些渴求盐分的昆虫可能会附着在流汗的部位，如腋下、腹股沟、脖颈等处，有时也会叮咬，要适时进行检查，以免遭受侵害。在休息的时候，要先仔细地观察一下周围的环境，不要将衣服、背包等放在地面上，防范蝎子、蛇等钻进去。在重新行进之前，一定要将衣服、背包抖一抖，认真检查一遍。当在黎明或者是傍晚时分行进时，要注意防止蚊虫的叮咬。如果有条件，除了要将裤腿和袖口扎紧外，还应该戴上手套，在鞋面上涂上驱避剂或肥皂，以防止蚂蟥往身上爬。要注意树上是否会有毒蛇，当遇到成群的毒蛇时，切勿惊慌，用雨衣遮住皮肤暴露部位，也可燃起烟雾将其驱赶走。一旦被毒蛇咬伤，赶快把握时间，用力压伤口附近的肌肉，将伤口的毒血挤出后，再采取其他方法进行救治。如被蛇咬在靠近动脉之处，就有生命危险了，要尽快送医院急救。注意在丛林中小伤口极易感染，每个伤口都要妥善处理。如身体已接近低温，天气又寒冷，千万不要睡着，要打起精神寻求紧急救援。

（四）火灾防范与处理

在丛林中必须提高用火安全意识，特别要严禁吸烟、乱丢烟头。吸烟时，应准备一个空罐头盒，将烟灰、烟头全部放进空罐头盒内，用水或沙土浇灭，然后挖坑掩埋或带走。在野外生火、用火时，要避免炉具使用不当、烘烤衣物或用蜡烛照明等引起的火灾。一般丛林发生火灾，大多数都是因安全意识差、用火不慎造成的。在野外点篝火或用炉具野炊时，必须要随时有专人看管和负责火源，一旦使用完毕，要马上用水将火源彻底浇灭或用沙土盖灭，并挖土掩埋，防止死灰复燃而酿成火灾。用炉具或建炉灶时，应选择避风和距水源较近的地方，并准备一桶水，万一发生火灾时方便取水灭火。在草木较多的地方必须用火时，应将周围的草木清理干净，并在四周开出2米左右的防火道，以免火星飞溅出去，引燃周围的草木。如风力较强时，应在避风的沟、坎下面点火或修建防风墙，以免强风吹散火堆，或将火苗吹出，引起火灾。一旦不慎使周围的草木点燃而发生了火灾，不要慌张，如果有水就迅速用水向起火处喷洒以灭火，这是最基本、最好的灭火方法。如果周围没有可用的水源，就用沙土等将燃烧物盖住，使燃烧物上的火得不到氧气的供应而熄灭。如果燃烧面积较大，小规模救火措施已无济于事时，要迅速报警，向山下山沟、水沟撤离而避险。

（五）山地行走技巧

在山地中行进时，既要注意在节省体力的同时提高行进速度，又要注意不能迷失方向。为了安全、快速地到达目的地，应力争做到“有道路不穿林翻山，有大路不走小路”。如果地形复杂，没有道路，可以选择沿着纵向的山梁、山脊、山腰、河流或小溪的边缘前进，也可以在树高、林稀、草丛低疏的地形上行进，但一般不要走深沟峡谷和草丛繁茂、藤竹交织的地方，也就是要力求“走梁不走沟，走纵不走横”。上坡下坡要注意体形变化，下坡腰要挺直，下陡坡要有保护措施。通常在通过茅草地、小竹林以及无刺的灌木丛时，应该根据植被的情况采取必要的防护措施，尤其是当植被上有刺时，更应该加强自身的防护（如戴上手套、口罩或者是在头上扎上毛巾、系紧裤脚等）。如果是在高草地或者是杂草丛生的地段行进，可以先将草向两边分开，然后用脚或木棍将其压倒后通过。如果是在荆棘丛生、藤蔓交错的地段行进，可以先用砍刀开出一条路，然后再通过。

1.攀登

攀登就是利用所携带的绳索等攀登器材进行崖壁的上下活动。在没有携带攀登器材时，可以利用崖壁上下延伸的树根或者是树藤进行攀登，也可以就地寻找藤蔓制作成绳索来克服悬崖峭壁。攀登崖壁之前，应该对将要用来当作支撑的岩石进行必要的观察，要慎重地判断岩石的质量和风化程度，然后再确定攀登的方向和通过的路线。通过手拉手或者是手拉小树、竹、藤等物体的办法，来通过坡度较陡的地带以及流速较急的小溪等。在要拉某一个物体之前，应该检查一下其牢固性，如果感觉不可靠，千万不能抱着侥幸的心理仍去利用它，否则可能会使后果不堪设想。当进行较高的攀登时，最好给自己设置保险绳。

2.荡秋千

荡秋千就是把绳索固定在大树上或者是利用从大树上延伸下来的结实藤蔓，采用荡秋千的方法越过山涧、沟、坎等障碍或者其他地形、地物。在确定采用这种方法之前，一定要进行必要的尝试，以验证其可行性。可以先向相反的方向“荡”一次，然后看看所荡出的距离是不是可以荡到对面；如果不能，那么就要考虑采用其他的办法；如果可以，还要再练习几次，直到确实有把握后才能采用这种方法。

3.架桥

架桥行进通常是在遇到山涧或者是难以徒步的山溪时使用，相当于“砍树架桥”通过。如果山涧或者是山溪较窄，这种方法比较实用，但如果山涧或者是山溪较宽，使用这种方法就比较困难了。在取材时，最好是就地取材，不宜太远，这样就可以省去搬运的功夫。如果无法移动大的树木，可以用若干个小的树木并在一起使用，那样效果可能会更好。“9・5”泸定地震救援时，森林消防队员就是采用的这种方法。

二、沙漠行进注意事项

沙漠由于干旱空旷、资源匮乏，人类在那里很难长时间生存下去。白天，沙漠上空可能见不到一片云彩，可以达到80℃，强烈直射的阳光使人体的水分很快消耗，难以进行各种体力活动。夜晚，沙漠中气温又可能会骤然降到0℃以下，其强烈的气温反差使人难以承受。因此，要尽量避免穿越沙漠，若实在要穿越沙漠则在行进前要准备地图、熟悉地形，准备充足的水，带好遮阳的帽子、全球定位系统、净水片、手电、睡袋、大的塑料袋、帐篷、护目镜，防止昆虫叮咬的药品等。在沙漠中最重要的是防中暑、脱水和晒伤。

（一）沙漠行进穿戴注意事项

在沙漠中要戴防晒的帽子，帽边缘有通气孔最好。最里层穿棉质圆领汗衫，利于吸汗；第二层穿轻质衬衫或者防晒衣；第三层穿轻风衣或者夹克。裤子应选宽松、质轻柔的。靴子应选帮高、重量轻且宽松、鞋底坚韧、好行走的。晚上沙漠气温会下降很多，保暖的毯子或风衣很重要。总的来说，穿戴要防风、防晒、透气、保温、耐磨。

（二）沙漠行进饮水保证

在沙漠中行进时，饮水充足是关键。无论携带的水是否充足，一定要计划好、分配好每天的饮水量，小口含饮。可以随时根据动物的生活痕迹寻找水源。烈日酷暑是沙漠地区的常态，需要找一个休息处躲避烈日及流沙。露出地面的岩石背后可以作为遮阳休息处。在行进的过程中，要学会从植物的根茎以及仙人掌类植物中提取水分，形形色色的仙人掌恰恰是天然的水库，并要学会根据地形和植被的变化，努力判断水源可能存在的方向，争取能够发现沙漠中的绿洲。还有很多动物的血、昆虫的汁液都可以用来止渴，但要认准可食动物，防止中毒。沙漠里的水矿化度非常高，又苦又咸，不适宜直接饮用，穿越沙漠时最好带上净水药片。沙漠中有井的地方，一般会有人用石块围起来。一般来说，除泉水和井水（地下深水井）可直接饮用外，不管是河水、湖水、溪水、雪水、雨水、露水，还是通过渗透、过滤、沉淀而得到的水，最好都进行消毒处理后再饮用。将净水药片放入装水的容器中，搅拌摇晃，静置几分钟即可饮用，或将净化的水灌入壶中存储备用。使用净水工具净化水的具体方法见第二章第一节“（三）野外净化水”中的“使用净水工具”。没有净水片，可把盐碱水放入容器中，待晚上结冰，再消毒饮用。实在没有任何水源，可以喝骆驼奶，吃芦苇秆和沙枣树果。

（三）沙漠行走安全常识

在强烈的阳光下，任何部位的皮肤都是经不起太长时间暴晒的。进入沙漠前，全身上下要全副武装，防晒、防水分流失，同时也要防昆虫。裸露在外的皮肤要涂抹大量的防晒霜，否则被紫外线晒伤的后果和晕船、脱水一样严重，被晒伤的部位还可能会感染。没有帽子最好临时制作一顶帽子。万一被晒伤了，应先用冷水浸泡或者淋湿伤处；伤口冷却后，要及时对伤口进行包扎；伤口不能涂任何油脂类物质，保证伤口不会和空气隔绝，以免伤口恶化。

沙漠里有大量昆虫和蛇，坐、躺时要事先用木棍或刀具等检查一下，站起来时要检查全身有没有昆虫或蛇。徒步旅行时脚部磨出水疱的情况比较常见，它会影响旅行的顺利进行，而且处理不当还会引起感染。要保持鞋袜干燥，鞋子要合适，鞋子不宜过大或过小，最好穿半新的胶鞋或布鞋，女士不要穿高跟硬底皮鞋，鞋垫要平整，袜子无破损、无皱褶，鞋内进沙应及时清除。徒步旅游应循序渐进，先近后远，脚步要均匀，落地要稳，不可时快时慢。在沙漠中行进，要学会适应其特点，最好是把各种体力活动安排在夜间进行，而在白天应多休息。可以自制雪橇拖着行李，节省体力。行走时，应该采取慢行、多休息的方法，每走1小时，最少要休息10分钟，如果感到疲劳或者是缺乏食物，还应该再放慢速度。一旦认为有一点点中暑，就要马上找附近的地方休息，千万不能大意。对于行进的路线，要选择简单易行的直行路线，如果遇到障碍物，可以走“之”字形将其绕开，切忌耗费大量的体力去翻越障碍，那样可能会使体力很快下降，且短时间内很难恢复。与此同时，要注意防止迷失方向，人往往会偏右行走，避免在原地打转等，不要老盯着沙漠行走。临睡前要用热水烫脚，以促进局部血液循环，并用手对足掌部位进行按摩。若脚部长水疱，目前治疗的较好方法主要是将水疱穿刺与引流。首先用热水烫脚后擦干，然后用碘伏将脚部水疱进行局部消毒，再用消毒的针（针可用煮沸的水或酒精浸泡）刺破脚部水疱，使水疱内液体流出、排净。但处理脚部水疱时，切忌剪去疱皮，以防感染。即使白天的气温再高，也不能脱掉外衣暴露在阳光下，那样可能会导致其他疾病。坐着比躺着接受阳光照射少。一旦身体的某一部位出现伤口应该及时进行治疗，否则一个微不足道的小伤口也可能会引起感染，造成严重的后果，就是对于不小心刺入皮肤的棘刺也要尽早将其拔出来。

沙漠中平时不下雨，一下雨就是暴雨，很容易发生洪水，要小心避让。

（四）躲避沙暴

不要在春夏季穿越沙漠。从3月中下旬一直到5月，沙漠中的气候可谓瞬息万变。如果遭遇沙暴，容易迷路并危及生命。沙暴一般来得异常迅猛，当感觉到好像有种声音从很远的地方传来时，仅在几秒钟之内就可能狂风呼啸、黄沙满天、昏天暗地。一场沙暴过后，所有的景观全部改变了，这时很容易迷路，特别是晚上。

沙尘暴不仅掩埋一切东西，也可能用碎石把人打得满身伤口。沙暴来的时候，要迅速用毡子把自己全身包起来，最好躲在骆驼的身边或者躲在坚固的庇护所。在沙漠中遇见沙暴，千万不要到沙丘的背风坡躲避，否则有被沙暴埋葬的危险。可以跟随骆驼行动，骆驼比较有经验，它会随着沙子的埋伏不断地抖动而不会被沙子埋没，也不会被沙暴吹跑。在沙漠中，还要注意避免被“海市蜃楼”现象影响，当看到一些沙漠中反常的自然景观时，应该认真地分析其真伪，不能盲目地采取行动，以免浪费体力和精力。

三、雪地行进注意事项

（一）雪地行进前准备

在雪地行进，首先要准备救生设备，比如雪崩探测仪、接收器、小铲子、滑雪气囊等。其次要准备防寒保暖的套头大绒帽、保暖内衣、秋裤、羽绒服、高领厚羊毛衣、羊毛夹克、运动衣、防风防寒外套、雪地靴、袜子等。在雪地要戴套头大绒帽，能同时保暖颈部；最里层穿吸汗较好的保暖内衣和秋裤；第二层穿高领厚羊毛衣；第三层穿羊毛夹克和运动衣；外层穿带有帽子和拉链的防风防寒外套；脚上可穿雪地靴，可穿两双袜子，最好穿雪地防滑棉鞋或球鞋，鞋子防水性能一定要好。出门前，可准备一些治疗伤风感冒、清热败火的药剂以及缓解眼睛疲劳的眼药水。雪的反光能力很强，长时间处在广袤的银白雪域中，容易造成雪盲，应备好护目镜。在雪地中行进，穿戴上除了防寒，还要注意穿多层衣服，适当增减衣服，不穿戴过紧的衣物。

（二）雪地行进中的注意事项

徒步在雪地中行走时，要做到“高抬腿、轻挪步”，防止摔倒或扭伤，必要时还可以扎上绑腿、戴上套袖以防止灌雪。当积雪较深时，可以用树枝或者是雪杖来充当拐杖辅助前进。对于陌生的地形更不能盲目前进，应该先用一个“拐杖”在前方探路，待查明地形后再前行，防止掉进雪坑或者悬崖。要选雪硬的地方，不要走有裂缝的地方。几人同行时，可以用绳子相互连接，一人先在前面探路，后面的人通过绳子保护前面人的安全。在雪地登山的每一个登山者都必须熟练、可靠地掌握各种情形下的自救。可以在愈来愈陡、愈来愈硬的雪地上进行练习来确定每个人的极限。长时间行走也可以自制雪橇节省体力。途中休息时，多用温水洗脚。遇到暴风雪，可以临时躲在与雪峰垂直的雪洞内，不要用木炭或火炉生火，防止一氧化碳中毒。一般来说，河面冰层的厚度要达到15厘米才比较坚固。如果河面已经封冻，那么在决定在其表面通过之前，一定要试探一下其牢固程度。为了减轻对冰面的压力，可以将携带的物品用绳子系好后架在树干上拉动通过，必要时还可以采用爬行的姿势通过河面。在冰上行走时，步伐不宜太大，脚步不宜抬得过高，可以小步挪动通过，为了安全起见，还可以用双手分别拿一根树干当作拐杖平稳地通过。一旦发现气温升高，冰面开始解冻，就千万不要再试图冒险通过。在冰雪游乐场内，工作人员都会划出安全冰域，切记不要越出规定范围。流动水、水底有植物的水面、被污染的水面结成的冰都比较脆弱，尽量不要到这些地方玩耍。出现雪盲后，要在黑暗的地方用纱布蒙住双眼，用冰敷额头及眼睛缓解疼痛，直到症状消失。在雪地里面，手、脚、耳和鼻很容易冻伤，要经常揉搓易冻伤的部位以促进血液循环。被冻伤后，先用温水浸泡或者热敷伤处，直至伤处恢复血色为止，然后在伤处涂抹冻伤膏药后用干净纱布包好。千万不要用烤火或者擦冰的方式使冻伤处升温，也不要挑水疱。雪地里行进，口渴时不要直接吃雪或冰。

（三）遭遇突发情况自救

在积雪的山谷中行走时要尽量靠近山谷中心线，以避免被滚石砸伤。不要接近雪檐，更不要在雪檐下行走，因为雪崩随时都有可能发生。在高山雪地，倾斜度为20～60度的悬崖处，雪崩比较容易发生。连续降雪24小时后，雪崩发生的可能性更大。如果大雪纷飞了好几个小时，则应该停止前进，寻找一个安全的地方等待雪停后再出发。大雪过后，如果天空开始下雨或者是气温突然升高，融化的雪水会使悬崖峭壁变得更加湿滑，雪崩发生的可能性也会增大。如果下起了暴风雪或者是刮起了大风，可能会导致雪崩，也会使人很难辨清方向，甚至导致迷路，而且在大风中行进会消耗大量的体力。当出现暴风雪或者是狂风四起的时候，应该坚决停止前进，并且不要在悬崖下、陡峭的山谷中以及积雪较多的山的背面停留。雪崩是由音响、震动或雪块滚落诱发的，雪崩前有声响、有雪滚落。遇到小规模雪崩，尽可能抓住周围任何固定的东西；遇到较大的雪崩，应朝侧下方跑（丢掉笨重物品），避开雪崩下落的方向；雪崩速度过快，无法逃脱时，闭口屏气是唯一的选择；跌倒或者翻滚时，用双手保护头，营造最大的呼吸空间，尽量抓住树干或者其他安全物体；一旦被雪埋住，尽力自救、尽全力冲出，否则就会被冻住。如不小心滑落，两腿要迅速挺直分开，脚趾扣入雪中；边滑边用手上的冰镐等工具插入雪地，以增加摩擦、减缓速度；掉进雪坑后应静静等待

冰窟救援

救援，挣扎只会掉得更深。如果不慎掉进冰窟窿，要大声呼救，同时不停地用双脚踩水、用双手划水，以保持身体的活力，以免冻僵；要冷静判断冰面情况，打碎较薄的冰面（但要防止划伤），尽量向岸边移动，以寻找能够支持自己体重的冰面；遇到结实的冰面时，双手扶住冰面，双脚用力向后蹬，让身体渐浮出水面，不断向前，慢慢地爬上冰面；爬上冰面以后，不要立即直立身体，应躺在冰面上向着岸边方向就地滚两圈，以减少身体对冰面的压力，防止冰面再次破裂；安全上岸后，在没有得到保暖之前，要不断活动，以保持体温，增加生命的活力。发现有人掉进冰窟窿时，不要立即冲上前去营救，以免踏碎薄冰，跟着落水；可以将较长的绳子、树枝等的一端递给落水者，确保自己站在安全区域内，再用力将落水者拉出水面；如果水塘不大，或者冰面不宽，可以设法在两岸拉起一条绳子，让落水者抓住绳子自己回到岸上来；如果身边没有绳子，可把大家的腰带、裤子或衣服连成“绳子”递给落水者，慢慢地把落水者拉到冰面上。被暴风雪困在车里，方向和道路辨识不清时不要轻易开车；可以在天线或者木棍上系红布等鲜艳物品，夜晚让车灯亮着；每小时开动发动机不超过10分钟，保持暖气开放，隔一段时间打开窗户释放一氧化碳；在车内要活动身体，拍打身体，保持清醒不要睡觉；积极向外界求救，白天可以用树枝、石块等现场材料摆出求救信号。如在茫茫雪海或在夜晚，可摆放三堆柴火，可以利用周围材料搭建避寒的居所、雪洞。

（四）冻僵和冻伤预防及简易处理

遇暴风雪时，颈部、脸部最好用围巾围住，并扎紧袖口、裤脚，防止风雪吹入。在疲劳、饥饿时，切忌在雪地上坐卧，以免昏睡过去。随时活动面部肌肉，如做皱眉、挤眼、咧嘴等动作，经常用手揉搓面、耳、鼻等部位。在冰雪环境中，要特别注意保持鞋袜干燥，出汗多时应及时更换或烘干鞋袜。如果发现自己皮肤有发红、发白、发凉、发硬等现象，应用手或干燥的绒布轻轻摩擦皮肤以促进血液循环，减轻冻伤程度。寒冷环境下身体静止不动或疲劳时要注意保暖，不要站在风口处，要时不时活动四肢；在运动间歇或结束后要及时穿好衣服；在饮食中适当补充含蛋白质和脂肪较多的食物。进入高寒地区之前，应进行适应性训练。

冻伤的手可按在腋窝下加温，冻伤的脚可放在同伴的怀里或腋窝下加温。如果冻伤情况严重，要立即回旅馆将冻伤处放在温水中浸泡以恢复温度。水温太低时效果不好，温度太高易造成烫伤，应以与人体正常体温接近为宜。复温速度越快越好，以免引起冻伤并发症。发生冻僵时应将受冻者移至温暖环境或者热炕上并裹在被褥中保暖，用温热的毛巾、热水袋给其加温。如不能迅速转移到温暖环境，最好相互抱团取暖，用体温使相互暖起来。在脱去衣服时，如果手套、鞋袜已冻在手、脚上，不可强行脱掉，要浸入温水中待解冻后再脱下。搬冻僵者时手脚要轻，以防折断或者扭伤冻僵的肢体。恢复体温后，可为其做全身按摩，促使血液循环；清醒后，如果条件允许可给他喝些热饮料，如热茶，并继续保暖，以防止体温再次下降。

（五）雪盲症的应急处置

雪盲症即“电光性眼炎”，是由于眼睛受到雪地反射的强烈的紫外线刺激而引起角膜和结膜上皮细胞损伤、坏死、脱落，造成的角膜混浊、视物模糊或暂时性失明症状的一种急性眼病。雪盲症患者常双眼同时受侵害，患者出现眼睛畏光、流泪、刺痛、好像有沙子在摩擦眼睛、眼皮红肿、短暂视物模糊甚至暂时失明等症状，特点是眼睑红肿、结膜充血水肿、有剧烈的异物感和疼痛感觉。在雪中行走，不要老盯着雪，多看看绿色植物。

一旦发生雪盲症，患者可以进行自我急救，必要时寻求医生救治。如果不慎出现雪盲的症状，千万不要用手揉眼睛，必须即刻戴上防护眼镜保护眼睛，防止其持续或再度损伤；应立即远离照射源，居住在暗室，摘除隐形眼镜，减少角膜受刺激和感染的机会；立即用清洁冷水或丁卡因等眼药水进行眼部清洗，以及用冷毛巾在眼部进行冷敷；用眼罩或其他物品（如干净的手帕、清洁的消毒纱布等）轻轻冷敷眼睛，尽量闭目休息，避免勉强使用眼睛。没有防护镜时，用树叶或纸片打孔买，自制一个小孔眼睛，也能阻碍很多阳光。这些救治措施须持续24～48小时，直至眼部刺激症状完全消失。雪盲症如得到及时治疗一般不会留下眼部后遗症，恢复后视力也不受影响。一般雪盲症的症状可在24小时至3天消失，稍微严重的症状通常需要5～7天才会消失。有雪盲症病史的人在雪地中稍不注意就会再次发病，并且症状会比之前更加严重。多次雪盲症会对人眼造成不可逆的损伤，引起视力衰弱和其他眼疾，还会引发眼底黄斑区的损伤，严重的甚至导致永久性失明。

四、海滨及岛屿行进

沿海水域生长有海藻、鱼类、鸟类、各种软体动物以及浮游生物。在被风侵蚀成暗褐色的、潮水涌不到的高处海滩上生长着许多植物，有时还可以在这里寻找到淡水。在水流缓慢的江河入海处，有各种富含有机养分和多种矿物质的沉积物，形成了宽阔、平坦的泥滩，在这里生活着多种蠕虫、鱼类和其他软体动物，可为野外生存提供较为丰富的生活资源。

在海滨行走时，一定要特别注意观察海水的涨潮水位，确保自己不会被潮水切断道路或围困住。每一次的海水涨潮，不仅仅是对海岸的冲刷，它还会带来许多有价值的漂浮物，其中有的可以吃，有的可以用来当作燃料。海滩上可以积水的小沙坑里可能会有多种海洋生物，海边岩石上也可能会吸附着多种有壳类软体动物或者是生长着野草，岩石的缝隙间常常会有章鱼和其他多足类动物藏身，鸟类有时还会在风化的岩石里落巢。海边天气变化比较频繁，有时可能会突然下起大雨，有时可能会突然刮起海风，对于天气的估计要有预见性，如果没有必要，最好是不要下海游泳或是站在海边的岩石上，因为突然刮起的海风可能会使你来不及上岸或被吹进海里。但若真的被大风吹进海里、被巨浪卷入海中或者是被海水围困时，千万不能惊慌，一定要保持镇定，这是逃生的关键。在海里游向岸边的过程中，一定要学会顺着海浪前进，万不可与海浪硬抗，那只能精疲力竭而沉入大海。

如果被围困在岛屿上，由于生活资源匮乏，生存问题将受到严峻的挑战，还将会有一种很强烈的被隔离的孤独感。在岛屿上行进将面临生理和心理双方面的考验。在岛屿上，首先应该登上最高点大致了解一下全岛的地形地貌，如果有可能，还应该绘制一张粗略的地图。如果发现曾经有人在这里居住过，可以将其遗居进行简单的整修后作为自己的宿营场所。若未曾有人居住过，应该尽快找一个相对比较安全的洞穴，安置好栖息场所。彻底地搜索岛上所有可以利用的资源以保证生活的正常运转是十分有必要的。岛屿上通常比较缺水，可通过蒸馏海水、淡化海水、收集雨水、收集露水以及采集地下水等各种方法取得淡水。在有的岛屿，尤其是热带岛屿上，还可能会有椰子树或者是其他含水的树木生长，应该及时地发现并利用它们。如果处于群岛之中，当一个岛屿上的资源即将耗尽之时，可以考虑向另一个岛屿转移；天气暖和时，可以直接游渡到距离较近的岛屿上；天气较冷时，可以用一些枯死的树木捆绑在一起制成木筏，趁着风平浪静划到另一个岛屿上。无论采取哪种方法转移，在转移之前都应该认真地观察一下未来可能的风向及天气，千万不能逆风而行，更要尽量避免在途中遭到海风或者是海浪的袭击而发生不测。

五、海上突发事件应急处置

登船后第一件事是熟悉逃生路线，查看救生设施位置，搞清楚船只各类报警信号。

（一）船上突发事件自救

海上出行前要注意天气预报和各种预警提示，小心船只可能发生火灾、碰撞、沉没等事故。船只发生火灾，要保持镇静，听从导游和有关人员的指挥，迅速有序地前往主甲板、露天甲板疏散，然后借助救生器材向水中、救援船只上逃生；当船上大火封锁楼梯，上层人员可以疏散到顶层通过救援飞机或者下放绳缆等方式逃生；船舱着火时，舱内人员逃生后应随手关门，防止火势蔓延，并提醒友邻旅客疏散；若火势已窜出房间封住内走道时，应关闭内走廊房间，从左右船舱的舱门逃生；撤离时，用湿毛巾衣物捂住口鼻。轮船被撞击时，船上人员应迅速离开碰撞处，避免被挤压而受伤；同时迅速紧握固定物，防止摔伤；当听到沉船报警信号时，应立即穿好救生衣，按紧急疏散图方向离船，听从指挥依次登上救生艇离开；逃生时最好背上一个防水应急包，携带救生衣以及必要的水和食物。如船马上要沉没或者爆炸，要准备跳船；跳船要在船的逆风侧，最好在船头，避开螺旋桨；左手紧握救生衣右侧，上臂夹紧，右手五指并拢捂住口鼻，双脚并拢，身体垂直，头朝上、脚朝下起跳，落水位置尽量离船远一点，以免被漩涡吸入；水面有油起火时，在上风侧深吸一口气，一只手护住口鼻，一只手保护眼睛，垂直跳入水中；入水后换气时，先拨开水面火焰和油污，换气后再下潜。

（二）弃船后的自救

1.弃船前准备

船只下沉前做好物资和防护准备十分重要，这也是能否生存的关键。船上一般都配有救生工具和信号工具，特别注意有无浸水保温服。随时背上背包，也可作漂流包，最好能防水。当遇到风浪袭击时，不要慌乱，要保持镇静，不要站起来或倾向船的一侧，要在船舱内分散坐好，使船保持平衡。若水进入船内，所有人要听从工作人员指挥全力以赴将水排出去。若船往下沉较快时，要保持镇静，迅速清点好拿到浮舟上去的备用品，将火柴、打火机、指南针、手表等装入塑料袋中，避免被海水打湿。时间来得及，在脖子上挂个哨子，带上手电或闪光弹。弃船警报信号为一分钟连续鸣笛，七声短、一声长，所有在船人员听到警报后要立即穿好救生衣，按各船舱中的紧急疏散图的图示方向集合弃船。可利用内梯道、外梯道和舷梯逃生，在船舱的人员可利用尾舱通往上甲板的出入口逃生，听从指挥依次有序登上救生艇（筏）离船。向船前部、尾部和露天甲板疏散，必要时可利用救生绳、救生梯去向水中或来救援的船只以逃生，离水面不高时也可穿上救生衣跳进水中逃生。撤离前尽可能多穿衣物，穿防水保温衣物更好，穿上厚袜子和鞋，戴上围巾和手套。无论什么季节，海水中的温度都比空气中要低，夜晚尤其寒冷，穿戴较多衣物可以使身体皮肤和海水之间有层缓冲，穿戴完毕后再套上救生衣。下水前要迅速穿上救生衣，两手穿进去，将其披在肩上，将胸部的带子扎紧，将腰部的带子绕一圈后再扎紧。下水前后如来得及，尽量去掉假牙、隐形眼镜。

2.弃船时注意事项

如果风浪太大无法放下救生艇，则可以到轮船逆风的一侧，否则强风可能会将人直接吹入海中。如果无法直接登上救生艇或者救生艇已经远离时，可以选择跳水离开，入水后要尽快游离失事轮船，因为下沉的轮船容易形成漩涡，把人卷入。来不及乘救生艇而需要跳水时，要选择迎风的一侧离船，因为船可能比人漂流得快，而且要尽量从船身高的一侧下水，因为船可能在游离之前倾覆。千万不要在船身低的一侧下水，以防被船体压入水下难以逃生。跳水前要先观察水面，确认无落水者、无障碍物，尽可能选择在上风处、远离船舶的破损缺口处跳水。如果没有救生衣，可向水面抛投大块泡沫、空木箱、船舱木板、木凳等漂浮物作为救生用具。跳时要深吸一口气，用手捂住口鼻，眼望前方，双腿并拢伸直，脚先下水。不要向下望，防止身体向前扑进水里受伤。如果船甲板距离水面较高，不宜直接跳水时，可以到轮船的船尾和船头，这两处距水面较近。如果轮船的螺旋桨仍在转动，切记不要从船尾入水。跳水前，如果穿着的是橡胶充气救生衣，入水后先不要给救生衣充气，有的是自动充气有的是手动充气，要分清；如果穿着的是木棉救生衣，要在跳水前将所有拉绳都系好并且拴牢；如果穿着的是软木救生衣或者软木救生圈，为避免跳水时受伤，则需要先将救生衣和救生圈扔下去，然后再跳水。穿救生衣跳水时，要双臂交叠在胸前，压住救生衣。

3.落水后的自救

落水后及时寻找漂浮物，同时可以采取呼喊或摇动色彩鲜艳物品等方式向岸上发出求救信号。

（1）如果发生翻船事故，木制船只一般是不会下沉的，要立即抓住船舷并设法爬到翻扣的船底上。玻璃纤维增强塑料制成的船翻了以后会下沉，但有时船翻后，因船舱中有大量空气，能使船漂浮在水面上，这时不要再将船正过来，而应爬到上面等待救助。要尽量使其保持平衡，避免空气跑掉，并设法抓住翻扣的船只。当有救助船只或过路船艇接近时，应利用救生哨、信号灯、燃烧的衣物、手电筒等求救，设法引起对方注意，尽早获救。

（2）在水中漂浮时，如果没有现成的浮袋或救生衣，应该利用穿在身上的衣服做浮袋或救生衣，但应注意不要将衣服全部脱掉以保持正常的体温。要在踩水的状态下，用鞋带、皮带、领带等将衣服的两个手腕部分或裤子的裤脚部分紧紧扎住，然后将衣服或者裤子从后往前猛地一甩，使其充气。为了不让空气漏掉，应用手抓住衣服下部或者用腿夹住，然后将它连接在皮带上，使它朝上漂浮。不要在水中拼命挣扎，应仰起头，使身体倾斜、放松，就可以慢慢浮上水面。浮上水面后不要将手举出水面，要放在水面下划水，使头部保持在水面以上，以便呼吸空气。值得注意的是船上的坐垫、枕头都应是可以当漂浮物的。如有可能，应脱掉鞋子和易吸水的重衣服，寻找漂浮物并牢牢抓住。发现岸边有人时，应向岸边的行人呼救，并自行有规律地划水，慢慢向岸边游动。

（3）出现肌肉痉挛现象时，落水者千万不要慌张，而应改变原来的游泳姿势，深吸一口气，将头向前弯入水中，四肢放松下垂，慢慢用力按摩痉挛部位，还可以在水中尽力拉伸痉挛部位，从而得到缓解。

（4）如果离岸较远不要试图靠岸或者逆流游泳，这些只会消耗体力。如果落水后不能很快游到岸边，则先要保持身体浮在水面上，节省体力，然后再等待时机求救。求救时可以大声喊叫，拍击水面或者挥舞手臂，都能引起过往船只和人员的注意而获得救援。注意，挥舞手臂求救时只能挥舞一只，如果同时挥舞两只手臂则可能造成身体下沉。

（5）如果因为沉船或者飞机失事而落入海中，应迎着风向游泳，避开轮船或飞机残骸，并且远离泄漏的燃油和易燃的废弃物。若海面已经起火，则需要遮住鼻子、眼睛和嘴巴，采用向前俯泳的姿势立刻潜入水中；浮出水面呼吸时，要使身体的上半部分浮出水面，当上浮时，手要大幅度挥动，用水花驱散火苗；吸气时尽量顺着风的方向，呼吸完后继续在水中潜泳，直到远离燃烧区域；如果水面被燃油污染，呼吸时必须将头部高高抬出水面，避免燃油进入口鼻和眼睛。

（6）选择好上岸地点之后，要选择在一个大的波浪碎成小一点的浪花之后，跟在碎浪花后面前进。如果跟在波浪后面没有能够到达岸边，当下一个波浪来临时，再上岸。如果岸边有许多岩石，或者浅水区有暗礁，在穿越岩石或暗礁时，应面朝岸边，双膝微屈，并拢双脚，脚朝前，使身体放松呈坐姿，以减缓撞到岩石或者暗礁上的冲击力。在长满海草的背风面，海水会平静得多，上岸时可以利用这一点，不过要从海草上面慢慢游过去，前进时抓住海草往下划水，防止被海草缠住。

（三）海上漂流生存常识

登上救生艇后，要检查所有人的身体状况，如果有需要，应进行应急处置。要检查救生艇上的工具箱，查看底塞是否塞好，确保所有设备安全，迅速学会操作。检查救生艇是否有漏气或者可能会被磨坏的地方，确保主浮舱气体充实。检查照明灯、烟火、无线电收发机以及日光电器等所有可以发射信号的装置，按照操作说明向外界发射求救信号，确定所在方位并等待救援。艇上每一件工具都是救命工具，要分工保管好。迅速打捞食物、饭盒、热水壶以及其他容器、衣服、坐垫、降落伞以及其他任何对求生有帮助的东西，并将打捞上来的物资固定在救生艇上。要统一保管分配食物和水。要防止物资、工具刺穿救生艇。

1.水是生命的第一需要

（1）无论在何种条件下都不能喝海水。水比食物更重要，尤其是漂流在大海上时因直接遭到太阳暴晒，水分流失会更快。找两个容器，其中一个装入海水放入另一个容器中，在外部容器上封上塑料膜，经过阳光的照射可以得到淡水。淡水短缺的情况下，还可以将捕到的鱼小心地切成两半，鱼体、脊椎都可食用，并可以吮吸鱼眼部位的液体，但不要吮吸其他部位的。海龟的血也可以补充水。若救生艇上有太阳能蒸馏器，要先阅读使用说明，然后再固定并设置好。海上的雨雪天气是收集淡水的最好时刻，可以将帆布或者其他防水布展开，用来承接雨水和雪水，这样可以比用容器收集到更丰富的淡水量。随时注意有无轮船上漂流出来的水可利用。

（2）在海上漂流时，即使有大量的淡水储备，也要按计划定量用水。在无法补充消耗的淡水储备之前，只能按照每人每日的最低需水量分配，直到救援来到之前都不能放松使用计划。减少身体自身的水分流失可以有效地节约淡水资源，海风和海水可以帮助身体降温以减少出汗。如果天气太热而且缺少遮蔽，在确定水域安全的情况下，也可以直接下水降温。下水前一定要系好救生衣，下水后要小心危险鱼类的袭击，一旦受到攻击，要立即回到船上。

（3）饮用淡水时要先将水分在嘴唇、舌头和咽喉部位润湿一遍，然后再喝下。第1天，可以不用饮水，因为身体储存的水分还可以维持正常需要；第2～4天，在条件允许的情况下补充400毫升左右的水；第5天及以后，每天饮用55～225毫升的水即可。节制饮水的情况下不宜饮用过多或过快，突然暴饮容易造成呕吐。每个人应把每天的水分成三等份进行饮用。尽可能将容器内装入更多的水，但要小心在剧烈晃动的波涛中海水溅入容器中。

2.防晒很重要

对于在海上漂流的求生者而言，最大的危险来自阳光，暴露在外的身体容易被强照的光线和海水反射的光线灼伤，还可能使脱水的症状加重。

白天睡觉时，要盖好身体避免暴晒，防范海上觅食的鸟。海面上的紫外线非常强，不要因热而脱掉衣服，反而要尽量穿上长衣、长裤避免晒伤。如果是在炎热的天气中，可以脱去不必要的衣物，但要保证遮盖住全身皮肤。如果有防晒霜，可将防晒霜涂抹在皮肤上，尤其是眼皮、耳朵后面以及下颚下方，这些地方的皮肤很容易被日光晒伤。为避免强光伤害眼睛，要戴上太阳镜，如果没有太阳镜，可以在纸板、木头、树皮或其他可用材料上切两道裂缝作为简易替代品。利用合适的材料，如用帆布或油布制作风挡和遮阳，也可以在救生艇底部铺上帆布用以保暖。

3.从海中寻找食物维持生命是关键

根据一般原则，在最初24小时内应该避免喝水、吃饭，培养自己节食的耐力。应急的食物一定不要轻易拿出来食用，食用时也只能一口咬一点，尽快适应少量的食物以维持生存。记得把食物分成每天要食用的分量，不要吃坏掉的食物。如果橡皮艇上没有食物，可以制作鱼竿钓鱼，鱼通常躲在海草丰富的地方。把海藻拖到船尾，还可捕到许多以海藻为食的小生物。如果食用海藻，每次只能进食极少量，因为海藻不容易消化、吸收，还会消耗人体内的水分。

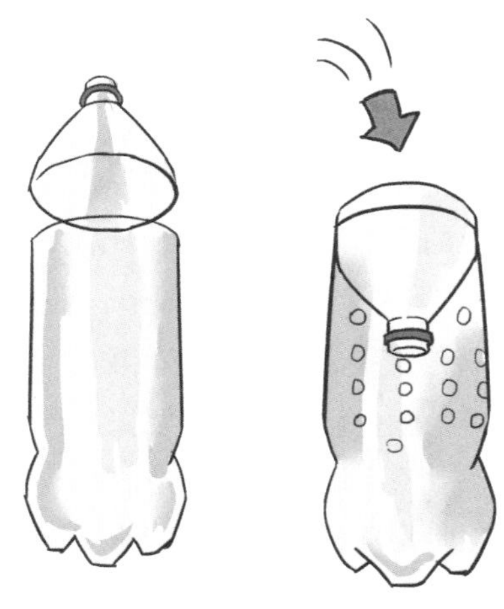

塑料瓶自制鱼笼

可以用小折叠刀、锯齿状金展片或电线等做鱼钩，用明亮的小金属物或船舷边的微小生物等做鱼饵，然后进行钓鱼（钓鱼在陆地也是解决食物短缺的一个好方法）也可以用抓到的鱼的内脏或腐肉做诱饵。不要徒手操作鱼线，也不要将鱼线绑在手部或是系在救生艇上，因为积存在鱼线上的盐分颗粒会使鱼线变得锋利，容易划伤手或磨破救生艇。

有些鱼或者海龟为避开阳光照射，会被救生艇的阴影所吸引，聚集在救生艇四周和底部，如果有渔网的话，可以两人抓住渔网两端，从救生艇龙骨的一侧向另一侧推动，收获会很大。还可以用船上工具，制作简单捕鱼网。在晚上，有些鱼可能会跳到救生艇上，成为现成的食物。可以用手电筒照射水面吸引鱼类，还可以用一面镜子或者镀箔的金属片等将月光反射到水面上，吸引它们过来。要尽量戴上手套或者在手上包裹布片，以防被刺伤，因为海鱼大都有锐利的鳍或鳃。在海上，如果捕获的鱼没有吃完，很容易就会腐烂，尤其是在热带地区，要随捉随吃。在寒冷地带，如果日照充分，可以将鱼肉在阳光下晒干保存，注意晒干前要将内脏清理干净，尽量不吃动物内脏。

4.海上漂浮注意事项

跳水后，要先往救生艇游过去。如果没有救生艇，可以找失事轮船或飞机的残骸或者其他漂浮物，攀附在上面，放松身体。救生艇的承载重量是有限定的，应当让体弱、年幼人员先上，其余人员均攀附在船的两侧。

如果没有登上救生艇，应抓住漂浮物让自己漂浮，以节省更多体力。海水温度低，要蜷曲身体，保持体温。如果掉入的海面比较平静可以仰泳，有波浪的海面用蛙泳。人仰面、背朝下平躺在水上所消耗的能量最少，放松身体，手臂放在身体两侧，用手掌拍打水面，这样可以使脸部露在水面之上；另一个保持漂浮的方法是脸朝下，双臂伸展开来，双腿指向水底，呼吸的时候，双手往下按水，将头抬出并呼吸。保持乐观也是一种生存技能。不论情况多么恶劣，一定要相信会有人来救，很多被救的人都是在漂流几个月后才获救；不论状况有多么糟糕，也一定要冷静、镇定，调整好呼吸状态积极应对，这是求生最重要的。

5.救生艇的使用注意事项

进入救生艇前尽量不要把自己弄湿，要尽快舀出救生艇内的积水，保持艇内部干燥，寻找合适的材料建造防水篱，防止水花或波浪溅入舱中。要随时小心查看救生艇，防止翻艇和进水。应避开流冰、小浮冰或者那些看上去明显在分裂的浮冰，用桨或用手使救生艇和冰的边缘保持一定距离，以免艇身和冰摩擦。注意拖锚的缆索应包裹起来，以免擦坏救生艇。如果周围有其他救生艇，应将几个救生艇系在一起。发现搜救飞机时，可将所有救生艇拉到一起，增大搜救目标，好让救援人员发现。如果遇到暴风雨天气，应立刻装上天棚和风挡，尽可能使救生艇内所有的人能坐着，最重的人要坐在船中间。救生艇一般配有各种救 生工具，要迅速了解，学会使用。

登陆时，首先要选择好登陆点，即救生艇方便靠岸或者方便直接游泳到可以顺利登陆地方。乘坐救生艇上岸不要试图迎风冲上岸，要尽量在岛屿的背风面登陆，或者四面观察，寻找一处倾斜的海滩，那里的浪花会小一点。救生艇的锚是调整方向，稳定救生艇的重要设备，要学会使用。如果必须穿过浪花才能到达岸边，应先放下救生艇的桅杆并安装到船尾处，将拖锚的绳子放到最长，用桨不停调整船锚的位置，尽量使绳子拉直。这样能使救生艇一直朝着海岸的方向，并且能够有效阻止海浪从船尾将船掀翻。接近海岸时，先将救生艇冲上一个大一点的海浪，然后用力划水向岸边前进，尽量跟着这个海浪划得越远越好，一直到救生艇触碰到了地面才能跳下。对抗强大风浪时，必须迅速抛出海锚尽可能让救生艇以最快的速度冲过浪尖，避免救生艇被大浪抛上抛下。如果海浪强度适中并且没有风，那么救生艇冲上海浪时速度最好不要太快，否则过了浪尖之后它会突然下降，发生倾覆危险。穿过浪花最好的办法是把所有人分成两组，面对面坐好，当浪花冲过来时，一半人划船直到冲过浪尖，然后另一半人接着划向岸边，直到另一个大浪冲过来。不过不要轻易行驶救生艇，除非看到陆地就在附近，而且是顺风，否则应尽量保持救生艇顺着风向自动向陆地漂移。

有条件可以用防水的油布或一两张厚厚的降落伞布来做一张帆，利用桨做桅杆和横木。如果救生艇上没有桅杆插孔和桅座，可以将桅杆牢牢绑在救生艇前面的座位上，用东西垫在桅杆底部防止磨损或刺穿救生艇。可以用鞋来做桅座，将一只鞋的前端插入座位底下，用鞋的后跟部分当桅座用。在恶劣的天气中，一定要在船头深放海锚；所有的人都要低下身体，用重量压住救生艇，尤其是救生艇迎着风浪的那边；不要坐在救生艇边上，不要站起来，不要乱动，所有人要坐稳，努力使救生艇保持平衡，以防救生艇发生倾覆。可以用绳子把人和艇连起来，防止人落水里上不了艇。如果救生艇翻了，可以用救生艇底部的扶正手柄将其重新扶正；尽力调整人和救生艇的方向，使人和救生艇都处于顺风的位置；救生艇扶正以后，如果有好几个人在水里，则需要一个人压住救生艇的一端，其他人逐个从另一端爬上去，也可以抓住座位用力将自己拖上去。

6.海上漂流应急处置

（1）皮炎和眼部炎症：长期在海上漂流容易出现皮炎和眼部炎症等。对于皮炎和眼部炎症，要避免阳光直射。坐在浮舟上时间过长会感到不舒服，坐久时要活动活动手脚，使臂上和肩膀的关节、腿部的肌肉得以放松。平时应注意保暖，尽量不要被海水打湿身体。

（2）排尿困难和尿频：排尿困难和尿频也是漂流过程中容易产生的病症，出现类似情况时，不必特意给予处理，否则可能会加重体液蒸发。

（3）海水疮：海水疮是由于皮肤上的伤口持续触碰到海水而引起的伤口溃脓。疮口可能会结痂鼓脓，不要试图揭开痂或者挤出脓水。如果有淡水，可稍微用淡水冲洗疮口，让伤口自然风干，然后在疮口上涂抹一些消毒剂。

（4）坏疽：持续浸泡在海水中，肢体会变得冰冷、肿胀、感觉麻木，并且外表呈现神经和肌肉受损，可能会产生坏疽，严重时肌肉甚至会坏死。避免这种情况发生最好的方法是保持双脚干爽，适当的运动也可以有效预防。夜间温度较低，休息时一定要盖好衣物，注意保暖，随时活动或按摩一下四肢，保持血液循环畅通。

7.陆地征象

在热带地区的海域，可能会产生“海市蜃楼”，特别是中午时，不要将“海市蜃楼”当成陆地。只要稍稍调整一下观望的高度，“海市蜃楼”就会消失，或者外观和高度发生改变。浅的礁湖水面或者珊瑚礁反射的阳光常常会使天空云层呈现颜色，人们俗称为“环礁湖光”。

在极地地区，如果云层中有较浅颜色的映象，那么很可能在其下面有冰面或者积雪覆盖的陆地。这些映象与开阔的水面在云层中造成的深灰色映象差别很大。比起在远海，陆地附近通常会发现更多的海鸟，黎明时分鸟儿飞来的方向以及它们黄昏时飞去的方向可能就是陆地的方向。但要注意单独一只海鸟并不是陆地出现的可靠标志，因为恶劣的天气很可能会造成海鸟脱离原来的飞行路线。如果视野内出现浮木、椰壳或者其他漂浮的植物，通常表明陆地极有可能就在眼前了。

（四）水上求救信号工具的使用

在水上遇险后，应有效地利用各种信号工具，要第一时间发出求救信号，通过一切手段将遇险的具体情况、时间、地点、遇险性质、所需帮助等和报警求救信号发送出去。一般可通过高频电话、卫星通信系统、应急示位标、单边带等船用救生设备发出求救信号，条件允许时，还可以直接用手机拨打中国海（水）上搜救专用电话12395。

搜救飞机和船一般很难在海里发现一个人或一艘救生艇。要利用手机来求救，其效果视手机的装备情况而定。普通手机只能拨打紧急求救电话。一些专门设计的手机除了拨打求救电话以外，也可以发求救信号。海上遇险时可通过船上装备的高频、中频数字选呼设备及国际海事通信卫星，向附近船只或岸站发出求救信号。准备火种和足够的木柴等，当发现有船舶或飞机经过时，及时发出易被察觉的求救信号，注意防止烧毁船上物品。在岛上，白天可燃烧潮湿的植物形成浓烟，此方法十分有效；夜间燃烧干柴，发出火焰也很有效；还可向海水中投放燃料。信号筒有白天用和晚上用两种方式，白天用的信号筒会发出红色烟雾，晚上用的会发出红色的光柱。防水电筒是一种小型的手电筒，可以在夜间发出信号。将颜色鲜艳的布绕在长棒的顶端作为信号旗使用。海上救生灯点着后靠海水来发光，可连续发光15小时。铝制锦纶布反光性强，从远处就能发现，而且也容易被雷达所发现。利用铁或闪光的金属物反射阳光，便于搜救人员发现。

（五）防止海洋动物袭击

海洋动物也是海上生存的一大威胁。海洋中的许多鱼类都有很强的攻击性，如好斗的梭鱼；体长近2米、有着尖利的牙齿的欧洲梭鲈；还有那些不知是否有毒的海蛇等。

1.鲨鱼

鲨鱼对漂流者威胁很大。大多数鲨鱼一般以动物为食，尽管鲨鱼的食物一般是健康的动物，但是它们更倾向于袭击受伤的或衰弱的动物。鲨鱼的嗅觉非常发达，水中的血液会使它们兴奋并将它们吸引过来，对水里传播的震动也非常敏感，受伤或垂死的动物在水里的挣扎，动作不协调的游泳者在水里的运动，甚至另一头鲨鱼接近猎物的快速、激烈的行进，都比血的气味更容易将很远的鲨鱼吸引过来。

在水中时身体不要裸露，不要穿白色衣服，白色容易招致鲨鱼攻击。如果附近水域有鲨鱼出没，尽量不要排便。如果必须要排泄小便时要将尿液一阵一阵地排出，使得尿液的气味在排尿间隙能够较快消散掉。如果必须排大便时，一次排出少量的大便，并且将大便扔得越远越好。如果发生呕吐，要吐在手上，然后扔得越远越好。不要在水里杀鱼、洗鱼，不要把垃圾扔到水里。为防止成群的鲨鱼被吸引过来，在水中时手脚击水的力度要均匀并规律。几个人围成一圈面向外侧观察鲨鱼的踪迹比起单独一人时能更好地避开鲨鱼。如果遭到鲨鱼攻击，可以做投掷动作挥动手臂，同时脚向外踢，以阻挡鲨鱼攻击；还可以将手团成杯状，用力敲击水面发出巨大声响或面向水面高声喊叫，可能会吓走鲨鱼。单独一个人遇到鲨鱼时，要尽量随时与鲨鱼保持垂直位置，有节奏划水远离。对付鲨鱼时，要击打鲨鱼鳃部或者眼睛，如果有刀子，则要尽量扎入鲨鱼的鳃部或者眼睛中。不要用手击打鲨鱼的鼻子，因为手臂可能会滑过鼻子撞到它的牙齿从而使自己受伤。在救生艇上遇到鲨鱼时不要把手伸到水里，要将手脚以及装备都放到救生艇里面去，保持安静，尽快停止一切活动。如果鲨鱼数目众多，那么最好一直等到鲨鱼离开后再活动。如果鲨鱼试图攻击救生艇，则需要用周围能找到的任何东西击打鲨鱼的眼睛。

2.有毒鱼类

那些聚集生活在珊瑚礁石附近的鱼类大部分有毒，有些鱼类全年都具有毒性，有些鱼类则在一年中特定的时间里具有毒性，捕食鱼类的时候一定要注意分辨和判断。

有毒鱼类的毒素遍布全身，尤其是肝脏、肠道和卵巢中含量较高。发现有异味的、畸形的鱼千万不要食用。有毒鱼类体内的毒素一般为水溶性的，即使煮熟也无法被去除，而且这些毒素大多是无味的，也无法通过品尝的方法来鉴别。误食有毒鱼类后，毒素会引起嘴唇、舌头、手指和脚趾的瘙痒和麻痹，产生恶心、呕吐、眩晕和口吃等症状，并伴有严重的温度觉障碍，即在触摸热的物体时会感觉很冷，而触摸冷的物体时反而会感觉发烫，中毒严重的还可能会全身瘫痪甚至死亡。有些鱼类不仅不能食用，就是触碰了都可能会沾染到毒素，发生危险。生活在珊瑚礁附近的蟾鱼，脊椎带有毒性，接触后虽不至于致命，但会产生剧烈疼痛；触摸海蜇后有灼烧感，让人难以忍受，而且一旦被海蜇缠住，挣脱过程中易受伤；虹鱼的尾巴上长有带毒的触须；鳗鱼则全身携带电流，触碰后可能会导致休克。

（六）对落水人员的营救

发现落水者后，应立即设法营救，优先考虑放下救生艇或者抛给落水者救生衣，以免发生意外。救生艇靠近落水者后，不可将船头对准落水者，以免发生撞伤。可以抛根绳子，待落水者接住后将其拉到艇边。如果落水者虚弱无力，需要跳入水中进行救援，救援者可以直接将落水者托上艇舷，也可以用绳子套住落水者身体，由艇上的人将落水者拖拽上去。落水地点距离岸边较近的情况下，首先要尽量利用岸上的营救器材和设施进行岸上营救。如果在岸边或桥上发现有人落水，若距离较近，可以找一根绳子或者棍子直接抛给落水者，然后将落水者拖拽到岸边。如果落水地点不是很深，救援者可以在岸边将一根绳子系在自己腰间，然后找一根棍子，涉水接近落水者，再小心将落水者拖拽至岸边浅水处。发现落水者后，救援人员应先跑到岸上距离落水地带最近的地方，需要先迅速脱掉多余衣物和鞋子，同时确定落水者的方位。救援人员应用最擅长的泳姿，保持适当的速度和节奏向落水者游去，以保存体力。救援过程中，救援人员要与落水者保持适当的安全距离，等落水者挣扎减弱后再施以营救。救援人员应从落水者的背后接近，以免被对方突然抓住或抱住。落水者被营救上岸后，救援人员要首先对落水者进行胸腹控水，打开落水者口腔，确保其不会发生窒息。若落水时间太久，落水者心跳停止，则应立即进行心肺复苏，然后再进行其他方面的救治。

小提示：无论在海上、沙漠，还是雪地、丛林，脖子上围一根汗巾，可以吸汗、防晒、防蚊虫。

六、野外渡河注意事项

山区的河流水流湍急、水温低、河床坎坷不平且水性变化大，要比平原、森林、草原地区的河流更加难以涉渡。在一些地形不熟悉的地区，对于河流的深浅、河底的地形以及水流的变化规律等都可能不了解的情况下，贸然渡河很可能会潜藏着无法预知的危险。渡河时，应该把安全因素放在第一位，然后才能考虑具体的渡河方法。

（一）选择正确的涉渡点

每一条河流的宽窄和深浅都是不同的，同一条河流的不同地段也会有不同的宽窄和深浅，还要看是否有漩涡，这就为涉渡提供了选择的余地。可以站在地势较高的地方或者是树上眺望并选择最适宜渡河的地点。在决定涉渡点之前，可以沿着河流行走一段，如果发现了其支流，可以考虑从其支流选择一个涉渡点。因为支流一般较浅、较窄，相对容易渡过。河对岸的地形也是应该认真观察的内容，如果对岸的地形不便于涉渡之后顺利上岸，就应该果断地选择下一个涉渡点。最好是在河流的上游选择一个河岸缓斜或者是有沙的地方作为涉渡点，斜着向下前进，这样就算是不小心摔倒，也可以重新顺流登岸。若是水流速度较快，在选择好涉渡点以后，应该从稍微偏上游的地方开始涉渡，这样就不会因为水流造成的位移而影响登岸。有淤泥的河一般不要过，可用木棍探一探河中间是否有淤泥。

（二）涉渡河流注意事项

在下水之前，应该先试下水的温度，如果水较凉，就必须进行必要的准备活动，使身体充分地舒展开以后再下水。为了确保不会因为水温差异而导致肌肉痉挛，可以先下河适应几分钟，待身体完全适应后再前进。

涉渡时，为了保持身体的平衡，可以用一根竿子支撑在水的上游方向。在集体涉渡急流时，应当三或四人纵向结成一排，向斜上方向缓慢移动，彼此环抱腰部，并让身体最强壮的人处于上游方向。如果是山间急流且水深过腰，千万不能冒险涉渡。

涉渡时，要始终穿上鞋子，这样既可以避免尖石划破脚底，又可以更好地保持平衡，稳定脚跟。如果对于水的深度没有把握，可以用竿子先探一下路。不用过多地考虑身上携带的重物，在水的浮力的作用下，它们基本不会给渡河带来困难；但如果突然失去平衡，就应该立即设法将它们扔掉，否则可能会沉入河底。

涉渡冰河（湖）时，最好是以爬行的姿势通过，身上的重物也可以用绳子拉着通过。如若不慎跌入河（湖）的冰洞中，一定要沉着，切忌惊慌挣扎，要靠水的浮力向前俯卧或向后仰浮而跃出水面。涉渡浅而急的河流时，防止水下岩石将脚部划伤或者是卡住。涉渡深而急的河流时，可以采取侧泳或者是蛙泳的姿势，要向对面的河岸斜插过去，但要注意防止身后的水浪以及水流汇集的地方形成的漩涡。

（三）徒步涉渡河流

徒步涉渡河流是一种常用的渡河方法，适用于河水不太深、水流不太急的河流。单人渡河时，为了安全起见可以用一根长棍或者是竹竿撑着渡过。长棍或者是竹竿的支点要与人体两脚的支点形成三角形，且长棍或者是竹竿的支点要位于上游一侧。两个人一起渡河时，如果水流的速度过快，可以在腰间系上一根保护绳，由另外一个人在岸上进行保护，待第一个人通过后再交替保护下一个人通过；也可以两人面对面站立，双手相互扶在对方的肩膀上，两人之间保持一臂之长的距离，以身体的一侧向河的对岸平行移动，前进时两人要相互沟通、步调一致。多人一起渡河时，可以采取3～5人为一组的“墙式”渡河法，即几个人并列纵向站成一列，互相搭在对方的腰上，面向河流对岸移动过去；也可以采取“环状”渡河法，即几个人围成一圈，互相搭在对方的肩膀上，形成一个牢固的圆圈，像转动的车轮一样朝着河的对岸旋转移动，横渡过河。还可结绳渡河，将绳的一端牢固系在较大树木上，另一端系在渡河人员腰上，作为保险绳。能力强者先渡，渡过后将绳子另一端系在河对岸大树上，后面的人扶绳而过。

（四）制作漂浮工具渡河

遇到较大的河流时可以就地取材，制作一些简单有效的漂浮工具，利用它们顺利地渡河。找两根质量较轻的原木进行必要的处理以后，用两根绳子将其捆绑在一起，单个人就可以乘坐这种简单的木筏渡河了。找一块较大的布料（如果具有一定的防水性则更好），将干燥漂浮植物严密地包裹在里面，就做成了具有一定浮力的草木漂浮筏。如果带有一把斧头和一把刀，可以找来若干根原木做成漂浮性能较好的木筏。用柳树或者是其他非常柔韧的树枝编成一个椭圆形的框架，然后用皮革或者是塑料皮将其完整地包裹起来，也可形成一个外表如同盆一样的牛皮筏。还可用直径大于10厘米、节长约为50厘米的竹筒绑扎成前三节、后三节的“背心式”的竹筒漂浮筏。如果能找到较多的空塑料瓶、密封塑料袋或者是其他密封空容器，只要用绳子把它们系在一起就可以充当漂浮物来使用了。除此以外，还可以用竹子、芭蕉秆、束柴等结扎成长方形、三角形的漂浮器材，然后浮在上面，用蛙泳涉渡过河。

七、野外卫生注意事项

每天坚持刷牙、剃须、洗脸和洗脚，便前、便后和准备食物时都要洗手。尽可能保持衣物干净，衣物质地以便于吸汗、排汗为好。平时要加强对自身的防护，尽量避免被昆虫叮咬。大小便处应选择在吸水性较好的地方，且做好标记，便后要掩埋粪便，以防止细菌传播，引发疾病。特别严禁在河流、湖泊里面或周围大小便。

（一）饮水卫生

在野外，常缺少安全、卫生的饮用水源。如果因为饥渴而饮用了含有致病微生物的水，就可能会导致各种疾病。凡是从野外采集的水，在饮用前最好是经过净化处理，高温消毒，以排除水中存在的各种卫生隐患。

（二）食物卫生

食物不卫生、不新鲜或变质将导致胃肠道疾病。应尽量缩短食物存放的时间。保存食物时，要尽可能地封闭保存，防止尘土污染，防止接触苍蝇和虱子。对于食用的蔬菜要彻底清洗干净。如果发现食物已变质，要立即丢弃。

（三）防止寄生虫

世界上有很多地区都存在着寄生虫。由于饮用和接触受到污染的水源，在卫生条件极差的地方排便，或其他一些传播途径，人就有可能感染寄生虫。

防止寄生虫进入体内的关键是保持卫生。要注意保持饮食的卫生，在吃东西之前要洗手。不要随意在一些水池里游泳、洗脸、洗手或洗脚，更不能直接饮用水池的水。不要在恶劣的环境下停留太久。应该了解主要的寄生虫的种类，并应知道被寄生虫感染后的症状和正确处置的方法。

野外行进小知识：①带的衣物，特别是内衣、袜子，要有防水保护，无论在丛林、海上、雪地都很必要。②袜子很重要，可多带几双，不仅要随时保持鞋内干净干爽，还可以用袜子点火、净化水、当作围巾等。③宁愿饿肚子，也不要吃认不准的食物，防止中毒或者身体不适。④要保持全身清洁，无论用水怎么艰难，要想方法用替代办法清洗出汗的腹股沟、阴部等部位。

第三节　外出旅行安全常识

事实上，在平安的日常岁月里，思想这根弦最容易放松，侥幸心理最容易膨胀。外出玩得尽兴的时候，有的人就会把关于“安全”的提醒和要求当作无关紧要的“耳旁风”，认为事故都发生在他人身上，把别人的事故当故事，并没有真正地放在心上、记在脑中。殊不知，正是因为有这种不把安全当回事的心理，才让事故有可乘之机，在某一天就可能突然发生在身边。

一、跟团出游注意事项

安全最好的防范就是预防在先，提前制订详细旅行计划，了解途中天气预报，有针对性地准备应急措施至关重要。出游前应认真听取行前说明会，特别是出境游，一定要了解携带物品、安全保障、当地风俗习惯等。出发前应尽量了解境外目的地的有关法规和消费者保护措施。明确出发时间、地点、导游姓名、联系方法。记下当地旅游部门、国家旅游局及相关部门的质量监督和投诉电话。我国文化和旅游部旅游质量监督管理所的投诉电话为12345，全国市场监督部门消费者投诉电话为12315。

（一）报团前注意事项

考察旅行社

要考察旅行社。要仔细看各项接待工作的透明度、信誉好坏、是否有投诉举报现象等。选择旅行社时，千万不要相信那些将本社的服务和线路夸得天花乱坠的拉客人员，要保持清醒的头脑，仔细阅读协议书上的各项条款，以免误入“协议陷阱”。选择旅行社时一定要多比较，不能仅仅考虑价钱，还要问清楚旅游项目中包含什么和不包含什么，最好选择正规的旅行社，上门服务或者是在写字楼里门面较小的都不太可靠。为了招揽游客，很多旅行社都把价格制订得很低，但又附加很多必须消费和选择消费，稍好的景点大多要自己再掏钱，所以要慎重选择。签合同时一定要认真阅读每一项条款，把要求和问题写清楚，以便作为事后证据。

如何避免上当受骗。跟团旅游的游客考察旅行社要注意是否具有合法的旅行社业务经营许可证，是否有法人营业执照；是否有正规的公章、财务章、合同章、发票、收据等财务档案管理物品；工作人员是否有良好的形象，旅游从业人员是否有国家旅游主管部门颁发的上岗证；旅行社内部管理是否有明确的分工计划及严格的工作纪律；是否有规范的线路行程及报价资料；旅行社是否有固定、规范的办公经营场所，以及经营场所有无值班人员；是否有齐全的办公通信设备，如办公电话、24小时咨询电话、电脑、传真等。

报名注意事项。报名参团应持有效证件亲临旅行社营业部或报名点办理。国家旅游局和国家市场监督管理总局联合颁布了《中国公民出境旅游合同（示范文本）》，各地旅游部门也有推荐的旅游协议书范本，应使用范本与旅行社签订合同。合同中旅行社应详细说明旅游行程中的吃、住、行、游、购、娱等服务内容，对交通工具、住宿安排、景点游览内容、用餐标准和购物次数及停留时间等都须详细约定，并经双方签字或盖章确认后作为合同的组成部分。明晰团费所包含的项目、索取发票、行程表、参团须知、赔偿细则等。了解旅行社投保、旅行社责任险情况，根据个人需要选择投保旅游意外险以对旅行中的风险加以防范。

（二）跟团中注意事项

跟团要听从统一指挥和安排，不可擅自行动。擅自离团，很容易迷路走失，发生危险。遭遇突发事件，比如遇恶劣天气等，要听从领队、导游安排，并采取必要的自救措施，保护个人生命财产安全。

1.中途离团

游客因病、因事无法继续旅行时，旅行社扣除游客已用的费用和因此造成的损失费后应将剩余的款退给游客，医疗费用由游客自理。游客在旅途中擅自离团，或不参加某项合同约定的游览项目活动时，视为自动弃权，所交费用不退还。因游客个人原因造成其本人不能随团旅行所造成的损失由游客本人承担。

2.途中发生纠纷

如果在旅途中发现旅行社有服务质量问题，不要采取极端做法，不可中断行程或强行滞留要求现场索赔而延误正常行程。可先跟旅行社的导游、领队以及当地接团的导游多沟通，沟通不能解决时再与旅行社联系，要求妥善处理。如果旅行社拒不接受意见，应注意搜集证据，待行程结束后再与旅行社交涉或向相关管理部门投诉，也可以通过法律途径解决。对于因恶劣天气、交通事故等因素造成的旅行社违约，要给予适当的理解并积极配合旅行社完成旅游活动。导游在原合同的行程之外临时增加节目时，要问明此项安排是否要另付费用，是否会影响下一个景点的参观，然后按照个人意愿确定是否参加。遇到导游减少景点的情况，可要求旅行社退钱，甚至投诉赔偿。保存好协议书、行程表、随身证件以及贵重物品。如发生纠纷，要保留相关证据，并及时向相关部门投诉获得帮助。

3.购买到假冒伪劣产品

少数导游可能想尽办法把旅行团内的人拉到给回扣的商店，任意延长购物时间，所以在异地购物不要轻信他人冲动购物，要管住自己的钱袋。如果在旅游定点购物店购买到假冒伪劣产品，可要求旅行社协助交涉解决，自购物之日起90日内，游客无法从购物店获得解决或赔偿的，可要求旅行社先行赔偿。在导游擅自安排的购物店中所购商品是假冒伪劣商品，应由导游或旅行社应赔偿全部损失。由游客自行安排的购物店所购商品是假冒伪劣商品，游客可直接向当地有关部门反映、交涉，旅行社不承担赔偿责任。旅游途中购物时，应向商店索取有效发票并妥善保管，当所购商品出现质量问题时，可作为投诉的有效凭据。

（三）跟团吃、住注意事项

1.要注意饮食安全

到旅游定点餐厅就餐，注意用餐是否达到标准。发现腐败变质的饭菜及时向导游提出更换。不到小商小贩处购买卫生不合格的食品、饮品。自购食品要注意存放在阴凉处，注意通风，微有霉变就不可食用。吃风味小吃要注意卫生，吃水果一定要洗干净。饭前便后一定要洗手，注意卫生，防止细菌、病毒侵入体内。自然生态景区内的野菜与野果不要随便采摘食用，以免食物中毒。

2.食物中毒应急处置

气温高、湿度大时，适合各种致病微生物繁殖，食物易腐败，再加之蝇虫叮爬污染，或熟食制品、凉菜、冷食等食品加工或贮存不当，食用这些食物后容易导致食物中毒。一般来说，易导致食物中毒的食品以冷荤、凉菜、剩米饭和肉制品等为主，海鲜类食品、扁豆、新鲜腌制的咸菜也易出现这一问题。一旦出现食物中毒，应参考第一章第二节“食物中毒”板块的方法处理。如果就医，要保存相关病历、医院诊断书，可作为投诉、要求赔偿的凭证。

3.要注意住宿安全

入住旅馆要注意是否与旅游协议书上的标准相符。入住旅馆后一定要将贵重物品存放到保险柜里，不要随身携带或放在客房内。身份证、学生证、户口簿等证件不要随便乱放，应放在随身携带的包内，不要放在客房内。入住旅馆后一定要了解紧急通道、安全门等，记住导游的房间号码、联系电话。入住后可将你入住旅馆的名称、房间门牌号和电话号码等告诉你的亲人。要了解房间内的设施和物品的使用说明后再使用，因某些旅馆的设施和用品需要另外付费。休息时关好门窗，不认识的人敲门不要开，尤其是在夜晚。看房间的卫生间及洗漱用品是否消毒，如果没有消毒，可以请服务员进行清理消毒。如果在房间里看到蟑螂、老鼠、不明物体或房间过分潮湿、噪声超标等，要和导游说明，请他与旅馆相关部门协调并调换房间。入住前要了解旅馆是否处于自然灾害隐患附近，要根据季节防范洪水、泥石流、暴风雨等。要注意旅馆的应急通道和应急设施，检查应急设施是否能正常使用；要了解旅馆周围治安情况、应急报警地方和联系方式。

二、旅游交通安全注意事项

为了保障自身安全，外出旅行要掌握一定的交通安全知识。

（一）徒步安全知识

“红灯停，绿灯行，黄灯等一等”，严格遵守交通规则。走路选择人行道，过街要走斑马线。不在车行道上追逐、嬉闹，不在车辆临近时猛拐横穿，防止小朋友追着汽车跑。没有人行道也要靠边走，在国内右侧通行最安全。最好和同团的伙伴排队走，行走时要专心，不东张西望，不要边走边玩手机、打电话。在山区行走时，要注意滑坡、垮塌区域，观察后快速通过。要注意行人不容易看见后方来车，判断不了车辆转弯时内轮差。

（二）乘汽车安全知识

随时注意乘务人员和导游提醒的注意事项。要留意所乘交通工具是否与协议书标准相符，不乘坐没有道路运输经营许可证的车辆，不乘坐超载车辆，更不得乘坐没有驾照的司机的车辆，不坐农用车、摩托车。严格遵守公共安全法律法规，不携带汽油、酒精、烟花爆竹等易燃易爆及违禁物品上车（船、飞机）。下车时不要把随身携带的物品忘记在车上，尤其注意座椅下、货架上的物品。汽车停稳后再上下车，千万不要突然横穿马路追车，上下车时要环顾四周，确保安全。等车要排队，应在站台或者安全地带等车，按秩序上下。乘车时系好安全带，不把头、手、物伸出窗外，不向外抛物品。不突然从座位上站起，不在车上吃果冻或用竹签串起来的食物，以免汽车紧急刹车时，导致果冻卡在喉咙里引起窒息或竹签刺伤自己或者他人。当发现司机疲惫不堪、异常激动时，要及时和导游说明情况，提出更换司机或改乘其他车辆的要求。车辆遇险时，乘客应紧紧抓住前排座位或扶手，低头利用前排靠背或者手臂保护头部；同时两脚用力向前蹬地，缓冲冲击力；遇到车辆翻车时，迅速蹲下身体，抓住前排座位椅脚，身体固定在两排座位之间，千万不要盲目跳车。乘坐公交车（地铁），站立时两脚要向车行驶的方向分开并与肩同宽，同时手要抓紧扶手吊环。

（三）乘列车安全常识

拿好车票，在导游的带领下按照车次的规定时间提前进站候车，以免误车。在站台上候车时，要排好队，站在白色安全线以内，以免被列车卷下站台，发生危险。火车行进中，不要把头、手、胳膊伸出车窗外，以免被沿线的信号设备等刮伤。不要把有颜色的衣物伸出窗外，避免与铁路信号混淆。不要在车门和车厢连接处逗留，以免夹伤、扭伤、卡伤。不带汽油、鞭炮等易燃易爆的危险品上车。不向车窗外扔废弃物，以免砸伤铁路边的行人和铁路工人，同时也避免造成环境污染。

乘坐卧铺时，睡觉时要系好安全带，防止掉下摔伤。保管好自己的行李物品，以导游为中心，坐在四周，免得下车时导游找不到人。列车停电不要惊慌，听从工作人员或者广播指引撤离，防止踩踏。不能擅动紧急开门手柄或车门紧急解锁手柄等列车上的安全消防设施、设备。如列车里发现不明气体，应迅速将手帕或衣物打湿后捂住口鼻，朝反方向逃离或者到上风口，到达安全地带后立即用清水清洗身体暴露部分。发生爆炸或火灾时，不要慌张，迅速用衣物捂住口鼻，放低姿势，有序撤离到另外的车厢，按疏散标志和工作人员指挥撤离到安全地带。列车相撞时，紧紧抓住固定物或者低下头，下巴紧贴胸前，撞击停止后，听从工作人员的指引有序撤离；没有座位的人，要抱头、屈肘、蹲下以保护头胸。下车后千万不要碰到铁轨，小心触电。发现有人意外坠落，要大声呼叫并向工作人员示意。坠落到铁轨的人员，自救的有效办法是紧贴一侧墙壁或者察看附近有无可躲避的安全洞，找准时机迅速脱险。

（四）乘船安全常识

首先记住海上搜救中心的报警电话是区号加12395，除此之外，危急时刻能想起的任何一个电话可能都有帮助，不管是110、120、119，还是家人的电话，都可以拨打。不乘坐没有乘客安全证书的船和人货混装的船；不乘坐超载的、标志不清的，或破烂不堪的船；上、下船要排队按次序进行，不得拥挤、争抢，以免造成挤伤、落水等事故；天气恶劣时，如遇大风、大浪、浓雾等，最好不要乘船；上船时留意通道和摆放救生衣的位置，穿好救生衣，不要随便脱下；不在船头、甲板等地打闹、追逐，或拥挤在船的一侧嬉戏；不乱动船上的各种设施，特别是安全设施和消防设施，以免影响航行；夜间航行，不要用手电筒向水面、岸边乱照，以免引起误会或使驾驶员产生错觉。

（五）乘飞机安全常识

仔细检查自己的行李，不带任何可能影响飞行安全的危险品登机。一般情况下，导游会要求提前一小时到达机场，以便及时办理登机手续，并遵守规定接受机场安检部门的安全检查。登机后要仔细听取乘务员讲解乘坐飞机安全须知和飞行安全示范，并熟读《安全须知》，熟悉紧急出口位置及氧气面罩等各种安全设施的性能及使用方法。要看好儿童，防止其在飞机上嬉戏打闹；在飞机上不要随便串舱，更不要接近驾驶舱；不要乱动机舱内的应急救生设施；不要碰撞和刻画窗上的玻璃；要系好安全带，以防飞机颠簸时坐不稳而被撞伤。起飞和落地是飞行过程中最危险的时刻，一定要确认安全带是否系好，防止出现撞伤；要调整座椅靠背、收好小桌板，留出足够的紧急通道位置；起降时容易造成短时间停电，打开遮光板可以使外部光线照进来，有助于观察机身及地面情况，也有利于乘客较快看到安全出口。外部电磁波对起降干扰更大，即使造成小角度偏航，也可能造成机毁人亡的严重后果，因此为了安全，一定要听从空乘人员提示，在合适时间使用规定范围内的电子产品；在整个飞行过程中关闭手机、遥控玩具等主动发射电子信号的便携式电子设备的电源或者把手机调整为飞行模式。在飞机客舱发生失压情况下，氧气面罩会自动掉落下来，乘客应先为自己戴上氧气面罩，再为身边儿童戴上，直到飞机下降到可以呼吸的高度才能取下面罩。乘机时若感到身体不适，应及时与导游和乘务员联系。机舱失火，要积极协助灭火，灭火不成功，要用湿衣物捂住口鼻，按乘务人员指挥向最近的出口前行。飞机迫降时千万不要慌张，服从命令、听从指挥才会最安全。在迫降前，迅速将高跟鞋、眼镜、义齿、牙托取下，清除身上或身体周围的坚硬物品，这样可以避免不必要的伤害；按照乘务员的指示双手交叉放在前排座位上，头部放在手上，在飞机着陆前，一直保持这个姿势，也可以将身体蜷缩在一起，比如身体弯向膝盖，双手尽量抱住脚踝，这样可以有效防止巨大撞击力对骨骼造成的损伤；当听到机长发出最后的指令时，乘客应按上述动作，做好冲撞的准备；飞机未触地前，不必过分紧张，以免耗费体力；在飞机触地前一瞬间，应全身用力，憋住气，使全身肌肉处于紧张对抗外力的状态，以防受到猛烈的冲击；走向紧急出口时应尽可能俯屈身体，贴近机舱下部；紧急出口打开后，充气救生梯便自动膨胀，以坐的姿势滑跳到梯上，双手护头，快速着；滑到地面后，尽可能快速地远离飞机，不要返回机上取行李。如飞机急坠，在坠落地面的一瞬间，可迅速解开安全带，冲向机尾，朝着光亮的裂口，在油箱爆炸前逃出。如果飞机是在水上迫降，要按照机组人员讲解的方法穿好救生衣；自己穿好救生衣后，要帮助他人特别是小孩穿好救生衣；不要在走出机舱前就让救生衣充气，否则会造成出舱门的困难。在打开紧急出口前，要通过舱门的玻璃迅速查看外边的情况，如发现外边出口处有浓烟、火焰、尖锐的碎片或其他障碍物，不要打开舱门，应立即从另外的出口脱离。

三、旅行中其他安全防范注意事项

入住旅馆前要查询、查看周边环境和社会、自然环境安全状况，特别是雨季要查明旅馆是否在泥石流、滑坡等地质灾害高发区域。如目的地存在山洪、泥石流、崩塌等地质灾害风险，要根据天气预报，及时调整出行计划。

（一）防范火灾

旅馆人多，流动性大，不注意防火很容易发生火灾。在旅馆住宿，一定要懂一些火灾逃生知识。当住进客房后，要了解紧急出口、呼叫铃的位置，并查看是否有灭火器。如果发现起火且火势不大，要设法扑救并通过电话或呼叫铃向服务员求助。如果火势太大，就要迅速离开房间，关上房门并报警。楼下或邻近房间着火时，往往先闻到烟味，这时应赶紧通知旅馆服务人员并报警；通知完毕后，轻轻触摸一下房门，感到烫手就不要开门，要用湿被子等堵住门缝，然后到窗台呼救；如果窗外也有烟雾，就要把窗户也关上。发生火灾时不要慌，可把棉被打湿后披在身上逃离。逃生时不要选择电梯，要立即戴上面罩或者用湿毛巾捂住口鼻，匍匐着身体从未着火的楼梯逃离。在楼下没有专业救援气垫等设施时，千万不要从较高楼层的窗户跳下。

（二）防范地震

发生地震时，要立即躲到卫生间的承重墙角或坚固家具附近，用柔软织物护住头部，蹲下。待震动过后再离开房间从楼梯下楼。不可使用电梯，也不要从窗户往外跳，不要躲在床底下。

（三）防范走丢

旅游时如果不小心与团队走散，应迅速与导游联系，可回忆走过的路线，回到出发地点等候。如果知道团队的行动路线，可沿着路线寻找团队。此外，还可以向警察、景点管理人员或旅行社求助。外出除了在手机中存留导游等紧急联系人的号码，还需要随身在纸上或者笔记本上存留常用紧急电话号码。

（四）防范财物丢失

财物丢失后可立即与领队、导游联系以寻找帮助。如不能找到，要及时报警，并取得报警证明及相关能够证明自己丢失财物的证明，以便索赔。如果护照丢失，要立即让领队或导游协助报警。如果财物是在航空托运过程中下落不明，航空公司负有相应的责任，要给他们留下丢失物品的清单、相关证据、联系方式，以便航空公司找到后及时归还或给予赔偿。万一在境外急需用钱，可在旅行社或我国驻外使领馆的协助下，请求亲友汇款。

（五）防范森林火灾

在防火期进入森林要注意防火安全，不带火种进山；森林内旅游观光绝对不能吸烟；不在湿地公园、自然保护区和国有林场等重点林区内野炊、烧烤或进行其他野外用火活动。

（六）防范野生动物袭击

在野生动物园不要擅自行动，应该在导游的带领下集体参观；在野生动物生活区远远观赏即可，不要近距离接触，以防被动物抓伤、咬伤；和动物近距离接触要在工作人员的看护下进行；不要逗弄动物，更不要用手喂食动物；如果是参观大型动物，一定要乘坐专用车辆，乘车时不要将头、手伸出窗外，更不要擅自下车。

四、游玩安全注意事项

注意导游提醒的注意事项，游览景点时注意与团队保持一致，紧随导游左右，不要与其他伙伴走散。游览时，应穿轻便、柔软的鞋来减轻疲劳。随身携带的物品不宜过多，以免加重自己的负担。外出要带一定量现金，以备不时之需。零钱放在背包方便拿取的口袋里，整钱放在背包内部隐秘的夹层内，以免遭到扒窃。不小心和团队走散了也不要慌，不要四处寻找，要立即电话联系，然后静静等在原地，等待导游前来寻你。走山道、陡坡时不要和同伴手拉手，应拉开一定距离，以免发生连串滚坡。不要一个人到偏僻角落去，这样不仅容易走丢，还容易被坏人盯上。参加各种娱乐活动之前，要注意听导游的讲解，了解注意事项，做到“安全第一”。参加少数民族的娱乐活动，要特别注意少数民族的风俗习惯，注意民俗、宗教信仰、禁忌，以免发生误会和不愉快。爱护文物古迹是每个公民的责任，珍惜景区内的一草一木，不在文物古迹上乱刻乱涂。遇到陌生人的搭讪不要理，陌生人给的食物不要吃，若发现有陌生人对你纠缠不清，立刻请导游来处理。

（一）岩洞旅游安全知识

虽然旅行社已经准备了洞内景点介绍，但在进洞前仍要充分了解洞内情况和安全注意事项，以免出现意外。向旅客开放的岩洞内都设有灯光，但这些灯光大多是为烘托景观氛围而设，或明或暗，五彩斑斓，并不能完全照射到每个角落。可以自备一支小巧的手电筒，防止被洞内的暗石磕到或绊倒。到岩洞旅游时，最好穿面料结实、防水的衣裤，以保护身体免遭锐利岩角或碎石的擦伤。戴上棉纱手套可以防止攀扶时擦伤手。应穿柔软防滑的运动鞋，女士不要穿高跟鞋。行走步幅要小，速度要慢，眼睛不仅要注意脚下，还要特别小心头顶的岩石，防止头部撞伤。要听从导游指挥，不要擅自离开队伍去“探险”。岩洞内没有对流，空气比较污浊，游览时要在导游的指示下戴好口罩，观赏结束后立即出来换换空气，不要在洞中长时间逗留。有人撞到头部时，要尽快检查头部有无外伤，是否处于危险状态；不要随便移动头部受到撞击的伙伴，要让其侧卧，头向后仰，保证呼吸道畅通；如果出现呼吸停止的现象，要进行心肺复苏，并在情况稍好转时立即将伤者转移到洞外，转移时要避免颠簸；如果头部出血，不要转动伤者头颈部，应帮助他缓缓躺下，然后用清洁纱布压迫伤口止血，包扎后即刻送医；如果确定是皮肤表面的创伤，抬高患者头部便可止血。由于头发遮盖使人看不清伤口大小，所以急救过程中不要随便用手触摸出血部位。岩洞内较昏暗，因此在应急处理时周围要有人维持秩序，设置警戒。岩洞内空气流动缓慢，氧气含量低，二氧化碳含量高，甚至会产生有毒气体，容易引起窒息。如有窒息发生，应立刻将出现窒息症状的人移至洞外，安置在空气新鲜、通风良好的地方；解开患者的衣扣、束缚性内衣、腰带等；对呼吸困难者立即给予氧气吸入；窒息状况严重的患者，心跳渐渐微弱、不规则或停跳，要立即施行心肺复苏等。出现以上意外情况，要第一时间联系岩洞管理人员和导游，争取更多专业处理。

（二）游乐场安全常识

在游乐场玩耍时，要首先检查游乐设施是否有安全检验合格标志，工作人员是否持证上岗。仔细阅读游乐设施的游客须知，以确定自己是否适宜乘坐。入座舱后检查座位中的安全带或安全压杠、扶手是否安全、牢固。使用时要请服务人员指导，不要自己摸索。不要携带火种和危险品进入游乐设施内。对回转、翻滚、高速的游乐设施，应先把易跌落的物品，如硬币、手提包、手机、眼镜等放置好。上下时应注意头上和脚下的物体，防止被绊倒。自行操作的滑行游乐设施，如水上滑梯等，应严格按操作要求规定的路线进行，中途不能停顿的项目应严禁中途停顿。乘坐时，必须系好安全装置，运转中绝对不可以自行解开，不要把身体伸出座舱或站立。有扶手的应两手抓住扶手，运转中不允许向外散落、投掷物品。在游乐设施未完全停稳或工作人员没有通告以前，不得自行走出座舱。有门的游乐设施在运行中严禁乘客自行开门，不得故意摇动座舱。如乘坐时突发心脏病，应及时示意工作人员停止设备的运行，患者保持在原位不要动，把身体放平、保持呼吸畅通，等待医护人员救助。

（三）漂流安全常识

漂流前一定要将救生衣、安全帽、漂流鞋穿戴好，途中不得松开或解下，因为救生设施能保证落水后不溺水以及身体重要部位免受伤害。漂流过程中，要听从船工或护漂员的指挥，船过险滩时不要惊慌乱动，应降低重心，坐好抓牢，同时身体任何部位都不要超出船身。若遇翻船，不会游泳的也不要大声哭闹，事先穿好的救生衣会让你漂浮在水面上，护漂员会及时相救。遇到激流、暗礁时要小心，应坐好抓牢，不要用身体任何部位去碰周边的石头，以免被碰伤。当漂流船卡住时，不要急着站起，应稳住船身后用桨等工具帮助离开，以防连人带船被水冲翻。

（四）乘坐索道安全常识

乘索道前，首先查看该索道是否悬挂有“客运索道安全检验合格”标志。认真阅读索道入口处的乘客须知，进入站台后，听从服务人员的指挥，按顺序上车。进入缆车后，坐稳扶住，不要擅自打开车门及安全护栏。下车时，听从服务人员的疏导，有序下车，离开站台。如遇索道偶然停车时不要着急，应耐心等待，注意收听线路广播内容，不要自己打开车门或护栏。如遇索道故障，短时间内不能排除，要稳定情绪，不要惊慌，等待救护人员前来营救，千万不可自行设法离开车厢；救护人员到达后，一定要服从救护人员的指挥，配合救护人员工作，并发扬尊老爱幼精神，让老人家和孩子先下车；到达目的地后，在工作人员的引导下，应尽量避开索道行驶区，有秩序地向索道站转移。

（五）景点人多拥挤安全常识

发觉拥挤的人群向自己行走的方向拥来，应马上避到一旁，千万不要奔跑，以免摔倒，更不要逆着人流前进；若身不由己陷入人群，要稳住身体，随人潮移动；在拥挤的人群中，不要前倾身体；即使鞋子被踩掉，也不要贸然弯腰提鞋或系鞋带，以免发生踩踏事故；即使随人潮移动也容易摔倒，可以紧紧抓住某一牢固物体，如旗杆等，待人潮过去后再继续前进；如果发现有人摔倒，要马上停下脚步，同时大声呼救，告知后面的人不要向前靠近。

（六）滑雪安全知识

滑雪器材主要由滑雪板、滑雪杖、滑雪靴、各种固定器、滑雪蜡、滑雪装、盔形帽、有色镜、防风镜等组成，这些器材可以向滑雪场租借。木质滑雪板价格便宜，但容易受潮变形，使用前要涂抹特制油脂，以免粘雪和雪水浸入。玻璃纤维滑雪板价格昂贵，适合任何雪质的雪地。铝合金滑雪板价格不菲，在轻而燥的深雪及冰面上回转轻便。混合材质的滑雪板价格适中，实用性也不错。滑雪杖简称雪杖，选择时以质轻、不易断折、平衡感好、适合自己身高为原则，一般由拦雪轮起算，最长不过肩，最短不低于肋下，可将手穿过皮手环，握杖挥动称为佳。所有的滑雪板上都有将滑雪靴固定在其上的装置，在滑雪者跌倒时固定器会迅速松脱，避免给滑雪者带来伤害。必须戴上护目镜来保护眼睛，镜架以塑胶制品较为安全，镜片颜色以黄色或茶色为佳。

滑雪前应仔细了解滑雪道的高度、宽度、长度、坡度以及走向。中小学生滑雪最好选择有滑雪教练的初级雪道，以免发生意外。不可以滑出雪道划定的范围，以免发生危险。在滑行中如果对前方情况不明或感觉滑雪器材有异常时，应停下来检查。在结伴滑行时，相互间一定要拉开距离，切不可为追赶同伴而急速滑降，那样很容易摔倒或与他人相撞。在中途休息时要停在滑雪道的边上，不能停在陡坡下，并随时注意从上面滑下来的滑雪者。滑行中如果失控跌倒，应迅速降低重心，向后坐，不要随意挣扎，可抬起四肢，屈身，任其向下滑动。要避免头朝下，更要避免翻滚。佩戴隐形眼镜的，滑雪时一定要取下，以免跌倒后隐形眼镜掉落。需戴眼镜的，应尽量佩戴有边框的树脂镜片眼镜，它在受到撞击后不易碎裂。

五、境外旅行安全注意事项

出境旅行前和旅行中要关注中国领事服务网、领事直通车和驻外使领馆发布的安全提醒，提前了解目的地国家或地区的安全形势，避免前往高风险国家、地区，或正发生游行、骚乱的国家、地区。尽量避免单人“自由行”，及时将旅游路线、规划及自身状况告知家人。中国公民在海外遭遇重大事故、自然灾害等人身安全受到威胁的紧急情况，可拨打+86-10-12308热线，按“0”再按“9”优先转人工服务。

要对所去的区域进行各类危险评估，尽量避免前往发生自然灾害、社会动荡、有战争冲突的国家和地区。如不慎受轻伤并有条件自己处理时，要及时包扎伤口，多休息；若无条件自己处理，要及时就近找医院或医务室去接受治疗；受伤严重时要寻求急救。如系他人致伤，要保存证据，追究对方的责任，通过法律途径保护自己的正当权益。肇事者因过错致亲属死亡，家属应通过旅行社、当地司法机构、保险公司、我国驻外使领馆要求依法惩办肇事者并寻求赔偿。要注意保存有关资料和证据，用于回国后的保险索赔、注销户籍等。

（一）出发前的准备

自由行要提前熟悉当地交通状况，要做到心中有数。先找地图看看，把途经地的主要城镇名称记下，然后决定是走陆、空、水中哪条路，要了解你要乘坐的交通工具的出发时间，准确的车站、机场或码头位置，按行程预订好票，减少临时购票的紧张压力。根据当地天气预报选择衣物和常用内、外科药，带上手机充电器和充电宝。特别提醒，为防止意外，要适量带些现金在身上备用。出发之前，一定要随身携带护照或护照的复印件，在纸上存好紧急联系电话，不要太依赖电子产品，还要携带几张备用的照片。最好购买财产和人身保险，带上必要的预防接种证明。如跟团出行，要选择信誉好的旅游公司，并与其签订旅游合同，明确双方的权利、义务和责任，保证得到合同约定的各项旅游权利和服务。

（二）境外旅行中安全注意事项

境外旅行穿戴尽量普通，不要一看就像游客。天黑尽量不要外出，喝酒不要过量。如是独自外出，一定要随身携带代订酒店住房和机、车票机构以及国内亲友的紧急联系电话、地址等信息。在宾馆的前台取一张联络卡，记住乘坐车辆的特征、车牌号码、停车场的准确位置等信息。一定要取得并记住领队、导游和团友的手机号码或者其他联络方式，以便走散时联络领队、导游或团友。要与国内亲朋好友定期进行联络，使其清楚你的旅行状况。留一份护照复印件放在钱包或贴身衣袋内，护照与钱包最好分开放，防止护照丢失后耽误出行。行程中要注意随时查看自己的行李，以便推断财物是在哪个路段丢失的。托运行李时，尽量把自己的行李加上醒目的特殊标志，以防止被其他旅客错拿，或便于被盗时认领。大多数情况下，在国外看病的费用都要自理，应备好足够的钱财。携带常备药品时，最好有英文说明书以备出入境时相关机构查询。在国外看病要注意保存就诊证明和药费单据，以便回国后按照相关规定办理报销或者保险赔偿。

（三）在境外突发事件处置

在国外被捕入狱时要保持镇静，要求提供翻译，聘请律师。要求面见我国驻外使领馆的领事官员，以确保自己能获得人道主义和公平待遇。也可在领事官员的协助下与亲友、导游联系，寻求帮助。在境外被扣押时，不要主动和其他嫌疑犯交流，更不要和他们发生语言或肢体冲突。不要试图逃跑，要通过法律途径来解决问题。在出境旅行前，就应该了解当地的法律法规和风俗习惯，不要触犯当地的禁忌和法律。被外国警察询问时，如果导游在旁边，要立即向导游求助，避免因语言障碍和文化差异影响沟通。如果询问后需要签字，在不了解文书内容的情况下，不要贸然签字。在国外遇到警察询问时，应冷静应对，首先应要求对方出示证件，确认对方警察身份，尤其当警察要求搜身或没收自己财物时，应要求查看对方证件，并要求到附近的警察机构执行，机智对待警察的敲诈勒索，学会识破冒牌警察。积极配合警察正当的执法行为，如接受查验护照，回答对方询问，改正自己的不当行为等。即使遭到误解，也不要冲动行事，更不能与警察发生争执，事后再通过适当的途径消除误解。不要向警察等执法人员“塞钱”，这样可能会犯行贿罪。如果个人驾车时遇到警察询问，要先打开汽车的双闪灯，停车后摇下车窗，戴墨镜时要摘下。要让警察看到你和其他乘车人手里都没有危险物品，切不可将手放入口袋，一旦被国外警察怀疑为伸手掏枪，有可能被当场击杀。如果自己确实有违法行为，要主动道歉。

第四节　自驾游安全注意事项

交通事故是外出自驾游最大的安全风险之一，在交通安全中，人人都在参与，人人都是主角，不能心存侥幸，不能事不关己。特别是在暴雨、暴雪等不好的天气时，尽量不要自驾游，也不要擅自前往未开放为旅游地的峡谷、湖泊、水库、无人岛、山沟、河流等区域游玩，把风险降低到最小。

一、自驾车出行安全注意事项

（一）汽车驾驶安全

1.自驾车外出旅行前要进行必要准备

要提前准备好驾驶途中所需物品，携带驾驶证、行驶证、公路安全行车指南和公路交通地图，了解沿途路况信息和天气情况。远途旅行不要完全依赖网络导航。对车辆转向、制动、轮胎、灯光等安全设施进行检查，不要驾驶有安全隐患的车辆。开车进山旅游，须事先做好车辆保养，并留意旅途沿线的加油站、修理厂、医院等位置。有晕车的提前吃晕车药，并保证良好睡眠。

2.保持安全车速

在道路上行驶，要时刻保持安全车速，车速不要超过限速标志、标线标明的速度，拒绝超速。驾驶人要时刻保持车辆纵向与横向的安全距离，谨慎驾驶，避免交通伤害。因大车盲区较大，特别要与大货车、大客车保持安全距离，也要小心载货车上货物掉下。

3.有序通过路口

路口是交通情况复杂的地方，应严格按红绿灯指示通行。驾驶人在接近路口时要减速慢行，观察前方的交通情况，确认安全后谨慎通过路口。机动车驾驶人在行经斑马线时要减速行驶。遇斑马线上有行人时，要停车让行。平稳通过弯道、坡道，驾驶近急弯、坡顶等安全视距不足的路段，应当在本方车道内行驶，提前减速，勿超车，必要时鸣笛示意。

4.遵守安全规章

严格按照交通规则驾驶车辆，遵守交警指挥或者交通信号。上车要系好安全带，减缓发生猛烈撞击的程度，增大生存的概率。有小孩的要有儿童安全座椅，骑行的要有头盔。儿童和孕妇要坐后排，儿童乘坐要启用儿童锁。驾驶人不得在行车中拨打或接听电话，接、打电话会分散驾驶人的注意力，易出现反应迟钝、操作不当等情况。外出停车时要遵守交通规则，不要停在斑马线或者人行道上；尽量靠边停车，不要停在马路中间，其他车辆和行人不好通过；有自行车道时，要充分考虑自行车的行驶。为了您和他人的安全，拒绝疲劳、酒后驾车，拒绝超员、超载。与汽车事故相比，摩托车事故发生率更高，造成驾乘人员严重创伤的概率要高36倍，死亡率高26倍，摩托车驾乘人员一定要戴头盔。

（二）常见需要谨慎驾驶的情况

1.山区驾驶

出行前预先规划旅游路线，充分了解交通路况，进入山区应注意塌方、落石与路肩塌陷。下雨、下雪、起雾等天气都会影响驾驶员的视线和判断。车辆在山区行驶，要防止突然窜出来的行人、摩托车和动物。所有人尽量从右侧下车，司机下车要先看反光镜，再扭头看清后方有无来车。山区行驶路况一般不太好，转弯一定要多减速、鸣笛。坡度较大的坡，要上坡顶时也要鸣笛。坡度较大又较长时要根据车辆爬坡能力合理利用惯性，保持足够动力。在坡道上车突然熄火，千万不要慌张，不要挂空挡，应观察好方向和后方来车，逐渐刹车，避免紧急制动。车辆实在停不下来时，应将车尾调整到靠山体一侧，利用山体停车。下坡太长、太陡时，要提前检查好手、脚制动和转向装置的状况。

2.驾车涉水

通过涉水路前，要查看水深、流速、流向和水底情况。过河时，用低挡平稳给油后顺水流方向通过。要防止排气管进水使发动机熄火。涉水后，要检查汽车方向、制动、发动机等是否正常运行。

3.泥泞路驾驶

尽可能不走泥泞路。在泥泞路上，汽车容易打滑或者下陷，极易方向失控，很难把车停下，车轮抓不住地面，还容易侧滑。如果必须要走泥泞路，尽量选择比较干燥、平坦、坚硬的地方，有车辙的地方尽量选择车辙。起步时，油门不要太大，应匀速起步，避免打滑。实在不能起步时可在路上垫上碎石、树枝等防滑物，采用四轮驱动。在泥泞路上行驶，车速要平稳，不要太快，也不要停下。尽量少刹车，实在要刹车时采取点刹，提前制动。车辆发生侧滑时，也尽量不要刹车，采用松油门减速、修正方向盘的方式前行，也要避免猛打方向。车辆陷入泥泞坑时，要尽量寻找石块、树枝在车轮前后垫上，采取前后晃动的方式离开。实在不行就只有采取拖拉或者用工具挖填。

4.沙地行驶

在沙地中行驶时轮胎气压不能太高。应携带木板通过长距离沙地，以备急用。在沙地行驶，尽量匀速通过，尽量不停车。通过沙地尽量避免转弯，实在要转弯，应转大弯，缓慢前行。如果陷入沙地，要寻找石块、树枝、木板垫上前后轮。

5.大雾行车

大雾天气会对驾驶员视线和心理造成严重影响。若大雾天要外出，需注意收听天气预报，及时根据天气情况调整出行计划。出行前，应将挡风玻璃、车头灯和尾灯擦拭干净，检查车辆灯光、制动灯、安全设施是否齐全有效。驾车时，一定要打开防雾灯，并与前车保持足够的距离，减速慢行。停车时，注意先驶到外道再停车。在大雾天视线不好的情况下，按喇叭可以起到警告行人和其他车辆的作用。当听到其他车的喇叭声时，应当立刻鸣笛回应，提示自己的行车位置。

6.冰雪路面行车

注意收听天气预报，出行避开冰雪天气。机动车在冰雪路面上应减速慢行，并与前车保持距离，全程打开示廓灯。避免急转弯、急刹车。必要时要安装防滑链，驾驶员佩戴护目镜。若被积雪围困，要尽快拨打110、119等。在冰雪路面行驶时，可以给轮胎少量放气，增加轮胎与路面的摩擦力。路过桥下时，要小心观察或绕道通过，以免桥上结冰棱因融化脱落伤人。发生交通事故后，应及时在现场后方设置警示标志，以防连环事故发生。

（三）汽车驾驶应急情况处置

麻痹大意、不以为意等不正确的态度往往是很多交通事故发生的主要原因。车辆发生故障或意外停车时，要立即开启危险报警闪光灯，将车辆移至不妨碍交通的地方停放。难以移动的应当开启危险报警闪光灯，并在来车方向设置警告标志。高速公路设置警告标志应在来车方向150米以外，车上人员应迅速转移到安全地方，防止发生二次事故，并立即报警。发生任何车辆事故，先熄火，不要在附近吸烟。

1.撞车

如果撞车已不可避免，不要慌张，掌稳方向盘。千万不要正面冲撞车辆、大树、石头，可以试着冲向较软的土坎、篱笆、灌木。在撞击前，驾驶员双臂夹胸，手抱头，两脚踏实，咬紧牙齿，避免头撞到方向盘。副驾驶乘客双手抱头或者双手握拳，屈膝护住胸腔腹部。后排乘客双臂向内，双手抱头后躺。

2.爆胎

如果发生车辆前轮爆胎，要握紧方向盘，调整车头动作要轻柔，不要因慌张而反复猛打方向盘，避免汽车出现强烈的侧滑甚至调头，然后慢慢减速，可以减挡，松开油门踏板并反复轻踩刹车，将汽车缓慢停下来。车辆后轮爆胎时，应反复轻踩刹车踏板，采用收油减挡方式将汽车缓慢停下，不要猛踩刹车，也不要迅速松开油门踏板，然后打双闪灯、握紧方向盘，从高挡抢进低挡，一般是抢到二挡，利用发动机来制动，让车辆慢慢停下来。在进行上述动作的同时，严禁向爆胎的相反一侧打方向。车辆发生翻车时，车内所有人员抓紧周围固定物，让身体固定在座位上。车停下后，驾驶员逃生时，先熄火，然后迅速调整身体逃出。副驾驶空间大，应先出来。如车门无法打开，应砸开车门迅速从车窗逃出。

3.翻车或坠崖

汽车翻车前一般都有先兆。急转弯翻车，驾驶员先有一种急剧转向、飘起的感觉；掉沟翻车，一般是车身先慢慢倾斜，然后完全翻车；纵向翻车，车先有前倾（车头下沉）或后倾（车尾翘起）的感觉，然后完全翻转。无论是哪种翻车形式，当驾驶员感到车辆不可避免地要倾翻时，应迅速做出避险反应。一种方法是紧紧握住方向盘，两脚蹬住底板，使身体固定，并随车体翻转，避免身体在驾驶室内滚动而受伤。另一种方法是紧紧抓住方向盘，身体尽量往下躲缩，使身体随车翻转，要避免身体被甩出车外。在安全带将车内人员牢牢固定的情况下，司机要保持冷静，可用脚钩住踏板随车翻转，其他乘车人员也可利用身边的设施保持身体稳定。车辆翻滚完全停止后，关闭车辆电源开关。应当用手寻找支撑点，在确保头部不会受到伤害的情况下打开安全带，从车门逃出。如果车门变形无法打开，首先从前挡风玻璃逃生。经撞击和翻滚，多数情况下前挡风玻璃已经完全破碎，可以由此逃生。车辆侧翻在路沟、山崖边时，车内人员要遵守秩序，判断车辆是否还会继续往下翻滚，在不能判明的情况下，让远离悬崖一侧的人先下车。汽车翻车时，若必须跳车躲避，不可向翻车方向跳车，以防止跳出车外时，车体又重新压上。正确的方法是应向翻转的相反方向跳车。在翻车时，若感到不可避免地要被抛出车外时，应在被抛出车厢的瞬间猛蹬双腿，增加向外抛出的力度，落地时再双手抱头顺势跑动或滚动一段距离，以减轻落地的重量，躲开车体的撞压，身体抱成团，头部紧贴胸前，脚膝并紧，肘部贴于胸，双手捂住耳，腰部弯曲，瞄准草地、灌木等较软的地方，顺势滚动，不要直接冲向地面。

4.车辆自燃

平时保养不当、长期缺少检修、零部件老化等，在夏天高温等情况极易引发车辆自燃。汽车自燃前肯定会有一些前兆，比如仪表不亮、水温过高，有时发现车身有异味、冒出烟雾等。遇到这些情况要马上找安全的地方停车检查，关闭电源，然后迅速离开汽车车厢拿灭火器查看火情，千万不要打开汽车前机盖。迅速使用灭火器，对准火的基部喷射。如果火势较大，应迅速撤离，报警求救。

5.刹车失灵

当车辆发生刹车失灵时，驾车人首先要保持冷静，切莫惊慌失措，应根据路况和车速控制好方向，同时迅速减挡，双脚离开加油踏板，打开警示灯，换低挡。通过拉手刹来降低车速，拉手刹时应该缓缓用力，尽量用手刹制动至车辆停住，注意不要猛拉手刹，应由轻缓逐渐用力直至彻底停车。如果来不及做完上述整套动作，可以先从加油踏板上抬脚，再换低挡后抓手刹制动。小心驶离车道，将车停在公路边缘，最好是边坡或者松软的上坡。如果手刹制动效果不好，也可以利用周围障碍物使车辆停下，或低速控制车辆行至平坦路段逐后渐停下。选择障碍物时，较软的篱笆比墙要好，灌木丛比参天大树要好，它们可以使车逐渐减速直至停车。如果遇到下坡，车速无法控制时，为了减速可以尝试冲撞路边的护栏，或者靠近前面的车辆，然后使用警示灯和喇叭向前车司机求助。无论采取什么方法，要努力让车走直线。如果无法避免需要撞车，则握好方向盘，保持冷静，选择适宜的撞车方式，以便尽可能将自己及他人的损失降至最低限度。除非不得已，否则不要轻易跳车。在倒向冲撞点的瞬间应尽可能地远离方向盘，双臂夹胸、手抱头。后排乘客也同样双臂夹胸、手抱头、向后躺，以避开前排的靠背。

6.车辆落水

车辆落水时，在车内充满水之前是不会沉没的，这时还有充足的时间可以逃离出去。在此过程中一定要保持镇静，惊慌失措很可能会延误最佳的逃离时机，应迅速打开车窗和天窗逃生。如果水的压力使车门很难打开，可以尝试摇下车窗玻璃，将小孩、老人或女人先推出来，不要考虑挽救什么财产。如门窗都打不开时，用安全锤或靠枕、女士高跟鞋敲车窗四角。如果来不及逃离车内，应紧关车窗，让孩子站起来接近车顶，然后松开安全带，让每位车门边的乘客做好准备，用手握住车门把手，同时松开所有自动门锁，当水逐渐进入车内后，空气会被压向车顶，气压升高将接近于车外的水压，车子逐渐停止移动，这时车内也几乎充满了水，让每人做一次深呼吸，打开车门，屏住气，游上水面。

7.车辆卡在铁轨上

如果车辆在交叉路口的铁轨上抛锚了，尽可能地重新发动并迅速离开。不要太依赖自动挡，换人工挡尝试一下。如果火车将临而车辆一时又无法启动，应当机立断放弃车辆，转移至安全的地方，至少离车五米远，因为高速行驶的火车会将车辆撞出很远的距离。附近无火车，或者火车还很远时，应尽最大努力将车移到铁轨外。如果不能确定火车会走哪条轨道，一定要将车脱离所有的铁轨，如实在没有将车移到铁轨外，要迅速拨打96116或110报警。同时可以沿铁轨迎着火车来临的方向向前走一段距离后在铁轨一边站稳，同时挥动车座毛毯或其他显眼衣物以向司机发出警告，使司机注意到异常情况的发生。

8.车辆突发事件基本处置程序

车辆遇突发事件后要立即停车，停车后拉手刹制动，切断电源，开启危险报警闪光灯。如在夜间，须开示宽灯、尾灯。若在高速公路上，须按规定在车后设置危险警告标志。当事人应及时将事故发生的时间、地点、肇事车辆及伤亡情况通过打电话（交通事故报警电话：122或110）或委托过往车辆、行人向附近的公安机关或执勤民警报案，同时也可向附近的医疗单位、急救中心呼救、求救（医

车辆突发事件处置

疗急救求助电话：120或110）。如现场发生火灾，还应向消防部门报告（火灾求救电话：119或110）。保护现场的原始状态，其中的车辆、人员、牲畜、散落物不能随意挪动位置；为抢救伤员，应在其原始位置做好标记，不得故意破坏、伪造现场；在警察到来之前，当事人可用绳索等设置警戒线，保护好现场，抢救伤者，当确认受伤者的伤情后，能采取紧急抢救措施的应尽最大努力抢救，设法送往附近医院抢救治疗。除未受伤或虽有轻伤但本人拒绝去医院诊断的之外，一般可以拦搭过往车辆或通知急救部门、医院派救护车前来抢救。应妥善保管现场物品或被害人的钱财，防止被盗、被抢。要防火防爆，当事人首先应关掉车辆的发动机，消除火灾隐患，现场禁止吸烟。如果是载有危险物品的车辆发生事故，除将此情况报告警方及消防人员，协助交警现场调查取证外，还要采取专业的防范措施。当事人必须如实向公安交通管理机关陈述事发经过，不得隐瞒交通事故的真实情况。已参加保险的车辆和人员还要在48小时之内向保险公司报案。如在隧道内发生突发事件，设置警示标志后，要尽快撤离到隧道外，或者撤离到安全岛，报警处置。

二、海边、河边、湖边安全注意事项

（一）意外情况处置

1.身陷漩涡

在河道突然变宽、变窄和骤然曲折处容易出现漩涡；水底有凸起的岩石等阻碍物、有凹陷的深潭或河床高低不平处可能出现漩涡；山洪暴发、河水猛涨时，漩涡最多。如果已接近漩涡，切勿踩水，应立刻平卧于水面，沿着漩涡边，用爬泳快速地游过。

身陷漩涡自救

2.水草缠身

靠近海、河、湖的岸边或较浅的地方一般有杂草，游泳者应尽量避免到这些地方去游泳。被水草或海草缠身时首先要镇静，自己无法摆脱时应及时呼救，切不可踩水或手脚乱动，否则就会使肢体被缠得更难解脱，应用仰泳方式顺原路慢慢退回，或平卧水面，使两腿分开，用手将水草或海草解脱；试着把水草或海草踢开，或像脱袜子那样把水草或海草从手脚上捋下来；摆脱水草或海草后，轻轻踢腿而游，并尽快离开水草或海草丛生的地方。

3.疲劳过度

游泳疲劳过度，容易造成肌肉痉挛或因体力不支而溺水。觉得寒冷或疲劳，应马上游回岸边；如果离岸甚远或过度疲乏而不能立即回岸，就仰浮在水上以保留力气找到漂浮物体自救；有人救助时，要举起一只手，放松身体，不要紧抱着施救者不放；如果没有人来，可继续漂浮或找到漂浮物，等到体力恢复后再游回岸边。

4.肌肉痉挛

一般在水中时小腿和大腿发生肌肉痉挛的概率较高，但有时手指、脚趾及胃部等部位也会发生肌肉痉挛。下水前没有做准备活动或准备活动不充分、身体各器官及肌肉组织没活动开、水凉刺激肌肉突然收缩、下水后突然做剧烈的蹬水和划水动作、游泳时间过长、体力消耗过多、游泳动作不协调等都容易导致肌肉痉挛，因此下水前一定要做好准备活动。发生肌肉痉挛后，千万不要惊慌，一定要保持镇静，停止游动，仰面浮于水面上，或者找到漂浮物自救，根据不同部位采取不同方法进行自救后迅速上岸。小腿发生肌肉痉挛时，可使身体呈仰卧姿势，用手握住发生肌肉痉挛那只腿的脚趾，用力向上拉，使发生肌肉痉挛的腿伸直，并用另一腿踩水，另一手划水，帮助身体上浮。上腹部发生肌肉痉挛可掐按中脘穴（在脐上四寸），配合掐按足三里穴，还可仰卧于水里，把双腿向腹壁弯收，再行伸直，重复几次。两手发生肌肉痉挛时，应迅速握紧拳头，再用力伸直，反复多次，直至复原。如单手发生肌肉痉挛，除做上述动作外，还可按摩合谷穴、外关穴等。游泳前一定要做好暖身运动，可模仿些游泳动作来活动四肢，切忌在没做任何准备时匆忙跳入水中。游泳前要把身体调整到最佳状态，饭前饥饿或饭后太饱及过度疲劳时游泳都容易导致肌肉痉挛。游泳时如出现胸痛现象，可用力按压胸口，等到稍好时立即上岸。腹部疼痛时应立即上岸，最好喝一些热的饮料或汤以保持身体温暖。

5.溺水

为防止溺水，外出游玩时不要独自一人游泳，不要到陌生水域去游泳，最好集体组织在正规游泳池游泳，以便互相照顾。对自己的水性和身体健康状况要有自知之明，下水后不能逞能，不要贸然跳水和潜泳，更不能互相打闹，不要在急流和漩涡处游泳。身体素质较差者，游泳时间不宜过长。做好下水前的准备，先活动活动身体，如水温太低，应先在浅水处用水淋洗身体，待适应水温后再下水游泳。游泳时如果突然觉得身体不舒服，如眩晕、恶心、心慌、气短等，要立即上岸休息或呼救。当自己发生溺水时，不要慌张，除大声呼救外还可仰卧头部向后，使鼻部可露出水面呼吸，不要将手臂上举乱扑动，这样反而使身体下沉更快。如果发现溺水者，不要贸然去救人，匆忙救人可能被溺水者抓住带入水中，十分危险。救援者可迅速游到溺水者附近，观察清楚位置，从其后方出手救援，或投入木板、救生圈等让溺水者攀扶上岸。要优先用绳子、棍子等工具救援。把溺水者救上岸后，立即清除溺水者口鼻内的污泥、杂物，保持其呼吸道通畅。迅速把溺水者放在斜坡地上，使其头向低处俯卧，压其背部，将水倒出。如无斜坡，救援者一腿跪地，另一腿屈膝，将患者腹部横置于屈膝的大腿上，头部下垂，按压其背部，将口、鼻、肺部及胃内积水倒出。对呼吸已停止的溺水者，应立即进行心肺复苏。如果溺水者呼吸、心跳均已停止，应立即进行心肺复苏进行急救。

6.蚊子叮咬

去水边游玩时，防止蚊子叮咬是十分必要的。为了避免被蚊子叮咬，最好穿着透气、吸汗的棉质浅色衣服，一般蚊子对鲜艳的和深色的衣服较敏感；因为蚊子喜食花蜜露，所以尽量少使用带花香的物品；注意个人卫生，勤洗澡、勤换衣服。可随身携带夜来香、万寿菊、驱蚊草、薄荷等防止蚊子叮咬。人被蚊子叮咬后会出现红肿、痒、痛等症状，这时切忌乱抓乱挠，否则容易造成细菌感染。可用盐水涂抹或冲泡痒处，可使肿块软化，还可以有效止痒；或将香皂蘸水涂抹在红肿处，也可在数分钟内止痒；如果叮咬处很痒，可先用手指弹一弹，再涂上花露水、风油精等，或可切一小片芦荟叶洗干净后掰开，在红肿处涂抹几下，能消肿止痒；也可扒一瓣蒜，掰开后用蒜的断面涂抹蚊虫叮咬处，可止痒消毒。

7.晒伤

高温天气里，强烈的阳光容易使人晒伤。晒伤时，皮肤容易出现红肿、疼痛、水疱、脱皮，严重者甚至会出现发热、头痛等情况。如果皮肤轻微发红、发烫，可用棉片蘸冰水敷或进行冷水浴，直到皮肤恢复本来的颜色和温度，然后用温和、滋润性好、富含维生素E、不含刺激性物质的洁面乳来做清洁，洗完后擦一些保湿水。如果疼痛、红肿，可先用冰水敷，然后用天然芦荟胶轻轻涂在皮肤上镇痛消炎。如果晒后起了疹子，说明皮肤已经晒过敏了，应该避免让皮肤再次受到强烈阳光的伤害。如果起了水疱就更严重了，这时不要使用任何产品，应该避免摩擦皮肤使水疱破裂，要在医生诊断后遵医嘱涂上消炎药膏，不可盲目用药。

（二）正确食用海鲜

各种海鲜体内藏着多种多样的致病微生物和寄生虫。人若吃入含有这些致病微生物以及寄生虫的海鲜，有可能引起致命的感染及食源性寄生虫病。

1.购买活海鲜

为了减少吃海鲜引发的食物中毒，购买海鲜时尽量选购活的海鲜。尤其是死蟹最好不要吃。

2.尽量不生吃海鲜

尽量不要生吃海鲜，对肠道免疫功能差的人来说生吃海鲜具有潜在的致命危害。如实在要生吃海鲜要先冷冻，再浇点儿淡盐水，这样可有效杀死致病微生物。有甲壳的海鲜，在烹调之前要用清水将其外壳刷洗干净。贝壳类海鲜烹煮前要在淡盐水中浸泡约1小时让其自动吐出泥沙，但浸泡时间不宜过长。

3.吃海鲜不要喝大量啤酒

海鲜富含嘌呤，吃过多海鲜可能会造成蛋白质过量，增加胃肠负担，造成人体代谢紊乱，引起代谢性疾病。食用海鲜时饮用大量啤酒会产生更多的尿酸，从而引发痛风。吃海鲜配以白酒或干白葡萄酒较好，因为其中的果酸具有杀菌和去腥的作用。

4.关节炎患者要少吃海鲜

海参、海龟、海带、海菜等含有较多的尿酸，人食用后可在关节中形成尿酸结晶，使痛风症状加重。因此，痛风患者要少吃海鲜。

（三）海边游玩常见伤病

1.水母或海胆刺伤

在海边游泳及潜水时，要特别小心被海水中水母或海胆刺伤，二者都有毒性，会给人体带来伤害。如果被水母蜇伤，会出现刺痛、瘙痒、红疹和水疱等症状，更严重的会有恶心、呕吐、发热、畏寒、头痛和肌肉酸痛等症状。被水母蜇到时应马上以食用醋或稀释的冰醋酸冲洗，千万不要以清水或酒精来处理。如果被海胆钙化的刺扎到皮肤，会引起剧痛、局部红肿，若未适当处理，可能在两三个月内产生肉芽肿，因此要及时并就医治疗。所以游泳或潜水时最好远离海胆多的海域，台风或大风雨过后海边海胆多，最好不要到海边游泳或潜水。

2.匐行疹

匐行疹又名移行性幼虫疹。钩虫幼虫会透过脚底、臀部及生殖器等部位进入人体造成匐行疹，引起阵发性的刺、痒、痛。钩虫幼虫进入皮肤后，皮肤会出现红色的细长而弯曲的线状疹子，线状疹子每天移动2厘米左右。当发现自己身上有移动的“红线”后要及时就医，遵医嘱服药。

3.眼病

急性结膜炎是海边游玩常见疾病，多是由于水质不卫生引起的，标志性症状就是眼部发红，还会有流眼泪、眼屎多、眼睛充血、畏光、刺痛感等症状。当感染急性结膜炎后，就不要下海游泳了，应立即找眼科医生做治疗，不要自行滴生理盐水或眼药水，以免病况加重。角膜炎通常是急性结膜炎的并发症，大多由戴隐形眼镜游泳引起。当佩戴隐形眼镜时，角膜的上皮细胞容易缺氧而死亡脱落，此时游泳则细菌易侵入伤口造成发炎。角膜炎的症状有视物模糊，眼睛有异物感、流眼泪、刺痛，严重者视力会受到影响而无法恢复。眼睛本身已有发炎现象，如角膜炎、急性结膜炎时，不要游泳。刚做完眼部手术须征得医生同意再游泳。不要戴隐形眼镜游泳，一定要戴泳镜，不要在没戴泳镜的情况下在水中张开眼睛。

三、山地、森林旅游注意事项

（一）防止迷路

在山地或森林进行自驾游时，有时会发现找不到规划道路，或者从开始就没有确定好行进路线，结果导致迷失方向。发现自己迷失方向后千万不要惊慌，应立即停车冷静下来，并回忆一下所走过的道路，想办法利用一切可以利用的标志重新定向，然后再寻找道路（具体内容可参照第二章第一节“野外行进方向判断”部分）。

（二）预防山火

山火十分危险，任何人在野营时都要注意安全用火。不要在非指定的烧烤地点或露营地点生火做饭，吸烟人士应尽量避免在丛林附近吸烟，烟蒂和火柴必须完全熄灭并采取安全措施后才可抛弃在垃圾箱内或带走。干燥的天气里，山火在较斜的草坡上顺风向上蔓延速度极快，一不小心极有可能造成人员伤亡。如发现山火，要尽快远离火场，山火蔓延速度极难估计，如发现前路山上远处有山火，不应冒险尝试继续前行，以免被山火所困。遇到山火时要保持镇静，不要惊慌失措，也不要随便试图扑灭山火，除非山火很小或者确实处于安全的地方。离开火场时，一定要确定山火的蔓延方向，避免朝山火蔓延的方向走。如果对山路较为熟悉，可选择较易逃走的小路，这样可以更快地离开火场。离开火场时要选择植物稀疏和障碍物较少的地方走，切勿走进矮小的密林及草丛中，山火在这些地方可能会蔓延得很快而且热力也较高。若山火迫在眉睫又无路可逃时，应以衣物包掩外露皮肤，逃进已焚烧过的地方，如有水尽量把全身打湿。如情况允许，尽量往山下逃离，切勿往山上走，不仅会消耗体力，逃生速度也慢。

（三）预防受伤

在山地或森林野营有时会遇到雨天，这时山路一般都比较滑，在这样的山路上行走很容易滑倒受伤。滑倒以后首先要检查有没有扭伤、擦伤或受到其他伤害。例如发现有踝关节扭伤或有骨折，必要时应立即进行急救。如果是发生踝关节扭伤，首先要绝对休息，每间隔15分钟冷敷一次，并把小腿垫高以利于静脉血液回流，促使淤血消散。同时应注意保护脚部，一定不要用力揉搓受伤部位。如果发生骨折，首先要迅速固定，然后在同行人员帮助下尽快返回营地，让受伤的队友休息。这时切忌让伤者独自行走，以免伤势加重，伤者自己不能及时处理而引发意外。意外滑倒发生扭伤或骨折等意外时，经过急救后伤者的伤势依然很严重的要及时送到医院治疗，以免延误病情。

（四）预防山洪

夏季在山地或森林野营时，只要发生暴雨，就一定要考虑到有可能发生山洪。山洪的威力是巨大的，一定不要低估山洪的速度和暴发的威力。在山沟中，小溪往往会因为上游降下大雨，雨水集涌而下，数分钟内就演变为巨大山洪，如果这时游人正在溪中，极易被洪水冲走，导致人员伤亡。如2022年8月13日，成都市彭州市龙门山镇很远的后山下雨，导致下游龙漕沟区域突发山洪。在山林野营遇到大雨时，躲雨要避开山沟、河道，以防雨水集聚期间形成山洪。遇有山洪发生不要惊慌，由于山区独特的地形条件，洪水往往发生得快、消退得也快，遇有山洪形成、大水漫过时，迅速往高处躲避，来不及时要抱住较粗壮的树干等物，等待洪水消退。

发现流水湍急、浑浊及夹杂沙泥时，是山洪暴发之先兆，应迅速远离河道。洪水来临时，不要尝试越过已被洪水盖过的桥梁，这时应迅速离开河道。一旦不慎被洪水卷走，此时要保持头脑绝对冷静，尽量使自己的头部露出水面，保证呼吸；努力使身体保持平衡，抓住可利用的物体，寻找生机，如岸边的石头、树枝、枯藤之类的物体，也可以抱住水中的一些漂浮之物，这样可以很好地帮助爬回岸边或等候同伴救援，然后脱离险境；努力避免头部、胸等身体要害部位被石头撞击。如果有多人同时处于洪水之中，这时一定要有互助精神，只有大家互相帮助才能共同脱险；大家可以排成纵队，从第二个人开始每个人都抱紧前面人员的腰，共同行动，也可以利用背带、腰带互相牵连；对于被洪水冲走的同伴，要积极实施营救，可利用手边的物件勇敢地救助落水者，这时可以将长树枝伸向他，使之抓住而获救，也可以利用背包的带子拉起落水者；如果洪水较急，落水者很快就会被冲到远处，这时可尽快扔给他如木板、树干、脸盆等物品，落水者抓住这些东西可以借助其产生的浮力获得生存机会。

（五）预防塌方

在山地或森林野营时，如果遭遇暴雨或连日大雨要注意防范山体塌方带来的危险。外出要留意当地设置的地灾隐患点警示牌，远离易发生地灾的地方。暴雨或连日大雨过后很多斜坡处渗进大量雨水，极易引起山泥倾泻，引发山体塌方。遇到斜坡底部或疏水孔有大量泥水透出时，这就表明斜坡内的水分已充分饱和，斜坡中段或顶部有裂纹或有新形成的梯级状并露出新鲜的泥土时，都是山泥塌方的先兆，此时应尽快远离这些斜坡，以免发生危险。暴雨或连日大雨过后，如果遇山泥塌方并且已经阻断道路，这时一定切勿尝试踏上浮泥继续前进，应立刻后退另寻安全小路继续行进或中止前进，返回到安全的地方。

如遭遇山体塌方有大量山泥下落时，一旦有队友被山泥淹没，切勿随便尝试自行营救，以避免更多人伤亡，这时应立刻报警通知有关部门准备适当的工具再进行救援。

（六）预防暴寒

暴寒是指身处寒冷的地方却没有足够的衣服御寒，以致体温下降，时间过长也会有生命危险，这种现象也被称为失温。暴寒不一定都发生在冬季，即使是在夏天也可能因为突然而来的大风、寒雨或暴雨引起暴寒。甘肃白银百公里越野赛事件的直接原因就是部分选手因大风造成身体急性失温。暴寒一般使人感觉特别疲倦、皮肤冰冷、步履不稳、发抖、肌肉痉挛、口齿不清、产生幻觉、无精打采。预防暴寒的最好方法是准备充足的保暖物品，例如野营时一定要带上睡袋、御寒衣物，还可以带上保暖用的发热袋；另外，一定要带上一套备用干衣服，以备更换；野营出发的前一个晚上一定要充分休息，养足精神；出发前要吃一顿丰富的有营养的饱餐，旅行的途中也可以吃一些高能量食物，如巧克力等。整个行程过程中要注意适当休息，不应过度疲劳，以免消耗体力。如果感觉自己的身体不适，一定不要勉强参加活动，以免发生意外。野营时，遇到雨天应该迅速找地方避雨，如衣服打湿要迅速更换湿衣服，并用衣服、发热袋或睡袋把头、脸、颈和身体包裹以保暖，喝温水并且食用些高能量食物，保持体温。

（七）注意滚石

在山区野营时，要时刻注意山上的滚石，当漫步或行进在山谷或悬崖峭壁之下时，首先要防范山上的那些巨石。

滚石现象的发生有一定征兆，如滚石下落时，较大石块在移动过程中会带动一些碎石或泥土滑落，这些碎石或泥土会更快落下，而且还会发出一些响声，这时就要格外注意；即使没有注意到这些下落的碎石或泥土及其声响，较大石块自高处滚落时，也会与山坡地面撞击发出巨大声响，这也是重要警示。躲避不及时，要随机应变，利用自己身处的地形、地物保护自己，如可以躲在身边坚固的巨石或树木之后；当在谷底时，一面山坡上发生滚石，可以逃向另一面山坡；如果是山上行走时遇到滚石，可以快速横向转移，这样就可以躲开石块下冲的方向；如遇到大面积的滚石发生，则尽快横向离开滚石下落的方向，并以随身携带的物品保护好头部，以避免或减轻伤害。发生滚石时，如果真的被滚石砸伤，要迅速转移到安全的地方帮忙对伤口进行处理，这时同行的人可用随身的毛巾、手帕、上衣等帮忙包扎止血。滚石砸伤很容易导致骨折，急救时应用树枝、竹片等对受伤的肢体加以固定，这样可以减轻伤者的疼痛，也可缓解伤情。骨折后要注意不能随意乱动，应由他人抬下山去或背走。如伤员伤势较重或昏迷不醒，应就地取材制作一个简易担架尽快送医。

（八）预防泥石流

泥石流是山区的一种非常严重的自然灾害，破坏力极大，野营时如果遇到泥石流十分危险，一定要注意防范。泥石流的发生是有一定规律的，野营及行进时要注意泥石流的隐患方位，否则一旦被其吞没则难以自救。泥石流往往发生在暴雨季节，多与山洪相伴，在遇到有山洪发生时也要想到泥石流，躲过了山洪之后不要急于穿过山涧河道，要避开土质松散的危险地形，选择地势平坦、地质坚固的地方尽快撤退。在山区野营时，如遇暴雨或连日大雨须躲避时，不要靠近那种土石相间的山崖或山坡。在春季野营，因是雪水融化的时节，即使在山区公路上行走也要注意路旁山崖或山坡的地质条件。不要在可能松动滑动的山崖或山坡下休息，路过时要尽快通过。

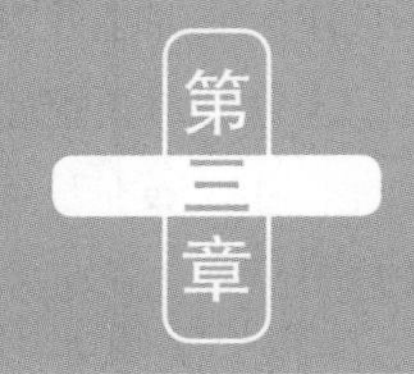

突发公共事件防范与自救

中国是全世界最安全的国家之一，但个人有时也可能存在一些意外和不安全情况，还是要了解一些基本防护知识并做好防范。遇突发公共事件时，首先考虑当前环境安全情形是否会恶化。如现场不安全，要先转移至相对安全的地方再进行自救或互救。

第一节　突发化学性污染与放射性污染的自救与互救

危险化学品是指具有毒害、腐蚀、爆炸、燃烧、助燃等性质，对人体、设施、环境具有危害的剧毒化学品和其他化学品。其中以危险化学品爆炸造成的影响较大。危险化学品的种类和数量极多，在其生产、使用、运输及存储等任何一个环节中，爆炸均可能造成人员的大量伤亡和财产的巨大损失。与普通爆炸不同，危险化学品爆炸更有可能引发连环爆炸和有害气体蔓延，造成燃爆危害、健康危害和环境危害。危化品发生爆炸后，要牢记“向上风口快速撤离”这一原则。

一、危险化学品爆炸或泄漏后的安全常识

（一）常见的可能接触的危险化学品

常见的危险化学品，如液化石油气、各种化学农药、盐酸（洁厕剂）、酒精、汽油等，以及墨水清除剂、涂改液、修改液、杀虫剂、打火机、充电宝等，使用不当均可能会带来危害。公共场所可能存在的危险化学品有压缩氧气、酒精、汽油、

煤气等，在公共场所要留意特殊标志，遵守安全规则。学校实验室可能存在硫酸、盐酸、硝酸、氢氧化钠、氢氧化钾等各种危险化学品。除此之外，还有一些常见气体，如氯气常温常压下为黄绿色，有强烈刺激性气味；氨气，无色，有强烈刺激性气味；硫化氢气体，无色，有臭鸡蛋气味；天然气，无色无味；二氧化硫气体，无色，有强烈刺激性气味。

（二）生活中常见的危险化学品注意事项

家庭中的危险化学品应该放置在幼童不能接触到的地方，千万不要用生活用具盛装危险化学品，避免误食、误服。在室内发现异味，立即开窗通风，用湿毛巾或者衣物捂住口鼻。在家如发生煤气、天然气泄漏时，应迅速打开门窗通风，尽可能关闭气体管道，切断来源。如汽油、煤油等发生泄漏时，应隔绝火源，设法关闭泄漏源，用吸水性物件擦拭、清除；如发生燃烧，最好用干粉灭火器扑灭，如火势失控应迅速撤离报警；切不可在现场打电话、点烟或者开灯，极易引发燃烧、爆炸。下水道里容易积攒沼气，如遇到明火就会爆炸，严重的话一条街的井盖都会被炸上天。不只是从事与化学品有关的工作才会接触到危险化学品，一些具有潜在危险的化学品被广泛用于家庭杂务、花园和业余消遣中，使用前一定要听从相关安全规定的建议，避免接触化学物品及其烟雾、气体等，防止化学物品溢出、晃动、破损和与其他化学物品混合发生化学反应，造成危险和事故。如果在学校遭遇危险化学品事故，师生首先应迅速撤离至操场等开阔地带，再转移到更安全的场所，如上风方向的安全场所。

煤气、天然气泄漏

（三）日常生活遭遇危险化学品意外的紧急处置

身处陌生环境时要留意一些特殊标志，一旦提示有危险化学品时，千万要遵守危险化学品的安全规则。发现遗弃危险化学品立即报警，严禁带回家或带去公共场所。遇危险化学品安全事故，严禁围观，立即撤离至上风位置再报警。如果不慎接触到化学烟雾，有毒、有害气体或其他危险化学品，应快速到新鲜空气之处深呼吸或用大量的水进行冲洗。但也要注意某些危险化学品遇到水可能会发生更危险的化学反应，要了解危险化学品的特性，学会正确应对的方法。避免与被化学物质沾染的人进行身体接触，尤其是在不知道他所沾染的是何种化学物质时，绝对不能进行口对口人工呼吸。

如眼睛接触到硫酸，应立刻提起眼睑，用大量流动清水或生理盐水彻底冲洗至少15分钟后就医。如吞食硫酸等强酸，应用水彻底清洗口腔，饮食牛奶或蛋清，并尽快送医院急救。皮肤直接接触稀硫酸，应立即用冷水冲洗至少20分钟，然后用3%～5%碳酸钠冲洗。皮肤接触到浓硫酸，应先用干抹布拭去（不可冲洗），然后再用大量冷水冲洗剩余液体，并用碳酸钠溶液涂于患处，最后用0.01%苏打水浸泡，严重时及时就医。

如吞食碱性化学品，应用水清洗口腔后迅速服用食醋、柠檬汁等，同时拨打急救电话。碱性化学品沾染皮肤后，应立刻脱去被污染的衣物，并用大量流动清水冲洗至少15分钟，再用稀释后的醋酸或者柠檬汁中和。碱性化学品进入眼睛后，应立刻提起眼睑，用大量流动清水或生理盐水彻底冲洗至少15分钟，并及时送医院救治。

农药会经过口鼻和皮肤进入人体内，无论配药和施药都要做好防护，戴好手套、口罩、防护服。配药、施药后，要尽快用肥皂水清洗。配药、施药后使用的工具要按要求处理，绝不能存放食用品。施过药的地方要设有警示标志，也要防止家畜进入。下雨、大风、高温天气不要施药。农药中毒后迅速脱去污染衣物，尽快催吐并送医院救治。施药器材不能在河边进行清洗。

在阴沟疏通、河道挖掘、污物清理等作业时常遇见高浓度硫化氢气体，在密闭空间极易造成人员中毒死亡。救援人员对这类中毒患者开展救援时要做好自我防护，佩戴个人防护器才能进入有毒环境进行救援，危险区域外还要预留安全监护人员，最大可能防止救援人员中毒。救援硫化氢中毒者时，要迅速帮助其离开现场并转移到新鲜空气处，有条件的还要给予吸氧。

（四）遭遇危险化学物品泄漏的紧急处置

造成危险化学物品泄漏的常见原因是在运送危险化学物品的过程中，车辆、油轮或别的运载工具发生事故，致使化学物品溢出。危险化学品如果是固体或液体，溢出的危险化学品会很容易被发现，但如果是气体类危险化学品泄漏，或许就很难觉察出来了。如果对危险化学物品不了解，没有经过专业训练，并且没有适当的设备应对，应立即远离危险化学品泄漏的事发地点，报警通知消防人员或警察到来。

不要盲目上前帮忙，避免操作不当使情况更严重，甚至危害到自己和他人安全。工人在作业中发现不明物体、液体，闻到不明气味，一定要立即封闭现场、避免接触、迅速通风、立即报警。对事发地广大居民来说，危险化学品泄漏发生的时候可以采取的有效保护措施很少，人们除了待在屋内、紧闭门窗外别无选择。但是预先了解可能发生的危险绝对是非常必要的，家中要储备一定量的瓶装饮用水，在危险没有解除前不得饮用自来水。

（五）遭遇危险化学品爆炸的紧急处置

危险化学品爆炸对人体造成冲击伤，烧、烫伤等；各种危险化学品燃烧、爆炸后产生的粉末可能进入呼吸道或口腔，造成急性中毒等；也有可以经皮肤吸收的浓度较高的化学毒气或粉末会通过皮肤进入人体造成头晕、恶心和呼吸困难；还要防范会产生放射性物质。爆炸现场人员要立即转身，用双手或其他物品保护自己眼部和其他重要器官。

1.现场人员注意事项

遭遇危险化学品爆炸后，周边人群应尽快撤离事故现场，绕开爆炸地中心点，跑到上风方向，往外撤离。危险化学品爆炸后，在事故中心区（0～500米）和事故波及区域（500～1 000米）应穿戴轻型防化服。每个人在撤离时，最好能穿上长衣、长裤，戴上全面罩；离开污染区后，应尽快脱下受污染的衣物，并放入双层塑料袋内，同时用大量清水冲洗皮肤和头发至少10分钟，冲洗过程中应注意保护眼睛；若皮肤或眼睛接触氰化物，应当立即用大量清水或生理盐水冲洗15分钟以上；若戴有隐形眼镜且易取下，应当立即取下，困难时可向专业人员请求帮助；如果撤离事故现场后，感到口腔、上呼吸道刺痛或麻木，头昏、头痛，一定要及时就医。有些危险化学品中毒有特效解毒剂，所以一定要寻求专业的医疗救护。在确认爆炸现场排放的污染物完全得到专业处置且不会混入生活水源之前，不要饮用自来水或地下水，尽量使用救援者提供的应急水源或者瓶装水。与普通爆炸和火灾不同，危险化学品爆炸更有可能引发连环爆炸和有害气体蔓延，因此要迅速向上风方向快速撤

危险化学品爆炸后撤离

离，一定要牢牢记住这一条。如果爆炸的位置处在上风口，尤其要注意，不能下意识背对爆炸点的方向跑，这样可能始终在污染的线路上前进，一定要绕开爆炸点，然后向上风口撤离。有毒气体因为密度小，受风的影响很大，1～2级的微风就足以使气体稳定地向一个方向吹，所以千万不要待在下风口。切记，不是越远越好，而是上风口最好。在室内遭遇危险化学品爆炸，应用湿毛巾或者衣物保护口鼻，不能及时撤离的应迅速用湿毛巾和衣物堵住门缝。

2.附近居民注意事项

发生危险化学品爆炸的地点附近的居民千万不要围观危险化学品爆炸，更不要自发组织救人。千万不要试图进入警察围成“警戒”的范围，这不仅可能给自己带来伤害，还会影响整个救援过程。要主动让出通道，让救援的交通保持通畅，避开集中区域，保证交通、服从指挥就是对救援最大的贡献，救援速度越快对他人和自己都是好事。及时收看、收听、接收政府通知，如果有巨大的隐患将影响周围环境，政府会通过官方渠道通知，为撤退、搬迁做出安排。千万不要轻信、传播谣言，否则引起社会恐慌会极大地干扰救援进程。可以在有条件的情况下做一些自我检查，准备一些日常防护的用品，如果担心危险化学品泄漏，可以带上活性炭口罩；现场如有防护面具或呼吸器、防护服和护目镜等个人防护装备，应立即佩戴上；在无防护装备的情况下，将身边能利用的衣服、毛巾、口罩等用水浸湿后，捂住口、鼻；要尽可能戴上手套，穿上雨衣、雨鞋等，或用衣物等遮住裸露的皮肤，同时可以使用游泳用的护目镜等做防护。从危险化学品泄漏现场转移到安全地点后，要及时脱去被污染的衣物，用流动的水冲洗身体10～15分钟，特别是接触危险化学品的部分。若皮肤沾染上危险化学品，要尽快用卫生纸、布料等擦掉，并用大量水冲洗。若皮肤因接触危险化学品受伤，在及时用水冲洗后应尽快前往医院治疗，千万不要在现场打开或关闭电器、打电话报警等，以免产生燃烧或爆炸。

3.危险化学品爆炸后注意事项

危险化学品如果没有充分燃烧，残渣的危害会很大。身体上的尘埃有可能就带有危险化学品的残留，回家一定要彻底地洗澡，不能让危险化学品残渣在身上长时间地残留。爆炸后，在现场时一定要保持镇定，观察周围环境，尽快将自己转移到一个安全的地方。努力对自己的各项生命体征进行调整，对身体进行自我检查。如果口、鼻里有泥沙，想办法清理一下。检查身体有没有大出血，如果持续流血，一定要采取各种办法止血，比如按压或者撕裂衣服、毛巾、被单等为自己做一个“止血带”。不要盲目地持续呼喊，可以找东西进行敲打或者间接呼喊，以保持体力。

二、核爆炸后的安全常识

光辐射、冲击波、热量和核辐射是核爆炸的最主要和最直接的杀伤、破坏因素。核爆炸产生的后果的严重程度取决于核爆炸的大小、类型、距离、高度、天气状况和地形条件等。

（一）核爆炸的危害

与常规爆炸相比，核爆炸产生的冲击波和热量要强大得多。核爆炸最初会引起强烈的冲击波，核爆炸产生能量的一半是通过冲击波的方式扩散的，其会摧毁沿途一切建筑、树木和其他障碍，对人员挤压抛掷。冲击波过后紧接着便是强热的来临。接近爆炸中心处，所有不可燃的材料都可烧毁或直接被汽化，甚至距离较远的地方也会被烧毁。核爆炸产生的强烈火光，甚至会引起严重的眼睛刺伤和皮肤灼伤。千万不要直视爆炸中心，紧闭双眼，捂住耳朵，张开嘴、深呼吸，就地找地下设施卧倒。核裂变引起的核爆炸，除了产生冲击波和热量，还产生α粒子、β粒子和γ射线，所以一定要想办法用衣物包严所有身体裸露部分，快速进入地下工事可以有效防范。核爆炸后，从早期辐射到后期沾染，破坏的时间和范围不断增加。核爆炸在最初释放的初始辐射持续时间很短，但却是致命的。冲击波过后，暴露在残余辐射下的普遍症状是恶心、呕吐、虚弱，而且皮肤呈灰色并可能会出现溃烂现象。

核爆炸

（二）核爆炸的防护

在核爆炸发生的初始阶段，防护是至关重要的，最好选择躲避在储备有空气、水和食物的深处地下掩体里或者人防工程中；如没有掩体，可以躲在山洞、壕沟里，在壕沟的顶部覆盖上一米甚至更多的泥土。如核爆炸离得相当远，不致发生建筑物的整体毁灭，则壕沟和泥土将能阻挡部分冲击波、热量和辐射。当然，遮蔽物完全阻挡辐射是不可能的，但足够厚的掩体材料将会使辐射减低到最小。据研究，钢铁0.21米、混凝土0.66米、砖0.6米、木材2.6米、雪6米、土壤1米可把辐射减低一半。如果在野外遭遇核爆炸，则尽可能快地寻找能够提供天然庇护的地势，如岩洞、溶洞、地坑、深谷、深沟、沟渠和露出地面的岩石。如果事先什么都没有，迅速卧倒，背向爆心，应立即快速开始挖一个，壕沟需要足够大时，先跳进去再继续挖。如果在挖掘过程中辐射已经开始，那么尽量用钢板、水泥块、石块、木板等材料遮挡，越厚越好，越快越好，减少身体暴露在辐射中的面积。也可利用周边一切物品赶造一个帐篷，即便仅仅是一块布，也能阻挡灰尘、杂物。在城市里，地铁、地下车库，也可以作为临时避难场所，要把门关闭好，也要防范出口倒塌封死。遇到核袭击时，发现闪光就要进入地下工事并用物体遮挡缝隙，注意避开门窗、孔眼，减轻二次伤害。将耳塞、棉花等柔软物品塞入耳内均能减轻鼓膜损伤。在室内时，听到警报要迅速关掉电和气阀门，带好个人生活用品进入地下工事。来不及进入地下工事者，要及时进入建筑物内，关闭门窗，用钢板等挡住门窗，并避开门窗部位隐蔽，发现闪光后立即在墙角卧倒。一旦得到遮蔽，要迅速脱下外层的衣物，把它掩埋在掩体另一端的地下。除非迫不得已，否则不要出去，不要再使用遗弃的衣服。如果身体曾暴露在辐射中，必须尽快除去放射性物质的污染，有肥皂和水的话就可以用肥皂和水彻底洗净身体。如果没有，就从掩体底部刮出土壤，揉擦身体的暴露部分，然后刷去泥土扔到掩体外面。无论情况怎么样，在最初的48小时内绝不要跑出掩体，条件允许的情况下躲得越久越好。如果必须冒险外出，在前三天内外出时间不要超过半小时；其后可以增加到半小时至1小时；到第8天时可达到1小时；第8～12天允许在外2～4小时；13天后可正常工作，然后回到掩体休息。外出选择背风墙侧行，人与人保持适当距离，尽量不要扬起尘土。行车关闭车窗，盖严棚布，加大车距，做好防护。如果体表有伤口，所有伤口都必须遮盖起来。如果被灼伤，都要立即用干净水冲洗，然后用东西盖住伤口。如果没有未受污染的水可以饮用，可以喝过滤尿液。注意遮蔽眼睛，戴口罩或用湿布捂住口、鼻，防止吸入有害物质。穿戴帽子、头巾、雨衣、手套和靴子及佩戴眼镜等都有助于减少体表放射性污染，扎好领口、袖口和裤脚。如有放射性物质进入体内，要大量喝水以促进放射性物质排出体外。

（三）核爆炸后的生存

除非被储藏在深的掩体中或者有特别的保护，否则核爆炸辐射范围内的所有的食品中都会有放射性的物质存在，尤其要小心那些奶制品和盐含量高的食物，比如牛奶、奶酪以及海生食物，因为各种奶制品和高盐含量的食物比普通食物更容易吸收辐射。经过加工的食物比新鲜食物更容易吸收辐射，这时罐装食品是较安全的，相对安全的罐装食物是汤、蔬菜和水果。因此，要提前把各种食物收到室内储存，盖紧、封好。爆炸后48小时内不要饮用任何未经保护的水。快速流动的河水受到的污染相对少；其次是取自地表深处的雪水；然后是地下管道或容器中的水。井水和泉水受到的污染相比之下比较严重，不要使用湖水、塘水以及其他地表的且流动性差的水源。水要先过滤，然后煮沸后再饮用。发生核爆炸时，在辐射范围内放在外面的器具都会受到污染，用流得很快的水流或开水彻底冲洗可以使器具去污。在同一核爆炸地区，生活在地下的动物比生活在地面上的动物受到辐射少，但是如果它们外出活动，同样会受到辐射感染。在条件困难的情况下，这些地下来源食物也要加以利用。不要直接用手处理动物尸体，剥皮和清洗过程中要戴上手套或用布裹住手。骨骼保留了90%的辐射，要去除与骨头接触的肉，去掉所有的内脏器官，要选择离骨头至少3毫米的肉，肌肉是肉中最安全的部分。在同一核爆炸地区，鸟类和水生动物要比陆生动物受的辐射更多，鸟类尤其易被污染。在核辐射范围内，块茎、根类蔬菜最安全，食用前要把它们洗净去皮；其次安全的是表皮光滑的水果和蔬菜；表面粗糙带褶皱的植物最难除去辐射，应该避免食用。所有食物食用时都要煮熟。核爆炸对天气和植物生存产生的影响范围将远远超越爆炸区域本身。在一定时期内，农作物的存活将会非常困难。

三、放射性辐射安全常识

极其少量的放射性辐射对人体无影响；少量的放射性辐射对人体有影响，但绝大多数能够恢复；只有一次性接受大剂量放射性辐射时，才会对人体造成严重损伤，甚至死亡。

外出时要注意辐射警示标志，有辐射警示标志的区域未经许可不要乱闯。不要擅自去捡拾来历不明的金属，特别是一些亮晶晶、夜间发光的物体。不要随意打开有警示标志包装的物品，特别是铅罐，千万不要接触、擅自移动，更不要带回家。大部分天然石材放射性辐射量低，可以安心使用，但个别建材受到放射性污染可能放射性辐射量较高。选购建材时，应索要放射性检验报告，对没有检测报告的建材产品最好不要购买，新装修的房间可以请检验机构进行放射性检测。

第二节　突发公共卫生事件防范

突发公共卫生事件，是指突然发生、可能造成或者已经造成社会公众健康严重损害的重大传染病疫情、群体性不明原因疾病、重大食物和职业中毒以及其他严重影响公众健康的事件。当前，全球气候变暖、生态系统失衡，微生物进化等都为传染病流行提供了可能条件。随着全球化的深入发展，人们的社会活动范围不断拓展，人口跨境、跨国流动加快，为传染病大范围迅速传播提供了可能性。

一、保持良好的公共卫生习惯，有效防范疾病

如果所在地区暴发了传染病疫情，请保持良好的个人、家庭和公共卫生习惯。做好室内外清洁卫生，保持干净整洁。保持室内空气流通，空调设备经常清洗防尘网。不随地吐痰，打喷嚏或咳嗽时用纸巾捂住口、鼻。勤洗手，按照七步洗手法用肥皂或洗手液将手洗净。合理安排作息和饮食，保持充足的睡眠和营养。少去商场、电影院等人员密集且相对密闭的公共场所，出门戴口罩。禽蛋要洗干净，做饭时生、熟要分开。

（一）勤洗手、保持双手卫生

在咳嗽或打喷嚏后，饭前、便后，处理食物前、后，照顾病人时，手脏时，处理动物或动物排泄物后等务必洗手。用肥皂或洗手液和流动水按照七步洗手法认真洗手：淋湿手后抹肥皂或洗手液后搓出泡泡，掌心对掌心揉搓手心；手指交叉掌心对手背揉搓，十指交叉揉搓；两手相揉搓手指；手握拇指搓一搓；指尖在掌心中揉搓；最后搓一搓手腕。搓手至少二十秒后用流水冲掉手泡沫。最后用水冲洗水龙头，关好水后擦干手。当咳嗽或打喷嚏时，用纸巾或弯曲的手肘捂住口、鼻，然后立即处理掉纸巾并洗手。除非刚刚洗完手，否则避免用手触摸口、鼻、眼等。

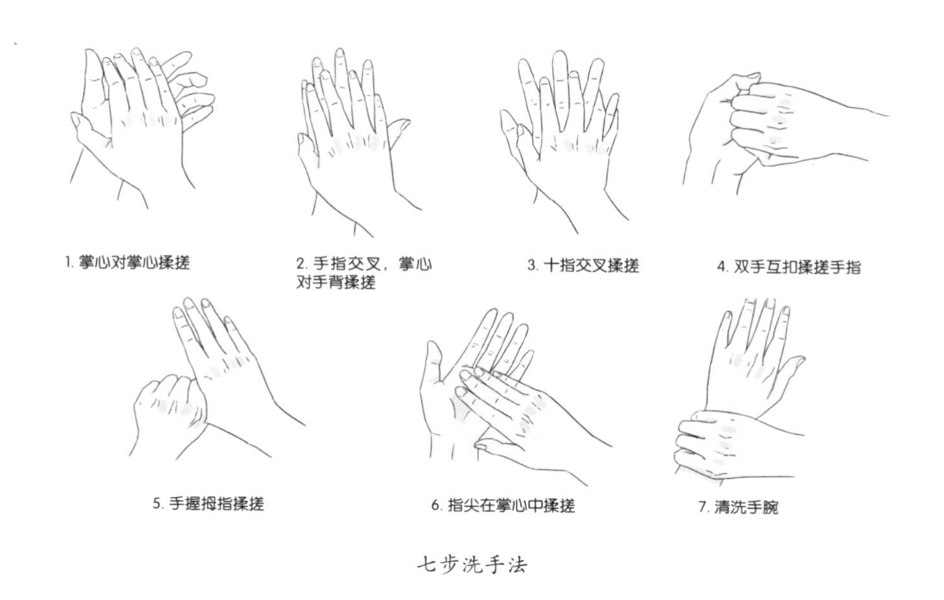

七步洗手法

（二）少到人员密集场所

在社交场合要尽量与他人保持1～2米的安全距离，互相问候时也不进行身体接触。尽量避开人流密集场所。避免或限制不必要的医院探访，且避免与患者近距离接触。定期洗澡，经常用清水、肥皂沐浴。正确佩戴、摘取、更换和丢弃口罩。戴口罩前、后，用肥皂或含酒精的免洗洗手液洗手。

（三）正确戴、取口罩

正确戴口罩，按压口罩上部的横条使其弯曲，直至贴合鼻子的形状，然后上、下调节，将口罩的褶皱展开，直至能完全覆盖口、鼻和下巴，并贴合面部。戴口罩时避免用手接触口罩，触摸口罩后要用肥皂或含酒精的免水洗洗手液洗手。正确取下口罩，应从耳后面取下口罩，请勿触摸口罩污染面。取下口罩后用肥皂和水或含酒精的免水洗手液洗手。使用完一次性口罩后，或是非一次性口罩变得潮湿后，请立即更换新口罩，不要重复使用一次性口罩。更换下来的口罩应立即消毒后弃置于封闭的垃圾桶内。

戴口罩，保持距离

（四）保持室内干净、卫生

做好居室通风换气并保持整洁、卫生，保持自然通风或机械通风每日2～3次，每次不少于30分钟。冬天开窗通风时，要注意室内外温差，以免引起感冒。桌、椅等物体表面每天做好清洁，擦桌布要定期消毒后晾干。

（五）及时就诊、按时吃药

在传染病流行期，如果出现发热、头痛、咳嗽及全身不适等症状，要立即就诊；患者要多喝水，保证休息，按时吃药，尽量和家人分开吃、住；饮食要富有营养、易于消化。

（六）寄、取快递注意事项

需当面验收货时可采取佩戴口罩、与快递员保持1米以上距离、减少交谈、缩短验货时间、不站在快递员下风向等措施，降低感染风险。无须当面验收货时可让快递员将快递放在门口或快递柜，待快递员离开后再取货，通过无接触收货，降低感染风险。收取冷链食品，特别是进口冷链食品时要佩戴医用口罩或医用外科口罩、一次性手套，在通风环境下拆外包装。肉类食品宜烹饪熟透后食用，烹饪所用的厨具应进行煮沸消毒。处理完食品后，及时使用流动水和肥皂或者用免水洗洗手液，按照七步洗手法清洁双手。洗手前，双手不碰口、鼻、眼等部位。对口罩及手套等垃圾，需使用浓度为500～1 000 毫克/升的84消毒液喷洒后及时清运。收取来自境外疫情国家（地区）或者国内疫情流行地区的普通快递时要佩戴医用口罩或医用外科口罩、一次性手套，在室外通风环境下拆开快，塑料包装袋、金属等表面可使用酒精棉球（片）擦拭消毒；耐热、耐洗的厨具、玩具、织物可进行煮沸消毒；纸质物品可在日光下暴晒4小时以上。处理完快递后及时使用流动水和肥皂或用免水洗洗手液，按照七步洗手法清洁双手。洗手前，双手不碰口、鼻、眼等部位。对口罩及手套等垃圾，需使用稀释后的84消毒液喷洒后及时清运。

二、部分传染病防范注意事项

传染病一般分为甲类、乙类和丙类。甲类传染病是指：鼠疫、霍乱。乙类传染病是指：传染性非典型肺炎、艾滋病、病毒性肝炎、脊髓灰质炎、人感染高致病性禽流感、麻疹、流行性出血热、狂犬病、流行性乙型脑炎、登革热、炭疽、细菌性和阿米巴性痢疾、肺结核、伤寒和副伤寒、流行性脑脊髓膜炎、百日咳、白喉、新生儿破伤风、猩红热、布鲁氏菌病、淋病、梅毒、钩端螺旋体病、血吸虫病、疟疾。丙类传染病是指：流行性感冒、流行性腮腺炎、风疹、急性出血性结膜炎、麻风病、流行性和地方性斑疹伤寒、黑热病、包虫病、丝虫病，除霍乱、细菌性和阿米巴性痢疾、伤寒和副伤寒以外的感染性腹泻病。传染病指的是由各种病原体引起的能在人与人、动物与动物或人与动物之间相互传播的一类疾病。传染病传播需要三要素：传染源（感染或者携带病原体的人或者动物）、传播途径（飞沫、粪口、接触、食源性等）、易感人群（无免疫屏障或免疫力低下的普通人）。要阻断传染病的传播，须早发现、早隔离、早治疗。日常生活中，要按照七步洗手法勤洗手，科学戴口罩，保持安全距离，少吃生冷食物，养成良好的个人卫生习惯，以有效截断传播途径。疫苗接种是保护传染病易感人群最有效的手段，常见的疫苗有流行性感冒疫苗、手足口病疫苗、水痘疫苗等。

（一）流行性感冒

流行性感冒，简称流感，是由流感病毒引起的一种急性呼吸道传染病，传染性强，发病率高，容易引起暴发流行或大流行。其主要通过含有病毒的飞沫进行传播，人与人之间的接触或人与被污染物品的接触也可以传播。流感病毒对干燥、日光、紫外线敏感，阳光直射40～48小时可灭活，紫外线直接照射可迅速破坏其传染性。流感典型的临床特点是急起高热、显著乏力、全身肌肉酸痛，而鼻塞、流涕和喷嚏等上呼吸道症状相对较轻，秋冬季节高发。流感潜伏期一般为1～7天，多为2～4天。流感不仅会影响人们的健康，还会影响人们的工作、学习和日常生活。

1.流感易感人群

流感在我国北方省份呈冬季流行模式，每年1—2月是一年中的高峰；在我国南方省份，每年4—6月是一年中流行的高峰；中间地区，每年1—2月和6—8月为双周期高峰。流感传播迅速，每年可引起季节性流行，在学校、托幼机构和养老院等免疫力低下人群聚集的场所可能发生暴发疫情。5岁以下的儿童一般是重症流感的高危人群，其中2岁以下儿童的风险最高。孕妇、婴幼儿、老年人和慢性疾病患者也是高危人群，患重症风险较高。流感暴发期间，慢性病患者、老年人、婴幼儿、孕妇等高危人群要减少或避免参加集体活动，并且做好防护。

2.流感病人注意事项

流感病人应根据医嘱采取居家或住院治疗，休息期间避免参加集体活动和进入公共场所，经常通风换气，保持室内空气清新，尽量避免去人群密集、空气污浊的公共场所。学校及幼儿园要强化晨午检制度、因病缺勤登记制度。做好环境和个人卫生，咳嗽和打喷嚏时用纸巾或袖子遮住口、鼻，出现流感症状后或接触流感病人时要戴口罩。在流感流行期间，相关单位要采取日常消毒和终末消毒相结合的措施。发生疫情的学校和单位应避免组织集体活动，减少和避免与发病学生、员工接触，限制外来人员进入，必要情况下可采取停课、放假等措施。

3. 普通人员防范流感注意事项

注意经常开窗通风，保持空气新鲜。注意个人卫生，勤晾晒被褥，勤换衣，勤洗手，不共用毛巾、手帕等。咳嗽和打喷嚏时用纸巾或袖子遮住口、鼻，出现流感症状后或接触病人时要戴口罩。合理饮食起居，保证充足的营养和睡眠，根据天气变化加减衣服，注意保暖，不要受凉，多参加户外体育活动，增强体质，积极接种流感疫苗。老人、儿童和体弱者外出要戴好口罩。

（二）预防艾滋病常识

艾滋病是一种病死率很高的严重传染病，它的医学全称是“获得性免疫缺陷综合征”（AIDS）。艾滋病是一种危害大、死亡率高的传染病，目前不可治愈、无疫苗预防。艾滋病通过性接触、血液和母婴三种途径传播，与艾滋病病毒感染者或病人的日常生活和工作接触不会被感染。保持高尚的道德情操和健康的生活情趣，自觉远离低级趣味，忠贞于家庭、忠贞于爱人是预防性接触感染艾滋病的根本措施。正确使用质量合格的安全套，及早治疗并治愈性病可大大减少艾滋病感染和传播的危险。共用注射器静脉吸毒是感染和传播艾滋病的高危行为，要远离毒品、珍爱生命。避免不必要的注射、输血和使用血液制品，生病受伤要到正规医院治疗。对感染艾滋病病毒或患艾滋病的孕产妇及时采取抗病毒药物干预、减少生产时损伤性操作、避免母乳喂养等预防措施，可大大降低胎、婴儿被感染的可能性。艾滋病自愿咨询检测是及早发现感染者和病人的重要防治措施。关心、帮助、不歧视艾滋病病毒感染者和病人，鼓励他们参与艾滋病防治工作，是控制艾滋病传播的重要措施。积极预防艾滋病是全社会每个人的责任。

性传播

血液传播

母婴传播

艾滋病传播途径

（三）人感染高致病性禽流感防范注意事项

人感染高致病性禽流感是由甲型禽流感病毒的某些亚型毒株引起的传染病，由于宿主、毒株、宿主免疫状态、继发感染及环境条件的不同会出现不同的临床症状。人感染高致病性禽流感病毒主要感染途径是直接接触感染病毒的禽类，尤其是病死禽，经呼吸道传播，也可通过密切接触感染的禽类分泌物或排泄物，或直接接触病毒感染。

1.人感染高致病性禽流感临床表现

人感染高致病性禽流感多数为重症，患者一般表现为流感样症状，如发热、咳嗽、少痰，可伴有头痛、肌肉酸痛和全身不适。重症患者病情发展迅速，多在5～7天出现重症肺炎，体温大多持续在39℃以上，呼吸困难，可伴有咯血痰。可快速发展为急性呼吸窘迫综合征、脓毒症、感染性休克，甚至多器官功能障碍，部分患者可出现纵隔气肿、胸腔积液等。到目前为止，高致病性禽流感病毒只能通过禽类传染给人，还没有证据证明高致病性禽流感病毒会在人与人之间相互传染。

2.防范人感染高致病性禽流感注意事项

平时勤洗手，室内勤通风换气，注意营养，保证充足的睡眠和休息，加强体育锻炼。出现打喷嚏、咳嗽等呼吸道感染症状时，要用纸巾掩盖口、鼻。出现发热、咳嗽、咽痛、全身不适等症状时，应戴上口罩，如果病情加重应及时到医院就诊。尽可能减少与禽类不必要的接触，特别注意尽量避免接触病死禽类，实在要接触时一定要戴好手套、口罩等，做好必要防护。食用禽肉、蛋时要充分煮熟。禽流感高发期，外出度假时应尽量避免接触野生禽鸟或进入野禽栖息地。年老体弱者，特别是患有基础病的居民，应尽量减少去空气不流通和人群拥挤的场所。

3.养殖户注意事项

养殖户要建立养殖隔离制度，严格落实防疫消毒制度，按程序实施免疫预防，执行调入、调出检疫制度。养殖场户发现畜禽疑似患传染病时，应及时隔离患病畜禽，并立即向当地动物防疫机构报告。如果确诊为一般动物疫病，应在当地动物防疫机构指导下，采取隔离、治疗、免疫预防、消毒、无害化处理等综合防治措施，及时控制和扑灭疫情。确诊为重大动物疫病时，应配合当地政府按国家有关规定，采取强制措施，迅速控制、消灭疫情。病死的家畜、家禽多数是因患了某种传染病而死亡的或可能因吃了被污染剧毒农药的食料而中毒死亡，人如果吃了这种病死的畜禽，有可能发生传染病或中毒，甚至造成死亡。因此，对于病死或者死因不明的畜禽，要向当地动物检疫部门报告，必须按照国家有关规定进行无害化处理，严禁出场、转让、出售、抛弃，也不得宰杀、剥食，应在符合动物防疫条件的地方销毁，焚烧后深埋。

4.应急处置注意事项

禁止通过携带、邮寄、快递方式进口动物及其产品。通过贸易方式进口的，应提前向出入境检验检疫局申请办理收货人备案、检疫审批等事宜。发现不明原因死亡动物尸体时，要及时向有关部门报告，不可自行处理。加强禽类疾病的监测，一旦发现禽流感疫情，动物防疫部门立即按有关规定进行处理，禽类养殖和处理的所有相关人员做好防护工作。加强对密切接触禽类人员的监测，当这些人员中有人出现流感样症状时，应立即进行流行病学调查，采集病人标本并送至指定实验室检测，以进一步明确病因，同时应采取相应的防治措施。禽类养殖要采取封闭式饲养，严防野鸟从门、窗进入禽舍；防止水源和饲料被野禽粪便污染；定期对禽舍及周围环境进行消毒，定期消灭养禽场内的有害昆虫及鼠类；死亡禽类必须焚烧或深埋。要加强检测标本和实验室禽流感病毒毒株的管理，严格执行操作规范，防止医院感染和实验室的感染及传播。

（四）手足口病预防常识

手足口病是由多种肠道病毒感染引起的传染病（传染性比较强），多发生于5岁以下幼儿，可引起手、足、口腔、臀部等部位的疱疹，口腔疱疹后期形成溃疡。部分患儿有反复高热，特别是重症患儿会高热不退，易引起心肌炎、肺水肿、脑膜炎等并发症，年龄越小的发生重症概率就相对越高。

1.手足口病的传播途径

手足口病会通过人群的密切接触进行传播。所以手足口病在幼儿园和幼教机构、人口密集的室内儿童游乐场所、医院都是容易被互相传播的地方。家庭中也可以发生互相传染，幼儿之间最易互相传染。手足口病的传播途径主要为：一是粪口传播，幼儿接触过被病人污染（尤其是被粪便、唾液污染）过的物品，之后又吃手，或者是没有洗干净手拿东西吃；二是空气飞沫传播，就是说话时通过空气中传播的飞沫来相互传播的；三是接触传播，即通过人群的密切接触进行传播。

2.手足口病的预防

预防手足口病的关键是做好卫生工作及提高孩子免疫力，切断手足口病的传染途径。例如帮助孩子养成良好的卫生习惯与饮食习惯；饭前、便后及外出后要洗手、不喝生水、不吃生冷食物；做好室内、室外的卫生清洁工作，室内勤通风换气、洗晒衣物；避免带孩子去大量人群聚集的公共场所；每天对孩子用品及时消毒，对于孩子的玩具、生活用品和个人用品要及时清洗、消毒；加强孩子免疫力，注意食谱的合理性，注重营养搭配；多带孩子出去运动、晒晒太阳；保证孩子充足的休息。托幼机构要做好晨检工作，每日晨检中要仔细检查孩子的身体情况，询问孩子是否难受，若发现疑似患病孩子要及时隔离并送往医院就医。

3.患手足口病注意事项

若无并发症，大多数手足口病患儿能在7～10天治愈，家长应保持冷静，别惊慌。若孩子出现并发症或病症严重，请及时就医，并且在确诊后第一时间告知老师。请家长做好预防工作，避免带孩子去人多的公共场合，保持室内外卫生清洁，对孩子的用品勤消毒。家长要配合学校工作，对孩子进行健康教育，帮助孩子养成良好的个人卫生习惯和饮食习惯。如若孩子有疑似症状，家长要让孩子严格按照防疫规定在家观察，避免疾病进一步传播，病情严重应及时护理或前往就医。

（五）诺如病毒感染

诺如病毒感染影响胃肠道，引起胃肠炎或“胃肠流感”，具有明显的季节性，常称为“冬季呕吐病”，一般发生在10月至次年3月。诺如病毒具有高度传染性和快速传播能力，是全球急性胃肠炎的散发病例和暴发疫情的主要致病原。诺如病毒变异快、环境抵抗力强、感染剂量低，感染后潜伏期短、排毒时间长、免疫保护时间短，且传播途径多样、全人群普遍易感。

1.临床表现

诺如病毒感染后主要临床表现为恶心、呕吐、腹痛、腹泻、发热等症状，如症状较重，会引起脱水现象，通常称之为急性胃肠炎。如频繁呕吐或腹泻导致严重脱水时应及时住院输液治疗。

2.传播途径

诺如病毒的传播途径主要包括人传人、经食物和经水传播。诺如病毒暴发传染中可能存在多种传播途径。人传人可通过粪口途径（包括摄入粪便或呕吐物产生的气溶胶）或间接接触被排泄物污染的环境而传播。食源性传播是通过食用被诺如病毒污染的食物进行传播，污染环节可是感染诺如病毒的餐饮从业人员在备餐和供餐过程中，也可是食物生产、运输和分发过程中被含有诺如病毒的人类排泄物或其他物质（如水等）所污染。其中，贝类海产品和生食的蔬果类是引起诺如病毒感染暴发的常见食品。经水传播可由桶装水、自来水、井水等其他饮用水源被诺如病毒污染所致。

3.预防措施

保持良好的卫生习惯是预防诺如病毒感染和控制传播最重要、最有效的措施。

例如应按照七步洗手法正确洗手，采用肥皂或洗手液和流动水至少洗20秒。需要注意的是，消毒纸巾和免水洗洗手液不能代替标准洗手程序。此外，还需注意不要徒手直接接触即食食品。学校、托幼机构、养老机构等集体单位和医疗机构应建立日常环境清洁消毒制度。化学消毒剂消毒环境或物品表面是阻断诺如病毒传播的主要方法之一，最常用的是含氯消毒剂，应按产品说明书现用现配。发生诺如病毒感染聚集性或暴发性疫情时，应做好消毒工作，重点对患者呕吐物、排泄物等污染物污染的环境物体表面、生活用品、食品加工工具、生活饮用水等进行消毒。患者尽量使用专用厕所或者专用便器。诺如病毒感染患者呕吐物中含有大量病毒，如不及时处理或处理不当很容易造成传播。当病人在教室、病房或集体宿舍等人群密集场所发生呕吐，应立即向相对清洁的方向疏散人员，并按防疫标准对呕吐物进行消毒处理；实施消毒和清洁前，需先疏散无关人员；在消毒和清洁过程应尽量避免产生气溶胶或扬尘；环境清洁消毒人员应按标准预防措施佩戴个人防护用品，注意手卫生，同时根据化学消毒剂的性质做好化学品的有关防护。加强对食品从业人员的健康管理，急性胃肠炎患者或隐性感染者须向本单位食品安全管理人员报告，应暂时调离岗位并隔离，对食堂餐具、设施设备、生产加工场所环境进行彻底清洁、消毒。对高风险食品（如贝类）应深度加工，保证彻底煮熟，备餐各个环节应避免交叉污染。暂停使用被污染的水源或二次供水设施，通过适当增加投氯量等方式进行消毒；暂停使用出现污染的桶装水、直饮水，并立即对桶装水机、直饮水机进行消毒处理；禁止私自使用未经严格消毒的井水、河水等作为生活用水，购买商品化饮用水须查验供水厂家的资质和产品合格证书。农村地区应加强人、畜粪便，患者排泄物管理，避免污染水源。

4.呕吐物处理

切勿用拖把直接清理呕吐物，应用含氯消毒液与呕吐物混合，将覆盖物（报纸、毛巾、保鲜膜等）连同呕吐物一起装入专用垃圾袋。使用过的拖把、抹布等清洁用品要用含氯消毒液清洗、晾干。如果呕吐和腹泻发生的附近有未覆盖好的食物应丢弃。

三、其他呼吸道和消化道传染病预防

其他呼吸道传染病包括水痘、流行性腮腺炎、风疹、麻疹等。防范呼吸道传染病在家要勤通风，保持室内空气新鲜；不随地吐痰，勤洗手；经常锻炼身体，保持均衡饮食，注意劳逸结合，提高抗病能力；适时增减衣服，避免着凉；外出要戴口罩，疾病流行季节不到人群密集的场所。如果有发热、咳嗽等症状，应及时到医院检查、治疗。当患传染病时，应主动与健康人隔离，尽量不要去公共场所，防止传染他人。儿童按时完成预防性疫苗接种，一般人可在医生的指导下有针对性地进行预防性疫苗接种。

其他消化道传染病包括霍乱、细菌性痢疾、伤寒、感染性腹泻等。要预防最好采取免疫措施，进行预防性疫苗接种。平时注意个人卫生，饭前便后洗手，不喝生水，不随地大小便；不吃不洁、生或半生食物，生吃瓜果、蔬菜要彻底洗净；食用及选购新鲜食品和水产品，不吃异常及变质的食物；生、熟食品要分开保存和加工；妥善保管食物，防蝇防尘，剩余食物要冷藏，隔餐食物应彻底加热后再食用。患者及时进行隔离治疗，所使用的餐具要高温消毒30分钟以上。其中霍乱是由霍乱弧菌引起的、经消化道传播的烈性肠道传染病，发病急、传播快、病死率高，典型症状是剧烈腹泻，大便呈米泔水样，无腹痛，不发热。

第三节　突发踩踏事故防范与自救

踩踏事故，是指在人员较多的聚众集会中，特别是在整个队伍产生拥挤移动时，有人意外跌倒后，后面不明真相的人群依然前行并对跌倒的人产生踩踏，从而产生人群惊慌、加剧拥挤，引起更多人跌倒，并产生恶性循环的群体伤害意外事件。随着我国社会和经济不断发展，大型或特大型社会活动日渐增多，如大型文娱、体育活动、节假日出行等。这些活动场所人群高度集中、流动性大，人员容易情绪化感染，极易发生踩踏事故。发生踩踏事故时，压在最下面的人，几分钟内就可能会窒息死亡。女士高跟鞋甚至可以直接踏进跌倒者胸腔、腹腔。据统计，每起踩踏事故造成的伤亡都很大。

一、导致踩踏事故的原因

导致踩踏事故的原因较多，例如人群较为集中、空间有限时，前面有人摔倒，后面的人未留意，没有止步；人群受到惊吓，产生恐慌，如听到爆炸声、枪声，出现惊慌失措的失控局面，在无组织、无目的的逃生中，相互拥挤踩踏；特别是公共娱乐场所，人群情绪易激动且难以控制，因过于激动（兴奋、愤怒等）而出现骚乱，易发生踩踏；因好奇心驱使，专门找人多、拥挤处去探个究竟，造成不必要的人员集中而发生踩踏事故等。

二、预防踩踏事故发生

（一）大规模群众性活动易发生踩踏

人群从不同方向涌向狭窄出、入口或有可能产生踩踏事故的地点，形成有意或无意的推挤；紧急情况下，人群中每个人选择自己认为最安全、最短的路程，路线交叉形成对抗；拥挤人群中，行走不便的人往往会被后面超越的人推倒或者绊倒，造成多米诺骨牌效应。

（二）要提高安全意识

参与大型群体活动要关注活动主办方、组织者设置的安全警示标志和出口指示标志；时刻保持冷静，提高警惕，尽量不要受周围环境影响，不要制造紧张、恐慌的气氛；参与者要严格遵守组织方制定的安全规章管理制度，服从安全维护人员的安排，特别不要与行动不便的人发生身体碰撞；参加大型活动时尽量穿平底鞋；当身不由己混入混乱的人群中时，一定要双脚站稳，条件具备时抓住身边牢固物体；尽量不带孩子参加大型活动，当带着孩子时要抱着或者背着孩子前行。开车时遭遇拥挤人群，切忌驾车穿越，应倒车或调头迅速避开人群驶离现场。

（三）提前熟悉安全出口

组织者和参与者要事前熟悉所管辖范围和所在场地内所有的安全出口，同时要保障安全出口处的畅通无阻。大型活动组织者要制定防范踩踏的预案，对参与者要采取各种形式进行安全提示宣传。学校要经常开展生命教育，定期进行疏散演练，健全各项管理制度，让学生了解楼梯打闹、恶作剧的危险性，应按规定有序上、下楼梯。

三、安全脱险

（一）及时避让

发现拥挤的人群向着自己行走的方向涌来时，要保持冷静，快速避到一旁，但是在规避时不要奔跑，以免摔倒。如果到达楼层时有可以暂时躲避的宿舍、水房等空间，可以暂避到里面。切记不要逆着人流前进，那样非常容易被推倒在地。若身不由己陷入人群之中，一定要先稳住双脚，顺着人群前行，不得站立不动。切记要远离玻璃窗，以免因玻璃破碎而被扎伤。遭遇拥挤的人群时，一定不要采用体位前倾或者低重心的姿势，即便鞋子被踩掉，也不要贸然弯腰提鞋或系鞋带。在拥挤的人群中，要时刻保持警惕，当发现有人情绪不对或人群开始出现骚动时，就要做好准备，用双手给自己撑一个相对安全的空间，保护自己和他人。在拥挤的人群中，千万不能被绊倒，避免自己成为拥挤踩踏事故的诱发因素。在拥挤的人群中，一定要时时保持警惕，不要总是被好奇心所驱使。当面对惊慌失措的人群时，要保持自己情绪稳定，不要被别人感染，惊慌只会使情况更糟。

（二）镇定有序

在人群拥挤中前进时，要用一只手紧握另一手，手肘撑开，平放于胸前，微微向前弯腰，形成一定空间，以保持呼吸道通畅。已被裹挟至人群中时，切记要和大多数人的前进方向保持一致，不要试图超过别人，更不能逆行，要听从指挥人员的口令。要发扬团队精神，因为组织纪律性在灾难面前非常重要，心理镇静是个人逃生的前提，服从大局是集体逃生的关键。如果出现踩踏事故，应及时联系外援，寻求帮助，赶快拨打110或120等。

人群中前进

在出现火情、地震或其他等紧急情况时，在场的组织者要注意按照应急疏散指示、标志和图示合理正确地疏散人群。举止文明，人多的时候不拥挤、不起哄、不制造紧张或恐慌气氛。发现不文明的行为要敢于劝阻和制止。尽量避免到拥挤的人群中，不得已时，尽量走在人流的边缘。在人群中走动遇到台阶或楼梯时，尽量抓住扶手，防止摔倒。当发现自己前面有人突然摔倒时，要马上停下脚步，同时大声呼喊，告知后面的人不要再向前靠近。若被推倒，要设法靠近墙壁或向身边人求援；若倒地靠近墙壁时，身体蜷成球状，双手在颈后紧扣，以保护身体最脆弱的部位；若不慎倒地时，要尽量尽快站起来，实在站不起来，十指交叉双手扣颈，双臂护头，双膝尽量前屈，蜷成球状，护住胸腔和腹腔的重要脏器。

（三）科学互助

踩踏事故发生后，应赶快报警，等待救援，在医务人员到达现场前，要抓紧时间用科学的方法开展自救和互救。在自救和互救过程中，在确保周边环境安全的条件下，要遵循先救重伤者的原则。神志不清、呼之不应者伤势较重；呼吸急促而乏力者伤势较重；血压下降、瞳孔放大者伤势较重；有明显外伤、血流不止者伤势较重。当发现伤者呼吸、心跳停止时，要立即进行心肺复苏。

第四节　突发社会安全事件自救与互救

社会安全事件一般包括重大刑事案件、恐怖袭击事件、群体性事件以及其他社会影响严重的突发性社会安全事件。虽然我国是世界上最有安全感的国家之一，但也难免会有突发社会安全事件的发生。“9·11”事件后，全球恐怖主义活动构成对当今社会的主要威胁，暴恐活动由传统的冷兵器作案转向使用烈性炸药、汽车爆炸，增加了恐怖活动危险性、破坏性。特别是有可能因公、因私到其他国家旅游，不可预料事件随时可能出现。到人员密集的公共场所，一定要有安全常识，提前了解周边环境。

一、遭遇绑架

（一）应急措施

被绑架时要冷静，不要吵闹、失去理智，不要做无谓的挣扎；主动和歹徒说话，不要盯着歹徒看，歹徒问什么就答什么；答应歹徒不做出任何反抗举动，不要表现出挑战歹徒的言行，以免激怒处于高度紧张状态的歹徒；可以装作很乖、很亲近的样子，争取歹徒的好感和同情心。

在被捆绑或被虐待的情况下，要保持头脑清醒，尽量减少精神和体力的消耗，做好与歹徒长时间周旋的准备。

尽可能了解自己所处的位置，如记住沿途的路线、路名、标志建筑等。若被蒙住眼睛，可通过计数和聆听周围的声音，判断歹徒开车的行驶时间、路途远近、大致方向和周围环境等。如果歹徒问是否认识他或者是否记得怎么来到这个地方，要回答“不知道”“不记得”。

通过丢下随身物品、写字条等方式留下警示标记等，将自己被绑架的信息传递给他人，便于被及时发现和救援。

通过与歹徒聊天，发现他们的弱点，了解他们的情况，以寻找机会逃脱。

如果歹徒使用凶器伤害你，要立即扑地躲避或藏在附近可隐蔽物体的后面。在判断无法顺利逃脱时，不要跑开，避免歹徒认为你要逃跑或反击，进而对你进行更大的人身伤害。

遭遇歹徒

如果歹徒让你向家人打电话以敲诈勒索时，可以通过改变语调，用歹徒听不懂的家乡话或外语等给予家人某些暗号。

只有在确保自身安全的情况下，才可以选择时机逃跑。准备逃跑时，要注意观察自己所处的环境，寻找可利用的资源。

在火车上可以趁歹徒不注意，向乘务员求救；在汽车上，可以向司机和乘务员求救；发现附近有人且感觉到这些人能够救你时，可以大声呼救；当附近没有人来救援，或者救援不能及时赶到，不要呼救，以免激怒歹徒；可以随机应变，如伺机装病，自己创造求救机会。

记住歹徒的相貌、年龄、口音、脸型、身高、举止特征等，以便日后向公安机关提供线索。

（二）预防措施

独自出行时，无论是开车还是行走，一定要有安全防范意识，要告知家人外出地点和时间。发现有可疑人跟踪时，立即到行人较多的地方，想办法离开危险地点并拨打110报警。平时不要炫富、露富，以免成为歹徒的绑架对象，女性和未成年人深夜不要单独外出。平时要提高防范意识，不要将自己的真实身份、手机号码、家庭电话等私人信息在网络、求职信等地方同时公布，避免为犯罪分子提供可乘之机。

二、遭遇户外抢劫

（一）应急处置

当财物被歹徒抢走时，一定要大声呼救震慑犯罪分子，第一时间报警并酌情考虑是否追赶。注意，要在绝对安全的前提下才能追赶，追赶时如发现歹徒将抢夺的财物移交给同伙并分头逃窜，最好坚持追赶最开始抢夺财物的歹徒。当面对歹徒时，特别是在僻静地方或无力抵抗的情况下，一定要以人身安全为重，不得已时应先放弃财物。躲避到安全的地方后再想办法报警，并向周围人群求助。尽量记下歹徒的体貌特征、人数、车辆类型、车牌号及逃跑方向等情况，并寻求现场证人的帮助。当歹徒用凶器威胁时，可面向歹徒倒退撤离。如被歹徒追赶时，应横向躲避，大声呼叫，迅速寻找自卫工具。

（二）预防措施

在公共场所要保管好自己的财物，做到财不外露、物不离身。驾车外出离开车时，应该随手锁车门，关闭车窗，不要将包、手机、现金放在车上。外出时，要注意背包及拎包的姿势及位置，不要将包放在行车道的一侧，以免歹徒骑车从后方将包抢走。骑自行车时，要将包放到车前筐里并固定住。外出时带有贵重物品要包装好，不要让他人知道。夜间尽量不要带贵重物品外出，不要到偏僻地方，外出应结伴而行。谈恋爱不要在深夜去偏僻地方滞留。到银行存取大额款项时应有人陪同，输密码时要用手遮挡；取钱离开银行时，要警惕是否有可疑人员尾随；当发现有人尾随或靠近的时候，可到人多的地方再取钱。

三、遭遇恐怖袭击

（一）爆炸防范与自救常识

如遭遇爆炸，要尽快远离爆炸现场，防止周围还有其他的爆炸。爆炸瞬间，最好自己平行跃出或使自己平行飞出去，卧倒在地，头部远离爆炸方向。撤离现场时应尽量保持镇静，别乱跑，防止再度引起恐慌而增加伤亡。在确定自身安全后，尽快报警。在保证自身安全的同时，要尽力帮助伤员，直至救援人员到达现场。在公共场所一定要远离带有易燃易爆标志的物品，自己也不要携带易燃易爆物品出入公共场所。一些日常生活用品（如打火机、灭蚊剂、空气清新剂等）在摔砸、碰撞、挤压、晒，或用热水、火及其他方式加热，或出现泄漏时，都有可能引起爆炸。发现可疑易燃易爆物品应及时告知保安人员以便于其妥善处理。购买烟花爆竹产品时，切勿走入爆竹越响越好、烟花越大越好的误区，应将安全放在第一位，理性消费、合理选购。

（二）遭遇恐怖分子劫持

遭遇恐怖分子劫持时，首先要尽可能保持镇定不慌张，要装得很顺从，不要激怒恐怖分子；在被劫持的过程中，要保存体力，不要浪费力气挣扎；切记不要意气用事地单靠个人力量硬拼；更不要行为情绪失控哭闹。要随时观察时机，发现恐怖分子的漏洞后，果断抓住时机，临机处置，比如可密切观察恐怖分子的动静，设法传递信息。有机会可通过手机发送短信、写字条等方式，将恐怖分子的人数、企图、特点和爆炸装置安装的地点、数量等重要的信息传递出去。救援人员对恐怖分子发起攻击时，应立即趴倒在地，双手保护头部，被救援后迅速按救援人员的指令撤离。恐怖事件形形色色，劫持人质的事件也各不一样，在应对手段上没有固定模式，一旦遭遇，人质必须镇定、随机应变。越镇定、越安静，越容易获救。

（三）遭遇生物战剂

在公共场所遇到突然出现的有色气体和烟雾等时，有可能是遭遇生物战剂，此时最好利用周边环境设施和随身携带的物品遮掩身体，尤其要用湿衣物捂住口、鼻，迅速蹲下或趴下，不要来回跑动。生物战剂有较强的致病性和传染性，它污染范围广，危害作用较持久，传播途径多，使用后不易发现，因此一旦发现，及时防护十分重要。生物战剂的危害性受自然因素影响大，使用后一般不会立即造成伤害。它的潜伏期一般较长，其使用有很大的隐蔽性。一些生物战剂能浮在空气中，人吸入灰尘、雾滴、飞沫时会一并吸入病原微生物；或通过握手、抚摸等接触染病、携带病原微生物的人、牲畜及接触受污染的其他物品，如信件、包裹、患者的衣物、用品等；或被带有生物战剂的昆虫叮咬，可致使血液被污染而发病。

1.平时防范

关注所去国家或地区的安全状态，如果有政治事态变化，及时向相关政府部门了解信息并采取相应防护措施；少去或不去人多的地方，少去或不去空气质量差的场所，如果一定要去人多的地方，则需要佩戴口罩，减少近距离接触；经常清除角落的积水，灭杀蚊蝇、蟑螂等昆虫；讲究卫生，勤洗手，勤通风，不随地吐痰，触摸公共物品后要洗手；锻炼身体，提高对生物战剂的抵抗能力。

2.污染区外应急防护

污染区外的人员要注意收听当地政府关于疫情的公告和指示牌，千万不要进入隔离的生物战剂污染区和疫区；密封保管食品、饮水，不吃生冷食品，不食用疫区的蔬菜和畜肉制品，不喝生水；与疫区内人员接触，必须加穿隔离衣、戴防护镜和防毒面具、换长靴或穿鞋套以及戴外层口罩。离开疫区域要立即脱去手套和隔离衣，隔离衣用后污染面朝里，直接投入指定污衣袋内，手套放入专用垃圾袋；摘防护镜和防毒面具、外层口罩，并洗手或用消毒剂消毒双手；感觉身体有异常时，应立即找医生、告知社区或当地基层组织。

3.污染区内应急处置

接种预防疫苗，可以很好防止感染生物战剂。例如五联疫苗，可以有效地预防伤寒、痢疾、霍乱、百日咳与破伤风，以及鼠疫、炭疽、天花、带状疱疹等均有相应的疫苗可用。要根据相关部门或疾病预防控制中心的通知，自觉就地隔离、防护，在疫情没有得到控制或消除前，不要随意到其他区域活动。对于直接接触生物战剂的人员，按卫生防疫人员提示，服用高效、长效预防药。对于有任务的人员，要做好全身防护，戴防毒面具、口罩或用毛巾捂住口和鼻；戴手套、帽子，穿塑料衣或雨衣、防疫服、胶鞋等，扎好领口、袖口和裤口；在身体暴露部位涂抹防虫油或驱虫剂，尤其要保护好伤口。可通过漱口、洗眼、擦拭、冲洗等进行人员的消毒，可通过蒸煮、日晒、消毒剂浸泡等对人员服装消毒。当水被污染时，一定要经过处理再饮用。对于无色、无味、不浑浊的水，可加一定量的漂白粉或碘酒消毒。对于浑浊水，可利用细沙、木炭、石子等进行过滤或加明矾、净水剂净化，然后煮沸15分钟以上。污染严重的食物以销毁为宜；有密封包装的仅消毒外包装表面即可；大批粮食物资应用过氧乙酸喷洒或熏蒸并经专门机构检验合格后才可食用。房屋、道路、地面可用过氧乙酸擦拭、喷洒。对居住地周边出现的动物尸体要远离居住地和水源地进行深埋，对已经腐败的尸体最好焚烧后再深埋。

四、常规武器空袭

（一）应急处置

发生空袭时通常会有防空警报，防空警报有预先警报、空袭警报、解除警报。预先警报一般鸣36秒，停24秒，重复3遍为一个周期，时间为3分钟；空袭警报鸣6秒，停6秒，重复15遍为一个周期，时间为3分钟，所有人立刻进入人防工程；解除警报连续长鸣3分钟。听到预先警报后，应立即拉断电源，关闭煤气，熄灭炉火，带好个人防护器具和生活必需品，迅速、有序地进入人防工程或指定隐蔽区域。情况紧急无法进入人防工程时，要利用地形、地物就近隐蔽；在室内时，应该尽量转移到附近的地下室、楼房底层、走廊或钢筋混凝土楼梯下等跨度比较小的坚固建筑物里面进行隐蔽，千万不要站在露天的地方或者在窗口观望，以免被弹片击伤或被震碎的玻璃打伤；在公共场所时，不要乱跑，可就近进入地下室、地铁站或钢筋混凝土建筑物底层等处隐蔽，不要在高压线、油库等危险处停留；在空旷地时，就近转移到低洼地、路沟里、土堆旁、大树下，并迅速卧倒隐蔽。在市内行驶中的公共汽车、电车及其他车辆，听到防空警报后，立即靠边停止运行，进行疏散隐蔽；司机要把车辆驶到马路支线停放，以免影响消防、救护及紧急车辆的行驶；载有危险物品的车辆，要行驶到远离楼房、住宅的安全地带停放。当发现炸弹在附近投下或爆炸时，应迅速就地卧倒，面部向下，掩住耳，张开嘴，闭上眼，胸和腹部不要紧贴地面，以防震伤。听到警报解除后，应尽快开展自救或互救并逐渐恢复生产和生活秩序。

（二）预防措施

防空袭的关键是两点，一是注意防空警报，二是了解防空设施位置。每个家庭要记住周围的人防工程位置，进行一定的疏散演练，熟悉隐蔽路线；适时准备、定期更新应急包中的物资；特殊时期，房屋的玻璃窗均应贴上“米”或“井”字形胶带或布条，以防玻璃震碎伤人。

第五节　中小学生日常安全防范知识

学校应开设日常安全防范知识相关的课程，利用各种教育资源在各种场合进行安全教育，开展“防地震”“防踩踏”“防暴恐”“防火灾”等方面的演练，让每一个学生在每一学期都能参与演练安全疏散流程、方法，不断提升自我保护意识与能力。每个家庭要教育学生珍惜生命，保护好自己，无论是饮食、锻炼、出行，还是身体健康、心理健康，都要保护好自己不受伤害。本章重点讲述中小学生日常安全防范知识（踩踏防范相关知识见本章第三节“突发踩踏事故防范与自救”）。

一、学校安全应急物资储备与求救方式

学校应准备符合标准的卫生室、医务室，配置校医或者保健老师，准备适量的干粮、饮用水、常见药品、急救绳、防汛物资、防疫物资等应急物资。

学校应张贴紧急疏散图，加强应急知识教育，让学生认识安全标志，记住报警电话，了解安全常识，熟悉安全避难场所。

应通过各种形式教会孩子学会发送求救信号。最简单、最直接的求救方式是电话求救，如警察电话110、消防电话119、医院电话120。遇到危险，除了喊叫，还可以吹哨子、击打脸盆、敲打门窗，甚至打碎玻璃来发出求救信号。利用反光发射信号也是很有用的方法，常见工具有手电筒、镜子、罐头皮、玻璃片、眼镜等，每分钟闪照6次，停顿1分钟，再重复进行。有时可通过抛掷衣物、盆子、塑料瓶等引起周围人员注意。

二、火灾防范知识

1.不能玩火

引导学生在规定的地点燃放烟花爆竹；禁止学生携带烟花、炮仗、砸炮、火柴、气体打火机等各种易燃易爆品进校；任何地方都不要随便乱烧物品；燃烧任何东西要远离建筑物，并要有专人负责看守，等余火完全熄灭后再离开现场；禁止学生在山林、草地玩火、燃放烟花爆竹等；头发容易燃烧，千万不要靠近明火；禁止学生在寝室内点蜡烛、点蚊香等使用明火的行为。

2.规范使用电器

在学校寝室内使用大功率电器容易引发火灾。注意经常检查用电器具的安装使用情况，用完后要切断电源。进入实验室开始做实验前，应了解水阀门和电闸所在处。离开实验室时，应将水、电的开关关好，门窗锁好。使用用电器具（如烘箱、恒温水浴锅、离心机、电炉等）时，要严防触电。伙房、锅炉房、库房、实验室要按照有关防火规定使用。

3.及时报警

教会孩子熟记消防电话119，发现火灾应转移到安全地方后立即报警。如没有手机，要尽快使用周围一切可以使用的电话报警，或请他人帮助报警。要向消防部门讲清楚着火的场所，特别说清楚单位、街道、胡同、门牌号等详细地址，还要讲

清楚是什么物品着火、火势情况。报警后，要组织人员到附近的路口接应消防车，指引通往火场的道路。在没有电话报警的情况下，应采用大声呼喊或敲击物品等其他方法引起邻居、行人注意，也可以求助附近商场的安保人员协助灭火或报警。

火灾逃生捂住口鼻

4.学会扑灭初期火灾

水是最常见的灭火剂，家具、纸箱、衣物等大部分物品刚起火时可以直接用水灭火；用土、沙子、浸湿的棉被或毯子等覆盖，可以有效地灭火；小火可用扫把、拖把等扑打；油类、酒精等起火，不可用水扑救，可用沙土或浸湿的棉被等迅速覆盖，或者用灭火器灭火；煤气起火，可用湿棉被盖住着火点，并迅速切断气源；电器起火，不可用水扑救，也不可以用潮湿的物品覆盖，要先切断电源，然后灭火。发现初期火灾，在确保安全的前提下才可灭火，一旦发现火势不能控制，要马上撤离。

三、实验室安全注意事项

要注意实验室灭火器、沙池、冲洗水龙头的位置，关注排气扇等安全设施是否正常运行，有意外情况及时报告老师。

使用用电器具（如烘箱、恒温水浴锅、离心机、电炉等）时要严防触电，绝不可用湿手或在眼睛旁视时开关电闸和电器开关。

规范存放危险化学品，应根据危险化学品的性质，分类、分柜（库）存放，不得混放，并实行双人双锁管理、出入库登记、领用签字确认等制度。

规范使用危险化学品，使用酸、浓碱必须小心地操作，如果触及皮肤，应立即用水冲洗，并立即治疗。使用易燃品（乙醚、乙醇、苯、金属钠等）时，一次性不要大量取用或共存，更不能放在靠近火源的地方。

实验用的易燃易爆用品，要在专门库房存放，建立台账制度随用随领，用完马上清理，不要在实验现场存放，学生绝不能私自存放。

四、教室、器械场所等容易受伤的地方的安全防范知识

教室空间狭小，桌椅板凳、三角凳子、三角板等都容易变成伤人的利器，学生在教室追逐打闹，一不小心就会受伤。

1.不要在教室追逐打闹

教室空间狭小，在教室追逐打闹，容易撞伤、摔伤。在楼梯追逐奔跑，易踩空致使自己受伤或撞伤他人，更不能把扶手当作滑梯。上下楼应靠右行走，不推搡、不勾肩搭背。集中上下楼时，应按每班上下楼的时间，行走先后次序和行走的线路行走，在楼梯转角处应有老师值守。

楼梯靠右有序上、下

2.轻关门窗

关闭门窗时要防止夹伤手或撞伤他人，不得通过堵门等方式进行嬉戏玩耍。

3.正确使用剪刀等工具

在活动中使用剪刀时，尽量携带钝口圆头剪刀。教育引导学生在人多的地方使用剪刀、餐刀时，不能将尖锐一端对准他人。不准带锥、刀、剪等锋利、尖锐的工具，图钉、大头针等文具不能随意放在桌子上、椅子上，防止有人受到意外伤害。

4.防止坠落摔伤

不要将身体探出窗户、栏杆，谨防不慎发生坠楼。学生登高打扫卫生，取、放物品等要有保护措施。不要在建筑工地及附近玩耍，防范钉子、玻璃等建筑材料扎伤，小心高空坠物砸伤。不要在堆放的木材、油桶、木箱等地方玩，以免被这些物品散落后压在下面。不要在危房内外玩耍，小心房屋倒塌砸伤。

5.不玩危险的玩具和游戏

不携带、使用有危险性的玩具。不玩玻璃、金属制品玩具、暴力性玩具（弹

弓、弓箭、仿真枪、电人玩具、飞镖、激光笔）、含有化学性质的玩具。不玩拔萝卜、叠罗汉、突然袭击等危险性较高的游戏。

6.运动安全注意事项

使用运动器材最好在体育老师的指导下进行，防止发生意外。任何时候，不小心擦伤、撞伤要及时报告老师，以便及时得到处理或救治。运动要穿胶底运动鞋，运动鞋应弹性大、摩擦力大。要认真做好运动前全身准备活动，防范肌肉拉伤、扭伤、骨折等；运动前，女生应摘下发卡及塑料、玻璃饰物等可能伤害自己或者别人的物品；要在体育老师或同伴的保护下做器械运动，严格按体育老师的要求去做；进行投掷标枪、铁饼、铅球等有一定危险性的运动项目时，不能擅自投出或捡回，否则有可能被击中而受伤。

五、地震防范知识

地震发生时，要远离外墙、门窗和阳台，同时防范上面的坠落物。地震过后，在老师的安排下，快速、有序地安全逃离到空旷操场上，特别要防止踩踏，如有大量灰尘，迅速用衣物捂住口、鼻。

发生地震时，如果在平房内，若离门很近，则应冲出门外，来不及跑时要迅速钻到桌下或紧挨墙根的坚固家具旁，同时用被褥、枕头、脸盆等物保护头部。地震过后，尽快离开房屋转移到安全的地方。

发生地震时，如果在楼房中，不要试图跑出楼外。最安全、最有效的方法是及时躲到两个承重墙之间最小的房间，如厕所、厨房等，也可以躲在桌子等家具下面以及房间内侧的墙角，并且注意保护好头部。千万不要去阳台和窗户下躲避。

发生地震时，如果在上课，不要立即涌出门外或在教室里乱跑或争抢外出。应尽快躲到课桌等坚固物品下方，用书包护住头部。等第一次地震一停，立即在老师的组织下有序、迅速撤离。

如果已经离开房屋，千万不要在地震刚停就立即回屋取东西。因为第一次地震后一般会接着发生余震，余震极有可能造成房屋垮塌或者物品掉落。

发生地震时，如果在公共场所，不能惊慌乱跑，应就近躲到比较安全的地方，如柜台下等角落里。

发生地震时，如果在街上，绝对不能跑进建筑物中避险。也不要在高楼下、广告牌下、电杆旁、大树下、狭窄胡同、桥头等危险地方停留，应跑到空旷地带。

六、人身安全防范知识

1.防范陌生人

不要跟陌生人讲话、接触，不要接受陌生人的东西，不食用陌生人的饮料或食品，不接受陌生人的邀请，不要跟陌生人走，不要搭乘陌生人的车，不要轻信街头巷尾的“招工广告”。在校门口不要相信陌生人的话，要想办法摆脱纠缠，或回学校向老师求救或者确认。对于问路的车要保持一定距离，防止被带走，要记住车牌号和车身颜色，及时告诉老师和家长。不外露或者向陌生人炫耀自己的贵重物品，深夜不到偏僻的地方行走。对陌生人要有警惕性，不过于亲近。

2.放学及时回家

放学后立即回家，不按时回家要提前告诉家长和老师要去什么地方、和谁在一起。如果需外出应与家长商量，让家人知道去向和回来的时间。千万不要因与大人赌气而离家出走，极有可能被坏人盯上。严禁进入游戏厅、网吧、歌舞厅等场所，容易给未成人身心健康造成不良影响。

3.遭遇抢劫的自救

学生遇到抢劫时，尽量保护身体安全，财物次之。如抢劫者不仅抢劫你的财物，还对生命构成威胁时，要采取果断的措施进行抗击，比如周围有人时，要大声呼叫，并尽量利用周围的有利地形和身边的砖头、木棍等自卫。与抢劫者实力悬殊时，要看准时机，迅速向有人、明亮或者周围的房屋奔跑。

4.上学和放学路上安全防范

上学和放学路上应尽量结伴而行，不要落单，哨子、零钱、电话手表随身携带。尽量不和陌生人单独搭乘一部电梯。乘坐公共交通工具时用书包阻隔与陌生人的距离。搭乘出租车或网约车尽可能坐后排，并告知父母车牌号。

5.校园霸凌防范

遇到校园霸凌时不要轻易答应对方的勒索；如不停被纠缠，应及时向熟悉的老师、家长、同学呼救；迫于压力可暂时答应对方的勒索，事后一定要告诉老师和家长。不要单独到学校楼梯间、储藏室等偏僻的地方；不要太早到校或者太晚离校；在学校遇见自称熟人或者老师的，要尽快报告老师，避免受骗。

6.独自在家安全防范

一个人在家要养成随手关门的习惯，把门锁好，打开灯；不要随便告知陌生人父母不在家，不要让任何陌生人进屋；有人撬门，假装爸妈在家，大喊“爸妈，门在响”，马上给爸妈打电话。发现有人从窗户偷看或房屋周围有可疑人员，马上给爸妈打电话。有小偷入室，躲到房间反锁门隐藏起来，可以用家具把卧室门堵起来；悄悄给爸妈、亲戚发信息，或者低声打电话（不要被发现）；确定外面有人或邻居能听见，可在反锁的房间里大声叫喊“着火了”。

7.遭遇行凶

碰上歹徒，要先用物品护住自己的头部等要害部位；瞅准机会，赶紧逃跑，边跑边大声呼救；在马路边，可以边跑边拍路边的汽车发出警报，还可跑进附近商场等寻求保护；与歹徒正面相遇，在周围人可听见的情况下，大声尖叫，用书包、雨伞、扫把、木棍、砖头等抵挡歹徒的凶器，用沙土等袭击歹徒眼睛；被歹徒抓住时，趁其不备用笔、小刀迅速猛击歹徒的要害部位，如眼睛、太阳穴、裆部，或者咬歹徒持有武器的手，有机会转身就跑；歹徒要钱，马上给钱，脱离后迅速找到老师、门卫或警察。如势力悬殊太大，又被歹徒控制，不要再反抗，要装得很乖，争取好感或善心。

七、绑架防范知识

1.第一时间迅速反击

在被绑架的一瞬间努力挣扎，快速摆脱歹徒为上策。如果周围有路人，千万不要错过这绝佳的机会，一定要大声呼救，呼救会让犯罪分子胆战心惊，从而放弃绑架。

2.被控制后不要激怒歹徒

当被绑架时周围没有人或者被控制住人身自由时，暂时不要反抗。因为这时你很无助，剧烈反抗会带来杀身之祸。要装作顺从的样子，去缓和歹徒的态度，使歹徒放松对你的戒备，可以蹬掉鞋、扔下包等随身物品，让路人发现和警觉。不要害怕，不要吵闹，以免使歹徒烦躁而起杀心。可以装作很乖、很亲近地叫歹徒，争取歹徒的好感和同情心，寻找机会逃脱。不要拒绝歹徒提供的食物，饿了、渴了、生病了，都要提出来。

3.做好长期周旋的准备

如果歹徒对你勒索，你要装作很配合的样子，赶紧把父母的电话给他，并央求歹徒收到钱后放你回家。如果歹徒打电话向你亲人勒索财物时，你一定要意识到你的亲人已经报警，正在和警方共同营救你。你可以用家乡话或外语，甚至改变语调，给家人某些暗示或提示。当绑架者问：“你认识我了吗？”你只能有一个回答：“不认识，我被吓糊涂了。”

4.寻找一切机会逃脱

力所能及地记住歹徒的相貌和被绑架的路线，沿途丢下随身物品，留下警示标记。在火车、汽车上趁歹徒不注意向乘务员、司机、他人求救，或者故意破坏周围易损害的物品。如果是在转移地点的途中，只要周围有人，同时你又短暂脱离歹徒对你的人身控制，一定要果断求救，奋勇反抗。在歹徒对你放松警惕时，你一定要找准机会，脱离歹徒对你的控制。如果歹徒开枪或者使用凶器伤害你，要低头就地躲避或藏在物体后面，但不要跑开，避免歹徒认为你要逃跑，对你进行更大的伤害。

八、如何应对性侵

1.要有警惕性

不要贪小便宜、贪慕虚荣，否则容易被坏人利用。对一般异性的馈赠和要求应婉言拒绝。外出凡事要留个心眼，不要让自己处于危险中。对于不相识的陌生人，不要随便透露自己的住址等真实情况。对自己超出常规热情的陌生人，不管是否相识都要倍加注意，包括亲人、邻居、老师、父母的朋友都要防备。

2.学会保护自己

不要让长辈和亲戚随便触碰你的身体（背心、裤衩覆盖的地方更不允许别人触摸），如果有这样的情况发生，要勇敢拒绝并告诉父母。外出到什么地方要告诉父母，不要单独到异性家里或者封闭的环境里面。尽量和朋友、同学结伴而行，不独自走夜路或者进入偏僻场所，要敢于通过大声喊叫、有力动作等强烈制止他人对自己的身体触摸，保护自己的身体，以免受到伤害。

3.勇敢机智地应对

内心越软弱就越危险，所以内心要镇定、坚强、勇敢。遇到侵害时，要积极利用随身的物品作为防身武器，比如用随身携带的钢笔、钥匙、手机等，在假意顺从的同时，伺机攻击侵犯者的眼睛、裆部、咽喉等要害部位，之后迅速逃脱。在公共场所时，要跑向人多的地方，向周围的人求助或及时拨打110报警求助。可以编理由骗侵害者，想办法逃跑。不幸遭遇性侵，要记住侵害者的体貌特征，及时告诉父母、老师并报警，坚决运用法律武器保护自己。千万不能因担心名誉而不追究歹徒的法律责任，这样会使犯罪分子得寸进尺。

4.保留证据

一旦不幸遭遇性侵，最重要的事情就是留存证据。因为指证罪犯需要有证据支持，可以悄悄拍照、录音等，对于体液、毛发、皮屑、通信记录等证据进行保留。因此，被侵害后，不要擅自洗澡、洗衣物、收拾房间、扔东西等，必要时还应去医院验伤，帮助公安机关加快破案进程，及时将犯罪分子绳之以法。若是熟人作案，要保留好通话、通信记录，若是对方事后威胁、收买等，也要留下相关证据。

九、上学和放学的交通安全注意事项

1.遵守交通规则

穿越马路时，要听从交通警察的指挥，要遵守交通规则，做到“红灯停，绿灯行，黄灯等一等”及“一慢、二看、三通过”。必须在人行道内行走，没有人行道的，须靠右边行走。通过有交通信号灯的人行横道，必须遵守信号的规定。通过没有交通信号灯的人行横道，须注意左右来往车辆，先左看，过中线后再右看。没有人行横道，须直行通过公路的，充分估计来车距离后迅速通过。不准穿越、倚坐人行道、车行道和铁路道口的护栏和隔离墩。千万不要图省事翻越或钻越护栏和隔离墩过马路，一定要走过街天桥和过街地道。列队通过道路时，每横队不准超过两人。走路要专心，不能边走边看手机、听音乐、看书、看报或因想事、聊天而忘记观察路面情况，那样很可能被路面上的石块、木棍绊倒，摔伤或撞到树、电线杆上，甚至可能发生车祸。路边停有车辆的时候，骑自行车时要注意避开，免得汽车突然启动或打开车门被碰伤。特别要远离公交车等大型车辆，因大型车辆1米以内都是驾驶员的视觉盲区。不准在道路上扒车、追车、强行拦车或抛物击车。不能在马路上踢球、溜旱冰、跳皮筋、做游戏或追逐打闹。雾天、雨天走路更要小心，最好穿上颜色鲜艳（最好是黄色）的衣服、雨衣，打鲜艳的伞。晚上上街，要选择有路灯的地段，带上手电筒最好，特别要注意来往的车辆和井坑。乘坐出租汽车时，不要站在机动车道上。

2.遵守乘车规则

乘车时不准携带易燃易爆等危险物品乘车；在车上尽量不要吃东西，不要嬉戏打闹；机动车行驶过程中，系好安全带，身体任何部分都不能伸出车外，车未停稳不要下车；千万不要乘坐货运机动车。

3.遵守骑车规则

未满12周岁的儿童，不得在道路上骑自行车、三轮车和推、拉人力车。未满14

周岁的未成年人不准在道路上骑电动自行车。中学生未年满18周岁且未取得机动车驾驶证不能在道路上驾驶机动车（如摩托车）。建议骑车戴头盔，自行车、三轮车和其他非机动车辆行走非机动车道，不能进入机动车行驶的快车道。要尽量靠右骑行，不能逆行，与前方车辆保持安全距离，不随意变道、加速或突然刹车；转弯前须减速慢行，向后瞭望，伸手示意；超越前车不准妨碍被超车的行驶；通过陡坡，横穿四条以上机动车道或途中车闸失效时，须下车推行，并伸手上下摆动示意，不准妨碍后面的车辆行驶；骑自行车不准双手离开扶手，不要攀扶其他车辆或手中持物行驶；不准牵引车辆或被其他车辆牵引；骑自行车时不准扶身并行，互相追逐打闹、曲折竞驶；在没有划分机动车、非机动车道的路段，要尽量靠右行驶，不争道抢道。骑车送小孩上学的家长，一定不要把孩子放在自行车前面的车筐内，这样十分危险。

4.交通事故应急规范

一旦不幸遇到翻车事故，尽量用手抱住自己的头，并缩起全身，重点保护头部和胸腹部。如果遇上交通事故，要在安全的前提下及时呼喊呼叫110、120，以便迅速抢救伤员，记住肇事车辆的车牌号码。

5.遵守铁路安全规范

不能在铁路口或铁路上行走、逗留、打闹、拣拾废品，也不能钻车或扒车。通过铁路道口时，必须听从道口看守人员的指挥，千万不能钻栏杆过道口。不能横穿铁路，更不能在铁轨上玩耍。如果有火车来了，必须站到铁轨5米以外。在电气化铁路线上，不能攀爬接触网支柱和铁塔，也不要在铁塔边休息或玩耍，防止触电。在站台等车时，要站在安全警戒线以外，如果在没有安全护栏的小站上，一定要离开轨道两米以外，因为火车进站时速度很快，离近了就有被卷入的危险。在火车上不要玩火，可能引发火灾；不要触动红色按钮、红色手把等紧急用品，不要玩耍应急救生工具；不要到两节车厢的连接处去玩，这样容易被夹伤或挤伤；千万不能把头、身子、手等伸到窗外，免得被车窗卡住，或是被沿线的信号设备、树木等刮伤。用完的塑料饭盒、水瓶、包装袋等废弃物，不能顺手扔到窗外。上下车不要拥挤，要看清脚下，防止踩空。

十、防止触电事故

1.远离配电房、变压器等高压电气设备

不得在配电房、变压器周围逗留，更不能攀爬变压器和电杆，不得把其他物体抛向配电房及变压器内，不得乱动电气设备，否则一不小心就会触电。

2.学会紧急处理触电事故

认识、了解电源总开关，学会在紧急情况下切断电源总开关。如发生电气设施引起的火灾，要迅速切断电源，然后再灭火。发现有人触电时，要立即切断电源。如果电源开关太远，可以站在干木凳上，用不导电的物体，如干燥的木棒、竹竿、衣服和塑料棒等将触电者与带电体分开。如触电者紧握电线时，可用干燥的带木柄的斧头或有绝缘柄的钢丝钳切断电源。切忌让带电体接触自己，更不能伸手去拉触电者。在触电者脱离电源后，立即采取其他抢救措施。

3.杜绝不安全的用电行为

不要用手或导电物（如铁丝、铁钉、别针等金属制品）去接触、试探电源插座内部。不要用湿手触摸电器，不要用湿布擦拭电器。未关闭电源前，不要随意拆卸、安装电源线路、插座、插头等。发现绝缘层损坏的电线、灯头、开头、插座要及时告诉父母或者老师检修。千万不要在电线上晾衣服、悬挂物体，或将电线直接挂在铁钉上。

4.养成安全的用电习惯

电器使用完毕后应拔掉电源插头，或者断开电源开关。插拔电源插头时不要用力拉拽电线，以防止电线的绝缘层受损造成漏电。电线的绝缘皮脱落，要及时告诉父母更换新线或用绝缘胶布包好。睡觉前或离家时应切断电器电源，或者关闭电器电源开关。尽量不要在潮湿的环境（如浴室）里使用电器，更不能使电器淋湿、受潮，不仅会损坏电器，还会发生触电危险。

5.户外雷电防范

在上学、放学的路上，要特别注意路边的电线是否有脱落。如果有脱落，要立即单脚跳离，并告诉家长，通知有关部门。雷雨天气千万不要站在大树或者独立单体建筑物下避雨，以免遭到雷击。

十一、溺水防范知识

1.游泳安全注意事项

不私自下水游泳，不擅自与未成年人结伴游泳，不在无家长或老师带领的情况下游泳，不到无安全设施、无救援人员的水域游泳。有人落水时，不擅自下水施救，要边呼救边用长绳、长棍或者抛救生物品进行救援。不到江河、湖、塘堰和水池等处玩耍、戏水、洗手、洗脚，不在无成人陪同的情况下到江河等处垂钓。

2.乘船安全注意事项

乘船应遵守规则，要穿好救生衣，不要在船上乱跑，不要摇晃船身，或在船舷边洗手、洗脚。一旦遇到特殊情况，一定不要慌张，听从船上工作人员的指挥。没有听到弃船警报、没有穿好救生装备时不能轻率跳水。遇到大风、大雨、大浪或大雾等天气，最好不要坐船。

3.溺水救援注意事项

不得手拉手盲目施救或下水施救，而应高声呼救，寻求成人帮助并立即报警。最好办法是将竹竿、木板等抛掷给溺水者，或者将树枝、竹竿、绳子以及连接起的衣服、皮带等抛给溺水者，将其拉上岸。

4.意外自救常识

在水中遇到意外要沉着冷静、不要惊慌，切忌双手上举或慌乱挣扎，应当一边呼唤他人相助，一边设法自救。自救时要放松身体，深吸一口气，让身体漂浮在水面。采用仰泳姿势，用脚踩水，将手掌向下，增加浮力，口鼻露出水面立即呼吸，减缓身体下沉速度。当发生抽筋时，如离岸近，应立即出水，到岸上进行按摩；如离岸较远，可以采取仰泳姿势，仰浮在水面上尽量对抽筋的肢体进行牵引、按摩，以求缓解；如自行救治不见效，就应尽量利用未抽筋的肢体划水靠岸。遇到水草时，应以仰泳的姿势从原路游回，万一被水草缠住，不要慌张乱蹦乱蹬，应仰浮在水面上，一手划水，一手解开水草，然后仰泳从原路游回。当陷入漩涡时，用爬泳迅速爬过，让身体与漩涡转动方向一致，沿着漩涡边缘奋力爬出来，特别要防范被障碍物撞击受伤。当出现体力不支、过度疲劳时，应停止游动，仰浮在水面上恢复体力迅速呼救，待体力恢复后应立即上岸或请人帮助上岸。

第六节　其他公共安全事件的防范与自救

一、下水道自救

雨水多发季节，路面有积水时，要防止走路时掉进下水道。外出可以用棍子、拐杖探路，或者扶住马路上的栏杆前行。下水道的水相对急并且有漩涡，晚上出行发现有明晃晃的地方一般为水坑或下水道，要小心。如果不小心掉进下水道，可用手电筒、手机的屏幕或打火机来照明。若有可用的光源，那么就朝上方看，寻找穿过雨水井的进水口、街道上的网状格栅或者在下水道检修井盖上的小洞射入下水道中的光线，最好能找到一个可以抓住的地方，避免被冲到下游，切忌站直身体前进。硫化氢的密度比空气略大，所以在下水管道的下方这种气体会聚集得更多，可用湿润衣物捂住口、鼻。要保护好自己的头部，避免地面上掉下来的物品砸伤自己。要保持镇定，如有电话，及时报警，也可以将自己的鲜艳物品抛上去，吸引人来查看。当无法自救时，要耐心等待救援；身上有食物的话，最好分时间吃，保持体力；可以仔细听一下附近有无路人，及时呼救，可用石头敲打附近管道；切记不要一直大喊大叫，这样会十分消耗体力。

二、电梯故障注意事项

遭遇电梯故障时，首先要保持镇定，不要惊慌，不要轻易扒门爬出。利用电梯内的警铃、对讲机或电话与有关人员联系救援。若无法报警，可间歇性地大声呼叫或用鞋子间歇性地拍打电梯门。如果电梯内有把手，一定要紧握把手，以便固定身体，发生意外震动时不会因为重心不稳而摔伤。如电梯坠落时，将身体整个背部和头部紧贴电梯内墙，呈一直线，以保护身体，让膝盖呈弯曲姿势，借用膝盖弯曲来承受重击压力。若一时无人来救助，要保持镇定、保存体力，等待外部救援。除了不能扒门外，也不能从电梯天花板的紧急出口爬出去，防止失去平衡而掉进漆黑的井道里，或因电梯外壁的油垢而滑倒，从电梯顶上坠落。不要用身体去阻止电梯关门，防止电梯出现故障。电梯运行中发生火灾，立即在就近楼层停靠逃生。一旦自动扶梯或自动人行道发生逆向滑行、乘客摔倒、手指或者鞋跟等被夹住时，应立即按下自动扶梯或自动人行道两端的红色紧急“停止”按钮，使自动扶梯或自动人行道停止运行，以防止发生更大的伤害。在正常情况下，不得随意按动紧急“停止”按钮，以免乘客毫无防备而发生事故。

三、烟花爆竹燃放安全注意事项

按规定购买、燃放烟花爆竹，购买烟花爆竹一定要去正规的烟花爆竹零售店，不要随便购买没有质量保证的产品，燃放没有质量保证的烟花爆竹易造成危险。不要购买、燃放礼花弹、大型烟花，切勿认为烟花爆竹越响越好，越大越好。家庭不要买数量过多的烟花爆竹，家中不要储存烟花爆竹。未燃放的烟花爆竹应放在儿童接触不到的地方，并远离火源、电源、气源。过期或者废弃的烟花爆竹不要随意丢弃，应交专业部门销毁或联系消防部门。燃放烟花爆竹要符合当地的地方性法规，不要在明文禁止的区域燃放。所有烟花爆竹产品都应该在室外燃放，严格按照说明书上要求选择燃放场地。燃放烟花爆竹的时候不要靠得太近，点燃烟花爆竹后要立即离开，返回安全位置观看，更不要用手拿着燃放，手持烟花爆竹和靠得太近容易被炸伤。采用正确的点燃方式，严禁身体任何部位正对产品的燃放轨迹。不得在危险化学品企业、加油站、仓库、高压线和林地边100米内燃放烟花爆竹，燃放的烟花爆竹产生的火焰、火星和冲击力极易引燃危险化学品和易燃易爆物，可能引发爆炸、火灾和森林大火，造成不必要的损失。燃放烟花爆竹一定要远离城市的下水道口、化粪池，城市下水道、化粪池存有沼气，沼气遇到火源便会产生巨大能量并引发爆炸。

无论以何种方式燃放烟花爆竹，均不得针对人群、车辆、建筑物等。不得在建筑物内、屋顶、窗外、阳台燃放烟花爆竹，否则极有可能造成意外事故，对燃放者和他人的生命、财产安全以及公共安全造成危害。在行驶的车辆中燃放或者向外抛掷烟花爆竹，极有可能造成燃烧物的飞散，会伤及路人或影响正常的交通秩序，还可能造成火灾。燃放吐珠类烟花时应在空旷场所，注意远离楼道、阳台、屋顶等，以免造成火灾；严禁在繁华街道、剧院等公共场所和山林、有电的设施下以及存放易燃易爆物品的地方进行燃放；最好能用物体或器械固定在地面上进行，烟花火口朝上，尾部朝地，对空发射。喷花类、小礼花类、组合类烟花应稳固地平放在地面，点燃引线后离开至安全距离观赏。燃放手持或线吊类旋转烟花时，手提线头或用小竹竿吊住棉线，点燃后向前伸，身体勿靠近烟花。总之燃放烟花爆竹时，一定要在空旷地带，远离一切可燃物，人不要靠得太近。

一些地方节庆聚会后要放烟花爆竹，这时要保持清醒头脑，意识不正常或喝酒后不得燃放烟花爆竹，大雾大风天气不要燃放烟花爆竹，无大人监护不要让孩子燃放烟花爆竹，不能把烟花爆竹中的火药取出来玩耍。当出现异常情况，如熄火或者不燃现象时，千万不要马上再点火，更不要马上靠拢伸头或用眼睛靠近观看，一般等15分钟后再去处理。燃放烟花爆竹以后一定要及时清理，检查是否有未燃的烟花爆竹，一定要清理干净燃放现场，避免被人捡到燃放，或者突然爆炸而发生安全事故。

四、高空坠物防范

路过高层建筑的时候，尽量走有防护的内侧或选择贴着墙根行走，可增加一分安全保障，因为高空坠物的运动轨迹会是一条抛物线，走有防护的内侧或靠着墙根一般不会被砸到。不要只顾低头玩手机或跟朋友聊天，最好先抬头看看，然后快速通过。高层住户要加强建筑玻璃幕墙以及门窗玻璃的安全防护规范措施，日常注意检查窗户边沿螺丝、窗扇及窗网边框是否出现松动脱落。严禁在阳台栏杆边缘摆放花盆，禁止在窗户外悬挂杂物。注意建筑施工工地的坠落物，远离施工现场，防止砖石物料掉落。要监护好自己的小孩，从小培养他们养成文明的习惯，不要让小孩在自家阳台和楼宇顶层天台等危险的地方嬉戏打闹和玩耍，防止发生高空坠物。刮风下雨天要尽量减少出门的频次，大风暴雨天气是发生坠物的高峰时段，要更加小心。不要在广告宣传架子附近停留，也不要靠高楼太近，更不能在枯朽的老树旁边活动。定期检查老式楼房外置式雨水管道与外立面的连接处是否牢靠，防止管道脱落伤人。定期检查楼宇外立面墙皮有无脱落的迹象，及时进行维修处理。设计房屋时，要尽量增加空调外挂主机的预留外延建筑结构平台或体外凹式墙体空间，避免违规在外墙上安装空调挂机。装修房屋时，严禁安装外置式窗外储物架。防盗网使用久了会产生锈蚀，在外力作用下易产生脱落，外置式储物架存放的东西遇大风天气易刮落至地面。在进行高空维修、修补、清洗外墙面等高空作业时，做好防护措施，防止物品不慎坠落，竖立警示牌和围栏提醒路人绕道行走或安排专门人员引导行人通过。

不要高空抛物

自然灾害防范与自救

在大自然面前，未雨绸缪永远比亡羊补牢更有现实意义。在猝不及防的灾害面前，人类的生命是脆弱的，我们只有时时预防、主动防范并加以有效的应对措施。从灾害萌芽阶段就及时采取有效措施，既能在发生之初就减少损失和伤害，也能增强后续抗灾、救灾能力。

第一节　地震防范与自救

地震随时随地都有可能发生，但大多数地震主要集中在地震带上。我国是一个地震多发的国家，频度高、强度大、分布广。地震不同于洪水、火灾或飓风等自然灾害，它突发性很强，往往让人措手不及、防不胜防，是自然界中最可怕的灾害之一。不同等级的地震造成的影响差别很大，一些微小地震发生时须使用精密的测量仪器才能监测到，而大规模的地震可以顷刻间将整个山体撕裂。现在的科学技术可以预测较长时间段的地震活动，多用于指导某地区的防震减灾工作，但是因为短时间内的地震活动仍然难以准确预测，因此加强自救互救的能力和意识非常重要，地震来临时个体反应速度和防震准备对于成功避险至关重要。

一、家庭防震措施

地处地震带，应尽量降低室内一切物品的重心。平时，卫生间尽量保持半开状态，正门、通道附近不要堆积杂物，不要将农药、有毒物品和易燃易爆品放在室内。家里应针对性地准备应急包，放在家庭成员都知道的位置。房屋门框要定期检修加固，屋内要准备梯子、绳子和锤子等逃生工具。收到可能发生地震的预警后，要通过电视、电台、网络、手机等渠道继续关注最新的情况和建议；关掉燃气阀和室内电源；将大而重的物体从高处的搁架上取下；储物柜柜门要设置挡手，以防里面的物体下落；将室内悬挂物品全部取下移走；将瓷器、玻璃器皿和其他易碎的东西放进低橱内，锁好橱门；准备应急物品，例如瓶装水、食物、手电、急救箱等。

二、地震发生时的应急处置

地震发生时，如果有足够的时间寻找避难场所是最好的，但绝对不能在室内、室外进进出出。一般就近躲避在卫生间等有水、空间小又坚固的地方，蹲下或跪在地上，随手用靠垫等物品保护头部。

（一）低楼层避震

如果地震发生时还在室内，安静待在原地承重墙角、开间较小卫生间、坚固家具下面等避险。如果发现着火，尽量及时关火、灭火。如在一、二楼或者平房内，可以迅速跑到室外避震，但要注意保护头部，防止被室内装饰物和建筑构件坠落砸伤。远离炉灶、煤气管道和家用电器，远离窗户、镜子及其建筑物外墙，远离吊灯和没有固定的家具。第一轮地震波过去后，可以迅速把室内的燃气、电源开关关掉，把大门打开，拿着应急包，迅速撤离到空旷地带。地震后，不要立即返回建筑物内，连续的小幅震动，可能是大规模地震将要发生的前震；而余震很可能会使已经被破坏的建筑物完全坍塌。

地震发生时可躲在卫生间

（二）高楼层避震

当你正在楼房内时要保持头脑清醒，迅速远离外墙及其门窗；可选择厨房、浴室、厕所等空间小而不易塌落的空间，或者到墙角等易于形成三角空间的地方避震；尽快躲在比较坚固的桌子或其他坚固的家具下，抓紧防护物，用书包、枕头、靠垫等护住头部，防止被家具、吊灯、镜子、玻璃砸伤。“9·5”泸定地震时，一名被困者即是躲在餐桌下获救。当位于高楼层时，不要擅自跑到室外，防止高墙上的瓷砖玻璃掉下来砸中头部。千万不要匆忙外逃或从楼上跳下，也不要使用电梯，楼梯处也可能会因为拥挤着惊恐的人群而堵塞或造成踩踏。如果你在办公楼里，就赶紧藏到办公桌下，不可站立和蹦跳，要尽量降低重心。还可以躲避在支撑良好的内部门廊下方、承重墙墙根、墙角、坚固的家具旁、卫生间或水房等地方，这些地方不仅能提供防护，而且也有较大的呼吸空间。远离大的货物展厅和货柜，以防被倒下来的货物砸伤或掩埋。如果在影院或体育馆，迅速躲在排椅下面，避开吊灯、电扇等高处悬挂物，用手或者衣物掩住口、鼻，防止灰尘呛入。在商场，高墙立柱和墙角是合适的避震处，注意避开大型超市货架等高大不稳物品或易碎物品。

（三）室外避震

如果地震来了的时候身处室外，最好的办法就是快速找到一处四周没有房屋、建筑物的宽敞地方（如就近的应急避难场所）。如果地震发生时人在户外，要远离任何可能砸伤人的东西。周围的树木、建筑物、悬挂在外的招牌、碎裂的墙板和玻璃都可能落下来砸伤人。若是有条件，最好能站在空旷处，一定要远离建筑物，尤其是高大的建筑群。如果是在野外避震，要避开山脚、陡崖、河道，防止滚石和滑坡。如果是在海滩附近，只要不在悬崖下就会相对安全。地震过后常伴有海啸发生，所以当震动停止后应尽快离开海滩附近，向高处或开阔地带转移。

（四）车辆避震

地震时如果在车上，应当开启车辆双闪，尽快减速把车辆停在安全的地方，远离高大建筑物、电线、树木、灯柱等隐患处。车内人员做好防撞击准备，保护好头颈。在公交车上，不要盲目跳车，应听从指挥有序撤离，防止摔伤或者发生踩踏。当震动停止后，要先注意观察附近存在的障碍物或其他可能出现的危险，再考虑离开车子寻找合适的避难所，被破坏的电缆、高压线、燃气管道、坍陷的桥梁和出现裂缝的建筑都有可能在震后造成严重的事故。不到万不得已，一般不要开车进入地下或坑道，以防被困。

三、地震后注意事项

1.选择安全避难场所

避难场所要远离山体滑坡、水库溃堤等危险区域，避开危楼、高压线和易燃易爆物品储存地，选择干燥、平坦、背风的地方；要注意防火，看有无灭火器等设备，有无消防通道；夏季要注意防汛，冬季要注意雪崩。选择室内公共场所作为避难场所，其应达到当地抗震预防要求。

2.要注意卫生

特别要注意环境卫生和个人卫生，饮用水一定要使用干净的水源，确保煮沸后饮用；除罐头类等密封好的方便食品外，所有食物尽量高温煮熟后食用，其余地震前的熟食都不能食用；动物尸体，要迅速按防疫要求处理；居住区域，要经过消杀处理，防止传染病。

3.不要贸然回家

要经过专业部门鉴定安全后，才能进入震区房屋内；在使用厕所前，先要检查其排污系统是否完好；从橱柜中取用物品时，要小心里面的物品滚落；不要贸然使用点火工具或电器，要先确保周围没有燃气泄漏。

四、地震后自救

当确实无力自救脱险时，不要盲目行动，应减少体力消耗，等待救援。遇险后首先要坚定生存信念，消除恐惧心理和急躁情绪。生存信心十分重要，一定要相信有人救你。“5・12”特大地震后，有许多起救援奇迹，这就是很好的例子。几个人被困在一处，一定要相互团结、相互鼓励。地震后，还有多次余震，为避免受到二次伤害，尽量改善自己的处所，及时排除险情，朝有光亮和空气的地方移动。设法挣脱被束缚的手脚，清除压在身上的物体，创造一个生存的空间。尽量避开身体上方不稳定的倒塌物、悬挂物或者其他危险物，用砖块、木头等支撑不稳定物，稳定和扩大生存空间，防止二次伤害。不要随便触碰身边电源、煤气阀等设施，不要使用明火。尽力寻找水和食物，注意保存体力，维持生命，等待救援。如受伤出血，设法用衣物包扎，避免流血过多。要设法向外界传递求救信号，不要急躁，不要长时间大声、连续呼叫。应当安静倾听外界的情况，感觉有人来时再奋力呼救。可以用石块、金属等敲击周边物体，这样可以节省体力，效果也更好。如在废墟下时间较长没有得到救援，要想办法维持生命。必要时，自己的尿液也能补充水分。饮水时，把水含在嘴里转圈，一点点咽下，是节约用水、维持生命的有效方法。

五、遭遇建筑物坍塌

建筑坍塌时应尽量靠近体积大的家具或者靠近承重墙，这里可能会留下安全空间；不要靠近楼梯，因为这里是比较容易垮塌的区域；在床上时，实在来不及转移到更好的地方，才可以迅速趴在床下；护住口鼻，防止粉尘污染。

第二节　洪涝防范与自救

我国大部分地区每年4月至9月都会遭受不同程度的洪涝灾害，对人们生产、生活造成极大影响，懂得如何在洪涝来临之前做好预防，了解如何在洪涝中自救能在关键时刻给自己及家人带来一份平安。

一、洪涝来临前

（一）随时关注天气预报和灾害预警信息

暴雨预警信号分为四级，分别以蓝色、黄色、橙色和红色表示。夏秋季节应密切关注天气预报和洪涝灾害信息，结合自己所处的地理位置和地形条件，做好防灾准备，提前熟悉最佳撤离路线。除了时刻关注天气预报外，也可留意一些自然界预警。暴雨来临之前，大自然中许多动物都会有所察觉，表现出各种反常行为。每当山羊躺在屋檐下或大树下就会下雨，牛群在暴风雨来临之前会坐立不安。民间有很多谚语，比如“狗洗脸，猫吃草，不过三天雨来到”“母猪拱槽，风雨要到”“鱼儿出水跳，风雨就来到”“泥鳅跳，风雨到”“乌龟背冒汗，出门带雨伞”“水缸穿裙，大雨淋淋”“咸物返潮天将雨，柱石脚下潮有雨”“喜鹊搭窝高，当年雨水涝”“燕子低飞蛇过道，大雨不久就来到”“蜜蜂采花忙，短期有雨降”“蜜蜂窝里叫，大雨就来到”“蜜蜂不出窝，风雨快如梭”“蜻蜓飞得低，出门穿蓑衣”“蜻蜓千百绕，不日雨来到”等。也可观察云的变化，天空厚云还有雨，云层较低下雨可能性更大。比如“天上钩钩云，地上雨淋淋”“天上扫帚云，三五日内雨淋淋”“冬钩云，晒起尘”“江猪过河，大雨滂沱”“棉花云，雨快临”“炮台云，雨淋淋”“西北起黑云，雷雨必来临”“云往东，车马通，云往南，水涨潭，云往西，披蓑衣，云往北，好晒麦”。看星空或月亮也可预示天气变化，月晕、日晕后一般有阵雨，“日晕三更雨”“月亮撑红伞，大于在眼前”“星星密，雨滴滴”“东风急，备斗笠”“雨后生东风来雨更猛”“雨后西南风，三天不落空”等，也是天气预报好帮手。在每年汛期，要注意收听、收看天气预报以及当地气象、防汛部门发布的预警信息，以便做好相应准备，避免前往已经发生洪水的地区。当天气预报提示有暴雨或大暴雨预警时，居住在山区河谷、低洼地带的居民要提高警惕，及时关注当地政府发布的相关信息，及时采取适当的避险措施。

（二）易发生洪涝的地区平时的应急准备

1.获取信息渠道的畅通

在灾难来临之前，气象部门会连续不断地发出当地预报和警报。警报发出以后，民众很有可能是通过收音机听到或是在电视中看到的。可以提前购买一部既可用电，又可用电池的天气收音机，当警报播报时，它会自动发出警铃。无论是使用天气收音机还是普通收音机或是电视，在接到警报以后，要密切关注当时的形势。最先得到的消息可能是关于洪水或暴洪的预报，这意味着所在的地区可能在几小时内发生洪水或暴洪。

2.将了解的信息与自身情况相结合

要知道经常行走的路线会经过哪些低洼积水地方，也要知道哪些地方地势较高，可以选为临时避难场所。要及时检查维修房屋门窗、屋顶，加固室外设施。如处于洪水多发地带，建议准备应急包。在收到预警信号之后，按照预先选择好的路线撤离，以规避洪水侵袭。居住在平原地区的低洼地带及容易积水地段的居民应提前准备沙袋等应急物资，防止洪水进入屋内造成严重损失。处于低洼地带的居民要准备沙袋、挡水板、木筏、船只等物品，设置挡水坝，防止洪水进屋。

3.根据自身情况做好抗洪的准备

要检查一下紧急储备物，看看是否漏掉什么。如果家里停电，那么加油站的油泵也不见得会正常运作，所以要提前确保家里的车加满了油。要提前在干净的容器中装满水以备后用，每个人需要11升水。要备足方便食品和日用品，离开房屋前，若时间允许，吃点热食和饮料。接到预报后，马上离开。如果想驾车逃离，可以将这些储备物都装上车。听到城市和乡村水情报告，这意味着溪水或河水已经开始外溢，地势低矮的地区，包括地下过街通道和某些街道已被水淹。应该绕过那些受淹路段，绝不能在室外玩耍，以防被洪水冲走。当听到洪水警报时，大规模的洪水已经开始或蓄势待发。如果此时所处位置是低地，就应该立刻逃到高地上去，稍有耽搁，洪水就可能切断逃生路线。如果广播中建议撤离家园，就应该带着紧急储备物赶紧离开。如果听到的是暴洪警报，危险就近在眼前。所在的位置不一定下雨，但是不要被这个假象所蒙蔽。附近的山坡上可能已经开始下起大雨，甚至是下暴雨，水正在涌来。所以如果此时身处低地，必须立刻跑到高地处。

（三）做好应对洪涝灾害准备

在突发紧急状况下，几乎没有多少时间逃离，所以必须提前知道怎样应付。为了应对洪涝灾害，各地政府都会提前制定应急预案，可通过政府网站或大众传播媒介提前熟悉本地区防汛方案和措施，包括隐患灾害点、紧急转移路线图、抗洪救灾机构联络方式等。平时应该为自己选择一个洪水来临时可躲避的安全点，根据政府提供的洪涝信息和自己所处的位置、房屋结构，冷静选择撤离路线，认清路标，明确撤离路线和目的地。城市排水系统是重要的防洪设施，应保持排水系统畅通，平时不要将垃圾、杂物丢入下水道，堵塞排水防洪。洪水多发期经常检查应急包，多储备一些水、食品和生活必需品。房屋的门窗是进水部位，要用沙袋、挡水板筑起防线，然后再用旧毛毯、棉絮等堵塞门窗缝隙。用胶带纸密封所有门窗缝隙，可以多封几层。将老鼠洞、排水洞等一切可能进水的地方堵死。不便携带的贵重物品做防水处理后埋入地下或放在高处。在洪涝灾害易发地区，家中应自备简易救生器材，以备洪水来临来不及撤离时自救和互救使用，如木盆、木材、大块泡沫塑料等能漂浮在水面上的物品。必要时应提前购置救生衣、应急手电、帐篷、绳子、哨子、打火机、颜色鲜艳的衣物等，以便在被困时自救或互救使用。临时救生物品应挑选体积大的，如木桶、油桶、塑料桶等，澡盆、箱子、柜子等木质家具和树木也有漂浮能力。

居住在海边和河边的人容易遭遇洪水，所以应该知道自家房屋与海面、河面之间的相对高度，以及那里是否曾经发生过洪水。需要估测出自家房屋高于还是低于市中心。如果有一条河流流经所在的城市或乡村，可以用等高线地图计算出家与河流之间的垂直距离。邻近地区的历史记录也是有用的参考资料。如果家多年以来居住在同一个地方，会知道那里是否曾经发生过水灾。若是最近刚搬来，可以查阅当地图书馆和报纸中的有关记录，或咨询附近政府部门。灾难发生前，被迫离开家园，要同家人逃到安全的高地处，并约定好相遇的地点，以免被冲散。要事先同紧急区以外的某个朋友或亲戚安排好联系方式，一旦冲散，可以电话联系，他会随时跟踪每个人的去向。确保自己知道急救电话号码，并且能清楚地说出自己的名字和家庭住址。如果预先得到紧急警报，应及时写下联系方式并确保每一位家人都有一份，不要过于依赖手机。洪水所到之处，会污染所有暴露在外的食物，所以应该准备足够每人维持3天的罐装食品和一个开罐头器。紧急物品中还应该包括一个手电筒以及足够的备用电池，一个医疗急救用具箱以及任何婴儿和有特殊需要的人可能用到的物品。把这些物品装到结实的包裹中，可以迅速拿上带走。为每个人准备一双胶皮靴或运动鞋，当接到警报以后，再加上一个睡袋或毯子以及每个人一套的换洗衣服。

（四）应急撤离注意事项

观察暴雨洪水到来迹象，邻居之间要相互提醒。要按照“三个避让”（提前避让、主动避让和预防避让）和“三个紧急撤离”刚性要求（在危险隐患点发生强降雨时，紧急撤离；接到暴雨蓝色及以上预警或预警信号时，立即组织高风险区域群众紧急撤离；出现险情征兆或对险情不能准确研判时，组织受威胁群众紧急避险撤离）按计划组织紧急撤离。洪涝灾害撤离时应注意关掉煤气阀、电源总开关等。因为煤气阀、电源总开关等在洪涝灾害中易受外力影响，发生泄漏，易引起煤气爆炸、漏电等事故，应在撤离时及时关闭。撤离前把门窗关好，防止家中物品被水冲走。在撤离过程中一切行动听指挥，做到沉着冷静、迅速有序、互帮互助、稳妥安全。切忌中途返回、更改路线、惊恐忙乱。一定要几个人结伴行动，最好穿系鞋带的鞋，要在水还没到膝盖之前完成转移。不要开车转移，开车经过洪水区很危险。撤离后，在没有接到防汛部门指示的情况下，不得擅自返回。盯住小孩，不要让其随意下水，防止小孩丢失。

二、洪水来临后应急注意事项

安全转移要本着“就近、就高、迅速、有序、安全、先人后物”的原则进行。遇洪水威胁时，为了最大限度保证生命和财产安全，应迅速就近向高处转移，尽量减少转移时间。在转移过程中，应保持先后顺序和良好秩序，并确保安全。生命是人世间最宝贵的，切记在确保生命安全的情况下，再设法抢救财物。

（一）洪水到来时迅速转移

洪水到来时要立即停止户外活动，迅速向高处转移。来不及转移时，应尽快就近抓住固定物或漂浮物，在确保安全的情况下，迅速向屋顶、山坡等高处移动，转移过程中应沉着冷静，切忌惊慌失措，千万不要顺水而行。在户外行走时，要防止触电、跌入下水道、地坑等，提防房屋被洪水冲垮砸伤人。特别小心掉入地下水道和断电线，行走时可用长木棍或手杖试探，发现断电线立即向后单脚跳离10米左右。暴雨中汽车在低洼处应熄火，尽快下车到高处等待救援。山洪流速急、涨得快，尽量不要过河，实在要过，尽可能走桥上。

洪水到来时往高处转移

（二）被洪水包围怎样求救

如果被洪水包围无法脱身，应尽快拨打当地防汛部门电话、119、110或与亲朋好友联系求救，夜间用手电筒或大声呼喊求救，也会引起救援人员的注意。在请求救援时，应尽量准确报告被困人员情况、方位和险情。洪水来临前及时充电，带好充电宝。撤离时，将电话和充电宝做好防水措施随身带上。洪涝灾害中，如被洪水围困，应随时保持通信畅通，及时与救援人员进行联系，最大限度保证获救。在撤离时应避开高压电线，接近高压电线、电线杆等十分危险，发现高压线铁塔倾斜或电线断头下垂时，要迅速单脚跳离，防止触电，更不要攀爬电线杆、铁塔。

（三）雷电防范注意事项

雷电交加时，应立即到室内，不要在户外和窗边使用手机或有线电话；不要开窗户，不能把头、手伸出窗外，不要赤脚；切记不要停留在电灯下面，更不要触摸窗户金属架或者依靠门柱；尽可能关闭室内各种电器，并拔掉插座。正在划船的，应立即远离水，尽快上岸到安全地方躲避。外出穿胶鞋、雨衣起绝缘作用；尽量进入封闭的建筑内，也可以到车中躲避；不能迅速躲入建筑内的，不要使用有金属柄的雨伞，摘下金属夹眼镜、手表，关闭手机；在树林的，应该到低矮树丛中躲避，不要站在空旷区域孤立的大树、高塔、电桩、高墙、输电线下面。在野外防止雷击时，身体下蹲，重心放在脚尖，双脚脚踝贴在一起，捂住耳朵；雷电发生时，不要坐在潮湿的地方，水是导体，很容易发生危险；要离开潮湿的地方并转移到干燥的地方，两脚并拢并蹲下，不要用手触地；带橡胶的物体可以作为绝缘材料，坐在上面会更安全一些；坐着时，弯腰低头抱膝有助于绝缘，但不能保证一定会绝对安全；一定要远离金属建筑和栅栏，更不要携带任何金属物品。地下至少一米深的岩洞是很好的雷电屏蔽所，与四周墙壁保持至少一米的距离，不要在岩洞入口处停留，也不要藏身在山地村庄的岩石突起地带。

（四）洪涝灾害期间须谨慎驾车

在不能确保安全的情况下，不可在湿滑山路、积水路段、桥下涵洞等处行驶。大雨天气建议不要外出，更不要开车上路。在驾驶过程中如遇大雨，应及时把车就近停靠在安全地带，等雨量减小后再上路。在道路湿滑、泥泞的山路上或湍急的河道上行驶，极易引起车辆侧翻或倾覆。多雨季节，桥下涵洞容易积水，最好绕路行驶，不可强行通过。如果车辆在积水路段或地势低洼处熄火抛锚，应尽快离车，寻求救援。不要试图穿越被洪水淹没的公路，往往会被上涨的洪水困住。要防止掉入暗井、施工坑等，最好贴近建筑物或者马路中央行走。如果发现附近有漩涡，千万不要靠近。在乡村，不要在山体旁、悬崖下、沼泽地附近通过。

（五）地铁、商场、居民房出现洪水倒灌后的自救

如果发现地铁站内通道大量进水，应迅速、有序寻找附近出口，离开地铁站。在列车上，应有序通过车头、车尾疏散门进入隧道，切勿跳下轨道，以防触电。隧道内停电后，要在原地等待工作人员有序疏散。如果在坚固建筑物内，不要惊慌乱跑，即使水位上涨，危险也比外出小。可以随着水位上涨，一层一层向上转移。无法向高处再转移时，尽量待在屋顶，除非建筑物要垮，可以在屋顶搭建防护棚。实在要转移出去，要有安全可行的转移方案和场所，就地准备救生工具。夜晚多人被困，可以集体呼救，还可烧火堆引起救援人员的注意。

（六）住宅遇洪水如何自救

洪水发生时，如果在家中，首先要冷静，不要慌张。马上关闭煤气总闸和电源总开关，以免发生煤气泄漏或电线漏电等状况。衣被等御寒物如果不能随身携带，就放在高处保存。将不便携带的贵重物品做防水处理后埋入地下，做好记号以便找寻，不能埋藏的就放置在可以存放的最高处，现金、首饰等财物可以缝在随身衣物中，以备不时之需。房屋的门槛、窗户的缝隙是最先进水的地方，用袋子装满沙石、泥土做成沙袋、土袋，在门槛和窗户处筑起第一道防线。沙袋可以自制，以

长30厘米、宽15厘米的大小为适宜，也可以用塑料袋或者简易布袋塞满沙子、碎石或泥土等，功能类似于沙袋。如临时找不到以上材料，就用旧毛毯或地毯、废旧毛巾等吸水之物，便于塞住缝隙。把所有的门窗缝隙用胶带纸封严，最好多封几层。一定不要忘记老鼠洞穴、排水洞这些容易进水的地方，都要堵死。做好各项密闭工作的建筑物会很有效地防止洪水的浸入。如果预计洪水水位会涨很高，那么底层窗户、门槛外以及任何有缝隙可能浸入洪水的地方都要堆积沙袋。出门时尽量把房门关好，以免财物被水冲走。

假如洪水不断上涨，在短时间内不会消退，一定要及时储备一些饮用淡水、方便食物、保暖衣物和烧开水的用具。如果没有轻便的炊具或不方便使用炊具，要多准备免加工的方便食物，还要准备火柴和打火机，必要时用来取火。多准备高能量食品，如巧克力、甜糕饼等，高能量食品能高效增强体力。在饮用水方面，在洪水来之前可用木盆、水桶等盛水工具储备干净的饮用水。最好是一些有盖子的可以密闭保存的瓶子、水桶之类，防止水源被污染。

如果洪水迅速猛涨，可以躲到屋顶或爬到树上，要收集一切可用来发求救信号的物品，如哨子、镜子、手电筒、鲜艳的衣物、围巾、床单、旗帜或可以焚烧的破布等。除此之外，手电筒光和火光可以在夜晚及时发出求救信号，以争取尽早被营救。

如果水灾严重，已经被迫上了屋顶，可以架起一个临时防护棚，或者就近选择粗壮的大树或离家最近的小山丘躲避水灾。如果屋顶是倾斜的，就用绳子或床单撕成条状把自己系在烟囱或其他坚固的物体上，以防止从屋顶滑落。在树上时，要把身体与树木强壮的枝干等固定物相连，防止从高处滑落，掉入洪水急流被卷走。

但若是水位看起来已经开始有淹没屋顶的危险，就要开始准备自制小木筏了，家里的木桶、气床、箱子、木梁甚至衣柜，全都可以用来制作木筏。做好后一定要先试试木筏是不是能够漂浮并承载相应的重量。还要提醒的是，发信号的用具无论何时都要随身携带。切记不到迫不得已不要乘木筏逃生，除非大水已经有了可以冲垮建筑物的可能，或水面将要没过屋顶。即使游泳技术好，也不要轻易下水，防止暗流漩涡和漂浮物冲击。

（七）如何自制漂浮筏逃生自救

自制木筏一定要采取正确的捆绑方法，捆扎结实才可能经得起风浪。可收集木盆、木块或有浮力的木制家具并用绳子捆好，加工成可以承载重量的安全逃生用具。找不到现成的结实绳子，可以把床单、窗帘等撕成条状。地瓜蔓和藤条也是不错的做绳子材料。泡沫板、木板一类面积和浮力较小的漂浮筏，可以多找一些，捆扎在一起，这样可以增加漂浮力。也可以收集大量的秸秆、竹竿、树枝、木棍等，可以细密地编联起来，制成可以逃生用的排筏。

（八）城市遇洪水如何自救

受到洪水威胁，如果时间充裕，应按照预定路线，有组织地向山坡、高地等处转移。在城市中遇到洪水应该迅速到牢固的高层建筑避险，必要时爬上高大树木，而后要立即与救援部门取得联系。在没有安全把握前提下，千万不要乱跑。避难所一般应选择在距家最近、地势较高、交通较为方便及卫生条件较好的地方。在城市中大多是高层建筑的平坦楼顶，地势较高或有牢固楼房的学校、医院等。搜集木盆、木块等漂浮材料加工为救生设备以备急需，一旦有情况可以转移到相对安全的地方。洪水到来时难以找到适合的饮用水，所以在洪水来临之前可用塑料水瓶等密闭容器储备干净的饮用水。准备好医药、取火等物品，保存好各种尚能使用的通信设施，可与外界保持良好的通信。在已经受到洪水包围的情况下，要尽可能利用船只、木制家具、门板、木床等，做水上转移。不要留恋家中的财产，更不能只顾财物而忘记生命安全。在离开住处时，最好把房门关好，待洪水退后，财物不会随水漂流掉。被水冲走或落入水中者，要保持镇定，尽量抓住水中漂流的木板、箱子、衣柜等物。如果离岸较远，周围又没有其他救援人员和救生器材时，就不要盲目游动，盲目呼喊，以免体力消耗殆尽。无论遇到何种情形，都不要慌，要学会在有人时发出求救信号，如晃动衣服或树枝，大声呼救等。

（九）学校遇洪水如何自救

洪水来临时要坚持往高处走，切勿单独行动，要学会保护自己。学生一定不要乱跑，要听从学校的统一指挥。老师根据现场情况，带领学生有组织、有秩序地快速往高处撤离。情况危急，来不及向校外转移时，可以组织学生到学校楼顶。但是不要爬到泥坯墙的屋顶，这些房屋浸水后很快会塌陷。也可以爬上附近的大树，并及时发出呼救信号，等候救援。如果是在校外遇到洪水，一定要组织好学生不要慌乱，要观察现场，寻找最佳逃生路线，然后立即离开低洼地带，选择较高的有利地形躲避。一定不要在沟底行进，要向两侧较高处沿岩石坡面转移，更不要涉水过河。如果洪水突至，不能及时躲避，可以就地取材，选择浮力较好的木篙、木板、课桌等漂浮物，趴在上面，尽量将头露出水面，等待救援。

（十）农村遇洪涝灾害如何自救

农村房屋易倒塌，最安全的避灾地点是山地和坚固的建筑。行洪区（指主河槽与两岸主要堤防之间的洼地）、围垦区、水库、河床及渠道、涵洞、危房中、危房四周、电线杆、高压电塔附近等地方都很危险。农村由于离救援队伍远、交通又不便、人员又分散，等待救援时间可能较长，自救互救十分重要。雨季要随时关注天气预报和预警，一旦预警马上转移撤离。如果洪水已经来袭，来不及撤离时，要立即就近向山坡、高地等地转移，立即爬上屋顶、楼房高层、大树、高墙等高处暂避，等候救援。不要到土墙、泥坯房等经水浸泡容易坍塌的地点。同时要充分利用准备好的救生器材逃生，就地迅速找一些门板、桌椅、木床、箱子、大块的泡沫塑料等能在水上漂浮的材料扎成逃生筏。如已被卷入洪水中，一定要尽可能抓住固定的或能漂浮的东西，寻找机会逃生。逃生时不要沿着山区沟谷或者河道的方向跑，而要向两侧高处快速躲避。要随时设法尽快与当地政府防汛部门取得联系，或者制作明显标志报告自己的方位和险情，以待救援。在发现救援人员靠近时，可以使用手电筒、哨子、旗帜、鲜艳的床单、衣服等工具发出求救信号，以引起营救人员的注意。尽可能寻找和储存一部分清洁的饮用水和食物，以支撑至救援人员到来。撤离前，应选择牛肉、巧克力、饼干等一些高能量的食品，喝些热饮料，以增强体力，方便逃生。可准备防水袋子装上通信工具，携带一些衣物以保持体温。在等待救援的过程中，千万不能饮用洪水以及受污染的水，以免传染上疾病。

（十一）平原洪水暴发时如何自救

平原地区地形开阔，洪水易长驱直入，平时要做好防范演练。洪水多发地区，政府一般建有避难道路，并设有指示行进方向的路标。避难场所一般选择在离家最近、地势较高、交通方便的地方，保证有较好的卫生条件，并与外界能够保持良好的通信和交通联系。避难人群可以正确识别路标，避免盲目乱走，发生人群互相挤撞、拥挤等不必要的混乱。在洪灾中，由于突发的灾害、自身的苦痛、家庭财产的巨大损失，人心惶惶，如果再有流言蜚语的蛊惑、人群不时的惊恐喊叫、警车和救护车的鸣笛声等一些外来干扰，更容易造成不必要的惊恐和混乱，造成更大的损失。避难过程中必须保持镇定的情绪。

（十二）公交车被困水中逃生自救

公交车很容易在不断上涨的水中熄火，车会慢慢变成一个储水罐，这是非常危险的。这时候，司机和乘客要团结起来，相互救助，不要混乱拥挤。应立即打开车门，有序地下车，一定不要拥挤，以防踩踏事故的发生。若水流湍急，下车后浸入水中时大家可以手拉手形成人墙，缓慢、稳定地向岸边移动。这样可以避免因个人力量单薄而被水冲倒。如果已经不能打开车门时，立即用车上的工具，如锤子、撬杠、钳子等敲碎车窗玻璃逃生，注意不要被碎玻璃划伤。

（十三）汽车被淹没水中如何自救

当汽车沉没水中的时候，必须在水漫至车窗前逃离。如果汽车被冲入河中，这时仍有1～2分钟的时间是浮在水面上的，车头因为有发动机，会较重一些，所以下沉会先由车头开始，还能来得及逃生。这时一定要保持冷静，切勿慌乱。被淹没的汽车有个致命问题，中控锁没有被及时打开，所以在车辆落水前打开中控锁非常重要。解开安全带，一时解不开就找尖锐物把它割断。洪水没有过车窗时，可以立即摇低车窗从车窗爬出。当洪水高于车窗时可以慢速降低车窗，趁洪水向车里涌入时寻找机会逃出。如果车窗紧闭，不能正常下降，可借用坚硬的工具打破车窗，玻璃边角处比较容易砸碎，如雨伞、女士高跟鞋、司机头枕等，靠垫上面的头枕取下来不仅可以砸车窗，也可以撬车窗边缘。如果没有坚硬的工具，车窗实在不能打破，尝试从天窗或前后玻璃窗离开。如果不能从车窗逃走，尝试能否将车门慢慢打开，不过车外水压大，车门也许已经很难开启，这时车主一定要镇定。待车内的入水接近顶部时，深呼吸，尝试打开车门，因为这时车内外的压力比较接近，车门比较容易打开。如车辆侧翻，要立即用工具砸开车窗边缘。砸开前要深呼一口气，防止涌入水流呛到。

（十四）落水如何自救

落入洪水中的时候，一定要保持强烈的求生欲望，不要轻易放弃。多人同时落水时，可以手拉手、肩并肩形成一道人墙，用牵制力共同抵御洪水。不会游泳的不要慌张，可采取仰卧位，头部向后，使鼻部露出水面呼吸，保持镇定，不要将手臂上举乱动，双脚交替向下踩水，手掌拍击水面。放松身体，吸气后双臂展平，头没入水中，两腿夹住，身体会自然漂浮后，抓紧吸气。一定要想办法把头露出水面，防止被水呛到。浪高水急时，只是依靠自身力量很容易体力不支，一定要避免无谓的挣扎，身边任何漂浮物都尽量抓住，以节省体力。注意观察周围形势，及时躲避漩涡及水中夹带的碎石、树枝及其他可能会对身体造成伤害的重物，同时收集身边漂过的木棍、秸秆、木质家具等作为救生物品。积极找寻树木、坝坎、岸沿等较高的安全位置，改变现在的处境。为避免呛水，落水后屏气，头部露出水面换气。千万不要乱扑腾，可能洪水水流并不深，试试能否站起来。如水太深，脚不能触底，离岸较远时，就踩水助浮。如果水温很冷，除了这些必要措施外，尽量避免消耗体力，以降低能量消耗。长筒靴一定要脱下来，否则注满水会使人下沉。如果不会游泳的话，可以倒掉靴子里面的水，夹在腋下，充作浮垫。衣服不要脱掉，衣服

以人墙对抗洪水

能保暖，而且游离在衣服之间的空气可以提升浮力。如果会游泳，就游向最近的且容易登陆的岸边。如果是在江河中，不要径直游向河岸，因为这样会徒然消耗体力，可以顺流漂向下游岸边。如河流弯曲，就游向内弯，那里水流较缓慢，水深也可能较浅。倘若不会游泳，要间歇性高声呼救，但不要浪费力气地一直喊叫。如果河岸陡峭，上岸困难，就先寻找其他的可供攀爬之物，选择最佳登陆处，依靠攀缘物挪移到岸边。不易攀爬时，就抓紧一件安全可靠的攀缘物，一边呼救，一边深呼吸休息。落入洪水中后也可以用踩水的方法自救，比较常见的是采用立式蛙泳的动作，身体与水面构成的角度很大，接近于直立。踩水可以让头部保持浮出水面，可以像骑脚踏车那样让双脚在水里踩踏，双手前后、上下划动，这样可以增加浮力，保持平衡。

（十五）在寒冷的水中如何自救

如果在寒冷天气落入水中，身体因为与冷水接触，能量消耗会很大，体温也随着下降，人的身体就处于一种低温状态。体热消耗的速度取决于当时的水温、随身衣物的保暖度以及落水者的自救方法。但浸泡时间久了，人体就不能保存并产生足够的热量，体温开始下降。体温下降到35℃以下时，人就会出现低温昏迷。体温下降至31℃以下，人就会失去知觉，肌肉开始僵硬、不再发抖，瞳孔也可能扩大，心跳变得微弱而不规律。因冷水的浸泡而发生的低温症，主要预防办法是有效地使用救生装备，减少在水中的活动，保持冷静，控制情绪，尽一切办法防止或减少体温的散失。救生装备主要是漂浮工具，如救生背心、抗浸服以及救生船，主要是避免身体与冷水直接接触。

落入冷水者应该首先考虑保持体力，充分利用救生背心等救援物或抓住沉船漂浮物，安静地漂浮等待救援，这样也会减轻在进入冷水时的不适感。用仰泳的姿势保持自己的身体漂浮在水面，以节省体力。只有当离河（海）岸或打捞船的距离较近时，再考虑游泳。保护头部体温非常重要，采取一定的措施减缓体温散失，不得已入水后要尽量避免头颈部浸入冷水里。在水中可以采取双手在胸前交叉、双腿向腹部屈曲的姿势，这是为了减少与水接触的体表面积，特别是保持几个最易散热的部位，即腋窝、胸部和腹股沟，减少与水接触。如果是几个人在一起，大家可以挽起胳膊，身体挤靠在一起以保存体热。感觉到体力不支时，要想办法保存体力，一定要保持乐观的心态，相信一定会有人来救援。在树上或抱着漂浮物时，为节省体力，可以用衣服或鞋带等任何可供使用的东西将自己捆绑在树上或漂浮物上。不要拼命不停地划水，如果不能获救，就会徒然消耗体力。徒身漂流时，可以用仰卧姿势随波逐流，以节省体力。不要胡乱挣扎、扑腾，要细水长流地将体力慢慢释放出来。

三、洪水来临时如何互救

发现有落水人员要迅速组织互救，在保证自身安全的条件下采取多种方式进行救援，最好的救援是用工具救援。

（一）救援注意事项

发现有人溺水或被洪水围困时，施救前应沉着冷静，全面评估自身能力和水况，在确保自身安全的情况下施救，切忌盲目下水。在条件允许的情况下，可抛掷救生圈、绳索、长杆、木板、塑料泡沫或轮胎等给溺水者，帮助溺水者上岸。

（二）入水施救防止被溺水者纠缠

溺水者情急之下会拼命抓紧或抱紧施救者，影响营救动作，甚至会造成严重后果。一般来说，结伴施救会增加安全性和成功率。当发现有人溺水或被洪水围困时，应在保证自身安全的情况下设法营救。救援人员应保持适当的速度和节奏向溺水者游去，以保存体力。救援人员要采用最擅长的泳姿，狗刨和蛙泳的姿势会减少体力前耗，不要采用仰泳的姿势，因为仰泳时无法看清溺水者的情况。救援过程中，救援人员要时刻保持镇静，避免溺水者因恐慌而抓住救援人员不放，保持适当的安全距离。救援人员应从溺水者背后接近，以免被对方突然抓住或抱住。如果溺水者挣扎乱动，救援人员可采用侧泳的方式将溺水者上身拖出水面，或直接抓住落水者的手臂进行拖曳，尽量不要让落水者攀附到自身身体上。如果溺水者试图缠绕到救援人员身上，则必须用仰泳的方式迅速退至溺水者触碰不到的地方，再将毛巾或衣物的一端扔给溺水者，将其拖拽至岸上。来得及的话，最好带上救生圈、救生衣或塑料泡沫板等进行救援。挣脱溺水者的纠缠一般是在水下进行，根据救援人员被溺水者抓附的姿势和部位不同，采取不同的方式。救援人员若被溺水者抓住一只手臂，此时救援人员被抓的手臂可以紧紧抱拳，向溺水者拇指方向外旋，同时向下用力，另一只手向上推举溺水者手臂，救援人员被禁锢的手臂即可以从溺水者手掌虎口处挣脱出来。救援人员若被溺水者从正面抓住两只手臂，此时救援人员可以握紧拳头，手肘内收，手臂外旋，从溺水者手中挣脱。救援人员被从侧面或者后面抱住，要突然下沉或突然上浮，推击溺水者手关节部位，迫使溺水者先松手，再救援。

（三）上岸救治注意事项

溺水者被营救上岸后，救援人员要首先对溺水者进行胸腹控水，打开溺水者口腔，确保不会发生窒息。若落水时间太久，溺水者心跳停止，则应立即实施心肺复苏，然后再进行其他方面的救治。溺水者救出后，首先清理口鼻内的污泥、痰涕，将舌拉出，保持呼吸道通畅，然后进行控水处理。施救者单腿屈膝，让溺水者呈俯卧的姿势，腰腹垫高，头向下，轻敲背部帮助排出肺和胃里的积水。检查其呼吸、心跳，如果停止，应该马上进行心肺复苏。做好紧急抢救后马上送医院继续观察和治疗。抢救溺水者时，不要因为控水而花费太多的时间，重要的是检查其心跳、呼吸，并立即对其进行心肺复苏。溺水者溺水后很容易并发肺水肿或肺部感染，做好紧急抢救后马上送医院继续做进一步的观察治疗。

四、洪水后的注意事项

在洪水过后，不要轻易涉水过河，应按照较为安全的路线撤离灾区，到政府集中安置的地点接受救援。在返回遭受洪水淹没的房屋时，应按照当地卫生防疫部门的要求时行防疫，做好房屋、家具和水源的消毒，以预防疫病的流行。

（一）不喝生水

只喝开水或符合卫生标准的瓶装水、桶装水或经漂白粉等处理过的水，所有饮用水都要烧开。在有条件的情况下，最好只饮用未经洪水污染过的瓶装水和桶装水。洪水中含有大量的泥土、腐败动植物碎屑、细菌或寄生虫，即使用肉眼看起来很干净的河水、山涧水、井水、泉水或湖水，也有可能已被动物粪便、有毒化学物质等污染，直接饮用非常危险。在因缺水危及生命不得不饮用的情况下，必须按照说明书标明的比例，用明矾和漂白粉（片）澄清、消毒，至少煮沸5分钟后方可饮用。地下水、未落地的雨水，或新鲜的泉水，这些都是比较安全的地表水，可以放心饮用，饮用之前也要煮沸。饮用水源处的杂草、淤泥及垃圾一定要清除干净，防止再次污染，必要时安排专人看管，尽可能用水管将水直接接到居住地，减少污染途径和可能性。饮用地表水时必须经沉淀消毒并且煮沸后才能饮用，未经任何处理的地表水也许已经被污染或者带有传染性致病菌，一定不要直接饮用。洪水退去后，应清除住所外的污泥，垫上砂石或新土，清除井水污泥并投以漂白粉消毒；先把水井的水彻底淘干，清除出井底的污泥；等水井渗出的清水能够达到正常水位后，用漂白粉浸泡后再把井水淘干；自然渗水再次达到正常水位后，再按比例投放漂白粉，漂白粉溶化或沉淀后即可饮用。消毒剂可任选一种使用，如漂白粉、漂白精、优氯净等消毒剂，使用方法详见使用说明书。

（二）不吃腐败变质的食物

洪涝灾害一般发生在高温、高湿的夏秋季节，食物容易腐败变质，食用腐败变质食物易引起痢疾、伤寒、甲型肝炎、霍乱等疾病。动物肉类腐败变质后产生的肉毒素等严重威胁生命，切忌食用。也不要食用不洁粮食做成的食物，不要食用洪水淹死的牲畜及家禽肉，不要食用水中死亡的鱼虾、贝类，更不要食用虫蝇叮咬的食品、老鼠啃啮过的食品。来历不明的禽畜可能死于传染病，不可加工食用，最好深埋处理。扁豆等豆类须炒熟煮透后食用，不可食用发芽的土豆，不可自采野生蘑菇等食用，以免引起食物中毒，危及生命。

（三）注意环境卫生

环境与人体健康密切相关，即使在抗洪救灾过程中，也应注意环境卫生。洪水过后，垃圾较多，应尽快清理，集中堆放，避免污染水体。将家具清洗后再搬入居室；整修厕所，修补禽畜圈；不随地大小便，排泄物和垃圾要排放在指定区域。随地大小便不仅会污染水源，还可能造成苍蝇大量滋生，传播甲型肝炎、痢疾、霍乱等传染病。粪便处理不好，极易污染水源，滋生蝇类。粪便消毒用漂白粉搅拌，2小时后倒在指定地点掩埋。肠道传染病患者的粪便，按比例或加等量生石灰，搅匀，倒在指定地点掩埋。对洪灾造成的动物尸体，要及时进行消毒，深埋在地下1.5～2米。掩埋点须选在远离水源处。运输车辆、使用的工具，要用漂白粉澄清液喷雾，1小时后方可作他用。

（四）做好自身防护

避免手脚长时间浸泡在水中，尽量保持皮肤清洁干燥，预防皮肤溃烂和皮肤病。

人体皮肤长时间浸泡在水中，会引起皮肤溃烂、感染等严重后果。下水劳动时，应每隔1～2小时出水休息一次。工作人员在洪水后清理时，要穿防水靴、戴防水手套，防止触电、一氧化碳中毒以及接触有毒有害物品。检查房屋时，应使用手电筒，千万别用明火，防止煤气泄漏引发火灾。被洪水淹没的所有东西要消毒处理。

（五）做好防蝇、灭鼠、灭蚊工作

苍蝇是甲型肝炎、霍乱、伤寒、痢疾等传染病的主要传染源，老鼠体内含有流行性出血热病毒、钩端螺旋体和鼠疫杆菌等，蚊子是流行性乙型脑炎、疟疾、登革热、丝虫病、黄热病等传染病的主要传染源。在洪涝灾害中，人与蝇、鼠和蚊等接触的机会增多，应加强杀灭工作。做好防蝇灭蝇、防鼠灭鼠、防螨灭螨等媒介生物控制工作。粪缸、粪坑中加药杀蛆；室内用苍蝇拍灭蝇，食物用防蝇罩遮盖；可使用粘杀、捕杀等方法灭鼠，当发现老鼠异常增多的情况应及时向当地有关部门报告。平时穿长衣、长裤防蚊虫，睡袋使用蚊帐或使用驱蚊剂。不要在草堆上、草坪上坐卧，甚至睡觉。

（六）勤洗手

手是人体接触外界环境最多的部位，传染病也极易通过用手触摸食物、揉眼、抠鼻孔等传播，经手传播的传染病包括甲型肝炎、痢疾、霍乱、伤寒、手足口病等肠道传染病，“红眼病”等皮肤黏膜性疾病，以及流感等呼吸道传染病。经常用肥皂、洗手液、流动水正确洗手可预防传染病的传播流行。共用毛巾、手帕等个人卫生用品可能会引起皮肤黏膜性传染病的传播流行，要经常消毒，一人一巾。

（七）生病要尽快就医

洪涝灾后常见的疾病主要有急性胃肠炎、伤寒和细菌性痢疾。如出现发热、呕吐、腹泻、皮疹等症状，要尽快就医，防止传染病暴发流行。发热、呕吐、腹泻和皮疹可能是严重传染病的早期信号，洪涝灾害期间，一旦出现这些症状，要尽快就医。洪涝灾害中必须预防的主要疾病有腹泻、疥疮、呼吸系统感染等。积极的个人预防，能够有效地防止和控制疾病的扩散、蔓延和传播。注意个人的饮食卫生，不食用被污染了的水和食物。用消毒剂清洗所有可能被污染的地方，经常保持居住环境的清洁和通风。保持个人身体卫生，勤洗澡、常换衣。保持居住屋和附近地面的整洁干燥，不要在草堆上坐卧、休息。不要让孩子、年老体弱者近距离接触传染病患者，一定不要触摸和食用淹死的禽畜。如果感觉身体不适，要及时找医生诊治。特别是发热、腹泻患者，要尽快寻求医生帮助。

（八）做好防疫

洪水后，一定要注意防疫。应做好全面消毒，不留死角。自己可以用新鲜石灰水对居住场所用具进行消毒，也可用专业消毒溶液喷消。要积极主动进行免疫接种，提高抵抗力。在血吸虫病流行区，尽量不接触疫水，必须接触时应做好个人防护。血吸虫病是由血吸虫引起的一种慢性寄生虫病，人和动物可通过皮肤和黏膜接触含有血吸虫尾蚴的水源而感染。应谨慎接触野外水源，下水生产劳动时应穿戴胶靴、胶手套、胶裤等防护用品或涂抹防护油膏。如已接触疫水但未采取防护措施，应主动去血防部门检查，发现感染应尽早治疗。血吸虫病疫区应加强家畜管理，加强人畜粪便管理，未经无害化处理不得排入水体。

（九）保持乐观心态有助于问题解决

人在洪涝灾害中容易出现焦虑、抑郁、绝望等不良情绪，严重的会引起心理疾病。任何灾难最终都会过去，保持乐观心态，有助于积极应对，重建家园。

第三节　森林、草原火灾防范与自救

森林、草原火灾会产生大量的烟、热量和有毒气体。由于粗心，随意丢弃未熄灭的烟蒂和燃着的火柴是许多森林、草原火灾的主要起因。在干燥的季节里，阳光透过废弃的瓶子和碎损的玻璃也有可能引发火灾。防火期，森林、草原火灾随时可能发生，要非常小心谨慎。发生森林、草原大火最主要的迹象，就是突然冒出的浓烈烟雾，看到火苗会先听到草木燃烧的“噼啪”声，森林中动物的异常举动也可能是发生森林、草原大火的征兆。

一、预防森林火灾

星星之火可以燎原，在森林里，一点点小火可能引发极大的森林火灾。森林防火期，不要在森林防火区内吸烟、烧纸、烧香、点烛、燃放烟花爆竹、点放孔明灯、烧蜂、烧山狩猎、使用火把照明、生火取暖、野炊、焚烧垃圾及其他野外非生产用火；确需在森林防火区内野外生产用火的，应当向当地政府依法提交用火申请，经审查批准后，在指定时间、指定地点，明确现场责任人的前提下组织实施，并采取必要的防火措施；严禁携带火种或易燃易爆物品进入森林防火区，各类司乘人员严禁在森林防火区丢弃火种。

防范森林火灾

二、草原火灾预防常识

在防火期，因生产活动需要在草原上野外用火的，应当经政府主管部门批准。用火单位或者个人应当采取防火措施，防止失火；因生活需要在草原上用火的，应当选择安全地点，采取防火措施，用火后彻底熄灭余火。林地和草原接壤区域已划为防火区的，应当遵守森林防火的规定；严禁在草原上吸烟、烧纸、烧香、点烛、燃放烟花爆竹、点放孔明灯、烧蜂、烧山狩猎、使用火把照明、生火取暖、野炊、焚烧垃圾及其他野外用火；进行爆破、勘察和施工等活动的，应当经政府主管部门批准，并采取防火措施，防止失火；在草原上作业或者行驶的机动车辆，应当安装防火装置，严防漏火、喷火或闸瓦脱落引起火灾；在草原上行驶的公共交通工具上的司乘人员，应当对旅客进行草原防火宣传，司乘人员和旅客不得丢弃火种；对草原上从事野外作业的机械设备，应当采取防火措施；作业人员应当遵守防火安全操作规程，防止失火。

三、森林、草原火灾自救常识

1.选择好逃离线路

遇到森林火灾，首先要报警，一般不得单独进行扑火行动。假如火势正在蔓延，但大火离自己距离相当远，有时间逃脱险境，一定要保持镇静，不要慌不择路、四处乱跑。应选择好脱险的路径，注意浓烟的方向，同时也是火势蔓延最快的方向。观察周围的地形以及风向，估计火势扩展的趋势，要保持清醒，判断风向，快速转移避险，切不可顺风而逃、与火赛跑。跑的时候，尽量沾湿衣物，捂住口鼻，逆风奔跑，找到植被稀疏地或者水沟以便逃生。不能往山上跑，因山火向山顶方向扩展较快。撤离时，时时要防范蛇、毒蜂等野生动物。

2.寻找防火带

如果大火在前面绵延数千米，大火会随时随风迎面扑来，最好能绕道快速避开大火，因为火苗可以跳跃式前移。河流、河沟是最理想的防火带，即使火苗能够越过河流，待在水中也依然安全。树林中的一块开阔平地就是一个天然的防火带，它可以有效地阻挡火势。

3. 被火包围

如果陷在大火之中，火场不太大，脱险的最佳方式就是穿过火场快速奔跑到开阔地带或荒地，可以选择穿过火势较弱的地方到已烧光的地面避难。但如果火势强劲或者大火蔓延很广，这种做法并不可取。穿越大火之前要尽可能遮蔽体表，将衣服浸湿，用潮湿的衣服遮住鼻和嘴，头发及覆盖不到的体表也弄湿。如果需要穿越草木繁茂的地带，一定要选择一个最利于穿越的地点，做深呼吸，蒙住口鼻迅速行动，直到到达相对安全的地带。来不及逃离，就双手抱头，蜷曲躺在地上或者迅速挖湿小坑，脸朝下放进小坑，双手护胸，或者卧在深沟内。若已引火上身，要尽快脱掉衣服，将火拍灭或踩灭，来不及脱衣服应就地打滚扑灭。

4.森林灭火安全

小火可灭，大火速逃。森林灭火前，可准备一些灭火器具，将一束树枝系在扫帚上，或者在前端系上扁平的橡皮制品，在火势刚起时，这些会很有作用。扑火前，一定要判断火势，火势大或者蔓延快，应该迅速撤离。扑火时，要首先确保安全，选好撤离路线。扑小火时，迅速用沙子或者泥土覆盖火苗，效果较好。如果没有这些东西，可以用打湿的大衣或毯子压盖火焰、切断火苗的氧气供应。

5.驾驶遭遇森林大火

如果遭遇森林大火时正在车上，应躲在车中暂时不要外出，迅速判断车外火势情况。关闭车窗、车门以及通风系统，在短时间内汽车能有效隔开热辐射。如果还没被火包围，马上驾车逃离；如果车辆内已经起火，尽快放弃车辆逃离。

第四节　山体滑坡、泥石流防范与自救

雨水不仅带来洪水，还容易引发山体滑坡、泥石流和房屋垮塌等次生灾害。

山区居民建房应尽量远离山坡和河道，连续降雨时，如发现山体土壤松动、房屋裂痕、河水突然断流或加大等迹象时，应及时撤到安全区域。切不可因贪恋财物、心存侥幸而失去逃生机会。滑坡是指山坡在河流冲刷、降雨、地震、人工切坡等因素影响下，土层或岩层整体或分散地顺斜坡向下滑动的现象。滑坡也叫地滑，群众中还有“走山”“垮山”或“山剥皮”等俗称。泥石流是指在降水、溃坝或冰雪融化形成的地面流水作用下，在沟谷或山坡上产生的一种夹带大量泥沙、石块等固体物质的特殊洪流，俗称“走蛟”“出龙”“蛟龙”等。泥石流具有突发性、流速快、流量大、物质容量大和破坏力强等特点。泥石流形成的地方一般是便于集水、集物的陡峭地形、地貌；有丰富的松散物质；短时间内有大量的水源。水流激发是我国泥石流灾害中最常见的触发因素。由绵雨、中到大雨、暴雨、冰雪、融水、江河湖库溃决等水流持续作用，激发泥石流，即水体数量、能量突然增加，强烈冲刷，推动堆积物运动；由强烈爆破、崩塌、滑坡、火山、7级以上地震等基本条件以外的其他动力作用，也能促使泥石流启动或使水饱和土体发生液化流动；环境诱发，如由森林破坏、厂矿废渣、建筑弃土堆增高、坡度变陡、地下水涌流等间接因素也会造成泥石流。目前我国泥石流大部分分布在甘肃、四川、云南、西藏等地区。西南地区泥石流大部分发生在6—9月，西北地区泥石流在7—8月，一般都与暴雨、洪水活动周期相叠加。

一、山体滑坡、泥石流的特点

山体滑坡的特点是顺坡“滑动”，泥石流的特点是沿沟“流动”。“滑动”和“流动”的速度都受地形坡度的制约，即地形坡度较缓时，滑坡、泥石流的运动速度较慢，地形坡度较陡时，滑坡、泥石流的运动速度较快。山洪、泥石流等地质灾害具有隐蔽性、突发性和破坏性，只有早一点预警、早一点撤离，才能多一分安全。

二、山体滑坡的识别依据

1.看地形、地貌

如斜坡上发育有圈椅状、马蹄状地形或多级不正常的台坎，其形状与周围斜坡明显不协调；斜坡上部存在洼地，下部坡脚较两侧更多地伸入河床；两条沟谷的源头在斜坡上部转向并汇合，这些地段可能曾经发生过滑坡。斜坡上有明显的裂缝，裂缝在近期有加长、加宽现象；坡体上的房屋出现了开裂、倾斜；坡脚有泥土挤出、垮塌频繁，可能是滑坡正在形成。

2.看地层

曾经发生过滑坡的地段，其岩层或土体的类型往往与周围未滑动斜坡有着明显的差异。与未滑动过的坡段相比，滑动过的岩层或土体通常层序上比较凌乱，结构上比较疏松。

3.看地下水

滑坡会破坏原始斜坡含水层的统一性，造成地下水流动路径、排泄地点的改变。当发现局部斜坡与整段斜坡上的泉水点、渗水带分布状况不协调，短时间内出现许多泉水或原有泉水突然干涸等情况时，可以结合其他证据判断是否有滑坡正在形成。2022年9月20日，阿坝州马尔康的然拉木滚发现离家不远的一条小水沟水断流了。他根据平时培训知识判断，后面可能会发生较大规模地质灾害，随即组织3户19人转移避险。

4.看植被

斜坡表面树木东倒西歪，一般是斜坡曾经发生过剧烈滑动的表现。而斜坡表面树木主干朝坡下弯曲、主干上部保持垂直生长，一般是斜坡长时间缓慢滑动的结果。

三、泥石流沟的识别依据

1.看物源

泥石流的形成，必须有一定量的松散土石。沟谷两侧山体破碎、疏散物质数量较多，沟谷两边滑坡、垮塌现象明显，植被不发育，水土流失、坡面侵蚀作用强烈的沟谷，易发生泥石流。

2.看地形、地貌

能够汇集较大水量、保持较高水流速度的沟谷，才能容纳、搬运大量的土石。沟谷上游三面环山、山坡陡峻，沟域平面形态呈漏斗状、勺状、树叶状；中游山谷狭窄、下游沟口地势开阔；沟谷上下游高差大于300米，沟谷两侧斜坡坡度地形条件，有利于泥石流形成。

3.看水源

水是泥石流的形成的动力条件。局地暴雨多发区域，有溃坝危险的水库、塘坝下游，冰雪季节性消融区，极有可能发生泥石流。其中，局地性暴雨多发区，泥石流发生频率最高。如果一条沟在物源、地形、地貌、水源三个方面都有利于泥石流的形成，这条沟经常会发生泥石流。但泥石流发生频率、规模大小、黏稠程度，会随着上述因素的变化而发生变化。已经发生过泥石流的沟谷，仍有发生泥石流的危险。

四、滑坡、泥石流的防范

滑坡一般发生在岩石或土地结构松软、破碎和地物起伏较大地区。泥石流多发生在山区沟壑中，由暴雨或冰雪融化等激发形成。滑坡、泥石流往往在夜晚发生，十分突然，一定要采取积极的防御措施，一定要提前转移避险，这样滑坡、泥石流的危害是可以减轻的。

1.逃避山体滑坡重在识别前兆

首先是雨季不要在峡谷游玩，暴雨时不要在小河、小沟游玩。了解滑坡前暴露的前兆特征，可以及早安全撤离危险区域，最大限度保护生命财产安全。在地质灾害隐患区域，特别要注意垮塌的前缘掉块、坠落，小崩小塌不断发生；崩塌的脚部出现新的破裂形迹，不时能听到岩石撕裂、摩擦、碎裂的声音；出现热、气、地下水质、水量等异常；动植物出现异常现象等等。如果发现这样的现象，居住在滑坡附近或行走在易滑坡地带的人们就要马上转移撤离。要是发现山坡前缘土体隆起，山体裂缝急剧加长加宽等异常现象，也要迅速转移。在山区行车时，要随时注意是否有掉落石头；突遇滑坡，要向滑坡两侧逃离；如没有办法逃脱，要寻找身边最近的固定物迅速抱紧，保证自己不被冲走。凡是居住在山洪易发区或冲沟、峡谷、溪岸的居民，每遇连降大暴雨时，必须保持高度警惕，特别是晚上，如有异常，应立即有序迅速脱离现场，千万不要跑错方向。在安全地方

泥石流

后，设法与外界联系，做好下一步救援工作。切不可心存侥幸或因抢救财物而耽误避灾时机，造成不应有的人员伤亡。

可能发生滑坡的灾区，在雨季要经常关注天气预报。平时要熟悉正确撤离路线，并且多演练。一旦发现有滑坡形成，或者将有滑坡形成，迅速大声通知附近的居民转移，可以用敲盆、吹哨等方式发出警报。如果身处滑坡多发地区，应在滑坡隐患区附近选择几处安全的避难场所。地震后极易发生滑坡，应在滑坡多发地区设置警示区，防止人员擅自进入。

2.泥石流将暴发时要朝山坡两侧跑

尽量不要在大雨天或者连续雨天到山谷旅游。雨季穿过沟谷，要安全、快速地通过。到山地游玩，选择高平地为宿营地，避开陡峭悬崖的沟壑、植被稀少的山坡以及有滚石和大量堆积物的山坡。不要在发生过泥石流附近的地方扎营，特别不能在山谷和沟底宿营。切忌在危岩附近停留，不能在凹形陡坡突出的地方避雨休息，不能停留在坡度大、土层厚的凹处。进入山谷后，注意观察山谷环境，如山谷远处传来类似火车轰鸣声或者闷雷声，哪怕极弱，也应警惕泥石流正在形成，要做好转移准备。夏天在山沟里游玩特别要注意，不要被眼前晴朗天气迷惑，有可能在上游发生大暴雨，泉水、井水的水质突然变得浑浊，原本干燥的地方突发渗水或者出现泉水，可能发生泥石流。地下发生异响，同时家禽、家畜有异常反应，可能发生山体滑坡、泥石流、地震等危险地质灾害。河流水势突然增大，夹杂柴草、树枝，下游河水突然断流，沟谷处突然变得昏暗，可能发生泥石流。如果沟谷上游存在山塘、水库，或沟内地下水丰富，它们在遇到连续强降雨天气时，更易暴发泥石流。要特别警惕的是，泥石流往往突然暴发，因而逃生机会很小。最好等办法是预防，2021年8月27日，凉山州盐源县梅子坪镇相关人员发现泥石流暴发前兆，立即阻止附近人员通行，减少了人员伤亡。当听到山沟内有轰鸣声，或看到主河洪水上涨、正常流水突然断流，应该马上意识到泥石流就要到来，并立即采取逃生措施。在逃跑中要注意选择正确的方向，不要顺沟方向朝上游或朝下游跑，应该朝着沟岸的两侧山坡跑，但注意不要停留在凹坡处。

五、山体滑坡、泥石流躲避

遭遇滑坡和泥石流要保持冷静，不能慌乱，逃生方向很重要，安全的高地是最好的避难场所。

立刻向与泥石流成垂直方向两边的山坡上面爬，跑得越快、爬得越高越好。不要顺着泥石流方向奔跑，若顺着泥石流方向奔跑，会被泥石流掩埋。

来不及奔跑时要就地抱住河岸上的树木，或者躲到离泥石流发生地较远处的高地上。不要上树躲避，也不要躲在河谷旁边的大石头后面，因泥石流可扫除沿途一切障碍。跑时应注意查看前方道路有无塌方、沟壑等，随时观察可能出现的各种危险。

遇到山体崩滑，如躲避不及，应注意保护好头部，可利用身边的衣物裹住头部，躲在结实障碍物下。当长时间降雨或暴雨渐小之后或雨刚停，不要马上返回危险区，泥石流常滞后于降雨暴发。如在房间或者车内，应尽快跑到开阔地带，千万不可恋财。

救援一般从滑坡体侧面挖掘，不要从滑坡体下缘挖掘，这会使滑坡加快。救援时发现某区域一段时间内将发生泥石流时，应对该地区采取紧急疏散和保护措施，人员须转移到安全区救援前要建立临时躲避棚，躲避棚的位置要避开沟渠凹岸以及面积小而低平的凸岸和陡峭的山坡下，应安置在距离村庄较近的低缓山坡或位置较高的阶台地上。

六、山洪暴发时如何自救

山区上游水突然浑浊时，可能要涨水，千万要注意。山洪威胁区主要在不加防护的山坡下、溪河两边洼地、两条河交汇处、河道拐弯凸岸处、桥梁两头空地。要保持冷静，根据周边环境，尽快向山顶或较高的地方转移，切勿沿着行洪道方向跑，而要向两侧快速躲避。如一时无法躲避，则就近选择一个相对安全的地方避洪。千万不能顺坡下跑或往山谷下游跑。山洪暴发时，一定不要涉水过河。被山洪困在山中时，首先要与当地政府部门取得联系，寻求救援。山洪到来的时候，切勿让孩子乱跑，不要随意下水，时刻注意孩子的安全。无论遇到任何突发状况，一定要保持冷静，学会发出求救信号，如晃动颜色鲜艳亮丽的衣物或树枝、高声呼救等。如果洪水来临时，身处山地高处，要小心各种在水中惊慌失措的动物也许会伤害人。一般来说，在山洪灾害多发季节不宜到山洪灾害频发区旅游。外出旅游前，旅行者要充分了解目的地的地质情况，在不熟悉的山区旅行，要有向导，要避开山洪灾害频发地区和地质不稳定地区，并随时收听、收看当地气象预报，合理安排好自己的旅游行程。一旦遭遇山洪袭击，首先要迅速判断现场环境，一定要尽快离开低洼地带，马上寻找较高处，选择有利地形躲避。躲避转移未成时，应选择较安全的位置固守，等待救援，并不断向外界发出救援信号，及早求得解救。要与其他被困旅客保持集体行动，听从管理人员的指挥，不单独行动，避免情况不明陷入绝境。如能及早脱险，应迅速向当地管理部门报警，并听从当地有关部门的指挥，积极参加救援行动。

第五节　雪灾防范与自救

根据雪灾的形成条件、分布范围和表现形式，将雪灾分为雪崩、风吹雪灾害（风雪流）和牧区雪灾。雪灾是牧区冬、春季节最严重的气象灾害之一，可能伴有牧民冻伤、交通堵塞、电力和通信线路中断等的发生，给公路、铁路、民航、供电、供水、通信、农牧业等带来较为严重的影响，给经济和生命财产带来的损失是巨大的。由于积雪掩盖草场，且超过一定深度，或者雪面覆冰形成冰壳，造成牲畜饥饿，有时冰壳还易划破羊和马的蹄腕，造成冻伤，崽畜成活率低，老弱幼畜死亡增多。雪灾不仅会引起人的身体不适，还可能使人出现雪盲症和冻伤。雪崩主要发生在高纬度、高海拔地区，特别是有着广阔天然草场的内蒙古、新疆、青海和西藏等主要牧区。在全球变化的背景下，广大的农村、林区和城镇，也时常遭受短时期降雪的影响，严重的雪灾还会破坏交通、通信等基础设施，造成房屋倒损和农作物损毁等损失。

一、牧区雪灾规律

雪灾有着显著的季节性特点，发生时期一般是在当年10月到次年的4月。从雪灾的空间分布格局来看，集中分布在内蒙古、新疆、青海和西藏等的部分地区，地域上形成了内蒙古大兴安岭以西地区、阴山以北地区、新疆天山以北地区、青藏高原地区、川西高原地区等。雪灾发生的地区与降水分布有密切关系。如内蒙古牧区，雪灾主要发生在内蒙古中部的巴彦淖尔、乌兰察布、锡林郭勒及赤峰和通辽的北部一带，发生频率在30%以上，其中以阴山地区雪灾最重、最频繁。新疆雪灾主要集中在北疆准噶尔盆地四周降水多的山区牧场，南疆除西部山区外，其余地区雪灾很少发生。青海雪灾主要集中在南部的海南、果洛、玉树、黄南、海西5个冬季降水较多的州。西藏雪灾主要集中在唐古拉山附近的那曲地区和日喀则地区。

二、暴雪预警防御

在冰雪天气，要及时收听收看预警预报。暴雪预警信号分四级，分别以蓝色、黄色、橙色、红色表示，要根据不同级别提前做好预防。红色为最高等级预警信号。暴雪防范的关键是不要外出乱闯，应待在室内、车里或帐篷里，等待暴风雪停止再活动。

三、农业生产雪灾防御

暴雪前，要及早采取有效的防冻措施，抵御强低温对越冬作物的侵袭，特别是要防止持续低温对旺苗、弱苗的危害。加强对大棚蔬菜和本地越冬蔬菜的管理，采取保温排水措施，防止连阴雨雪、低温天气的危害。雪后应及时清除大棚上的积雪，既减轻塑料薄膜压力，又有利于增温透光。要趁雨雪间隙及时做好“三沟”的清理工作，降湿排涝，以防连续阴雨雪天气造成田间长期积水，影响麦菜根系生长发育。要加强田间管理，中耕松土，铲除杂草，提高其抗寒能力。及时给麦菜盖土，提高御寒能力，若能用猪牛粪等有机肥覆盖，保苗越冬效果更好。要做好大棚的防风加固，并注意棚内的保温、增温，减少蔬菜病害的发生，保障春节蔬菜的正常供应。

四、城市居民防御

暴风雪后可能停水、停电。城市居民家中要准备可供几天使用的干净水、燃料、食物和各种常用药品；准备好御寒的衣物、鞋子、被褥和雪具，必要时还要准备眼睛、耳朵、鼻子和嘴的护具；准备可供照明用蜡烛、手电筒、暖宝宝等；用棉布保护好室内外水管，防止冰冻；加固房屋，防止被积雪压塌，不要顶着大风雪修理房屋；取暖要防止煤气中毒，外出防止被掉落电线触电。

1.防范相关疾病

防范鼻出血，轻微的鼻出血可采取让患者半坐卧或侧卧位，头部稍向前低的姿势，改用嘴巴呼吸来保持气道通畅，并以手指压迫鼻翼止血，10分钟左右流血量自然减少或停止。大量或快速的鼻出血，尤其是合并高血压或其他病症，往往需要紧急请医生帮助。

防范呼吸道疾病，不要气温稍微一降低就马上穿上很厚的衣服，要逐渐加厚衣服。也不要整天缩在空调房里享受空调制造的温暖，让自己动起来，因为运动不仅能促进身体的血液循环，还增强心肺功能，对我们的呼吸系统也是一个很有益的锻炼。进入流感高发的季节，注射流感疫苗也是对健康必要的保护。

防止皮肤干燥，洗澡次数不要太频，一天一次就够了，水温也不要太高，尽量用含有滋润成分的沐浴液，洗过澡后应涂抹含有保湿成分的润肤膏。防范手脚冰凉，平时不要吸烟，避免摄入过多咖啡、浓茶、可乐等含碱的饮料，多吃性温热的活血食物，多穿保暖的衣服。多做伸缩手指、手臂绕圈、扭动脚趾等暖身运动，避免长时间固定不动的姿势和精神集中，尤其是不要持续使用电脑时间过长。

防范关节疼痛，平时除了注意肢体保暖外，更可利用护膝、护肘等用品；有规律地进行运动，可以强化腿部的肌肉，促进血液循环，游泳是冬天较好的运动；也可依据天气预报，在天气变化前采取保暖、祛湿措施。

防范情感失调，除了参加心理辅导，光疗可以作为有效辅助疗法，多晒太阳十分重要，阳光不仅能“晒干”抑郁，还能借助阳光合成维生素D，增强补钙。

2.外出注意事项

要时刻注意关于暴雪的最新预报、预警信息；准备好融雪、扫雪工具和设备，积极清扫积雪，以减少不必要的伤害和损失；减少车辆外出，非必要不得出行；了解机场、高速公路、码头、车站的停航或者关闭信息，及时调整出行计划，尽量避免在冰雪天长途外出；有针对性地准备应急包，储备食物、水、燃料和御寒衣物；远离不结实、不安全的建筑物，加固危旧房屋和棚架等临时屋外建筑，用草料等包裹水管、水箱，为牲畜备好粮草并收回野外放牧的牲畜；对农作物要采取防冻措施。雪灾一旦发生，要做好道路扫雪和融雪工作，居民和商铺也要积极配合，“各人自扫门前雪”确保大家出行安全；

鞋底防滑

行人应该远离机动车道，选择没有冰面的地方行走，切忌提重物、走路时双手放在兜里，双手来回摆动才能保持身体平衡；外出时要采取防寒和保暖措施，选择防滑性能较好的鞋，尽量别穿硬底鞋和光滑底的鞋，给鞋套上旧棉袜，是冰雪天出行防滑的好办法。驾车出行，慢速、主动避让、保持车距、少踩刹车、服从交警指挥和注意看道路安全提示是关键，带着指南针和地图以防万一；给轮胎稍许放点气，以增加轮胎与路面摩擦力，也能防滑；起步或行驶过程中禁止猛抬离合器和急加速，应稳定油门匀速驾驶，避免猛打方向盘；车辆须减速时应采用换低挡的方法，充分使用发动机制动，保持与前车安全距离；尽量少用刹车，若必须时要采用点刹的方式，遇到冰面最好推行，或者加防滑链；远离大货车，顺着前车车辙行驶；遇到交通事故，要迅速在反方向设置警示标志，防范连环撞车和二次伤害。如果遭遇了暴风雪突袭，除了上述注意事项外，要特别注意远离广告牌、临时建筑物、大树、电线杆和高压线塔架，路过桥下、屋檐等处，要小心观察或者干脆绕道走。掉进雪坑，用沙土铺在轮胎下，再铺上木板、石块等后驶出。

3.注重膳食营养

寒冷对人体的影响是多方面的，促进蛋白质、脂肪、碳水化合物三大营养素的代谢分解加快，使人提高食欲和消化吸收能力，排尿相应增多，使钙、钾、钠等矿物质流失也增多。在冬季要适当用具有御寒功效的食物进行温补和调养，增强体质、促进新陈代谢、提高防寒能力、维持机体组织功能活动、抗拒外邪、减少疾病发生的作用。由于冬季气候寒冷，机体每天为适应外界寒冷环境，消耗能量相应增多，因而要增加产热营养素的摄入量。要多吃富含蛋白质、脂肪、碳水化合物这三大营养素的食物，尤其是要相对增加脂肪的摄入量，如吃荤菜时注重肥肉的摄入量。寒冷的气候使人体尿液中肌酸的排出量增多，脂肪代谢加快，也应多吃含蛋氨酸较多的食物。由于寒冷气候使人体氧化产热加强，机体维生素代谢也会发生明显变化，应多吃富含维生素的食物。人怕冷与机体摄入矿物质量也有一定关系，适量补充矿物质食盐对人体御寒也很重要，它可使人体产热功能增强，但也不能过咸，每日摄盐量最多不超过5克为宜。为使人体适应外界寒冷环境，应以热饭、热菜用餐并趁热而食，以摄入更多的能量御寒。

暴雨后，由于动物没有食物，要小心动物觅食袭击人。

五、雪灾的自救互救

1.发生雪盲症或者冻伤时的自救

发生雪盲症可以用眼罩、干净纱布覆盖眼睛，减少用眼，不要勉强用眼；将毛巾在冷水中冰镇后敷在眼睛上，一定不要热敷；症状严重者尽快就医，按照医生要求使用安全的药水清洗眼睛，以防感染。冻伤者要迅速离开寒冷环境，除去潮湿衣物，将冻伤肢体侵入40℃的温水中。没有温水，可将冻伤的肢体置于胸腹及腋下温暖的部位。冻僵者不可用冷水浸泡或者雪搓，也不宜用火烤，否则会加重冻伤；冻僵者体温恢复后，可在局部涂冻伤膏；凡遇到全身冻僵者，如呼吸已停止，立即进行心肺复苏，同时拨打120寻求急救。

2.野外遇到暴风雪

严冬天气外出，要关注天气预报，做好保暖防护；遇到暴风雪后，立即找到庇护所，不要盲目奔波，保持体力，防止过度疲劳；临时躲在山洞，不可用木炭生火，小心一氧化碳中毒。可在室外生火，以保持体温，发出求救信号。

3.被雪困在车里自救

如目的地不能轻易到达，待在车里，不要离开；采用各种引人注目的方式，尽量让车子被别人发现；要采取一切可以联络的方法，向外界求救，并准确告诉具体位置；每小时开动发动机不超过10分钟，保持暖气开放，同时微开窗释放一氧化碳；要保持身体活动，跺脚、拍手、摇动胳膊、活动脚趾和手指，以保持温暖；保持清醒，不要睡觉，警惕四周有无雪崩等自然灾害或者其他危险；在室外，可以准备干柴，点燃火堆，维持热量，也传递求救信号。

4.遇到雪崩的自救

遇到雪崩应该朝雪崩的侧方跑，无法逃脱的时候，应紧紧抓住坚固物体，屏住口鼻，尽量让身体漂浮在雪面上；一旦被雪埋住，应马上尽全力冲出积雪；如一时无法冲出积雪，深呼吸应双手抱头积极营造最大的呼吸空间。短时间没人营救，要用手和铲子挖更大空间。

5.落入冰窟或者雪坑自救互救

在雪中行走要用工具探路，坠落的时候屏住口鼻；若没有人马上来营救，有防水的睡袋可用来保持体力和体温；施救者可以用树枝、木棍、绳索将同伴救出，施救者千万不要靠近冰窟。

第六节　其他自然灾害防范与自救

一、台风防范与自救

台风，属于热带气旋的一种自然现象。我国把西太平洋的热带气旋按其底层中心附近最大平均风力（风速）大小划分为6个等级，其中中心附近的风力达12级或以上的，统称为台风。在非正式场合，“台风”甚至直接泛指热带气旋本身。当西太平洋的热带气旋达到热带风暴的强度，便给予其名称。名称由世界气象组织台风委员会的14个国家和地区提供。

台风

（一）台风的危害

台风带来的危害主要有强风、暴雨和风暴潮。台风带来的强风天气是台风的主要危害之一，高空坠物、危房倒塌等都是强风易导致的事故。暴雨也是经常伴随台风出现的，短时间内的强降雨可能引发城市内涝、滑坡、泥石流等灾害。当风暴潮与大潮高潮位相遇时，会产生高频率的潮位，导致潮水漫溢，海堤溃决，冲毁房屋和各类建筑设施，淹没城镇和农田，造成大量人员伤亡和财产损失。台风的来临直接造成交通瘫痪，不仅极大影响路面交通，水上和空中交通都不能幸免。

（二）台风来临前注意事项

气象部门根据台风发展情况，将及时向社会发布台风预警。要根据气象部门发布的预警，积极做好防范准备，提前转移危险区人员，避开风雨洪涝。

1. 留心台风信息

随时注意留心天气预报，了解台风登陆的时间、地点，要弄清楚自己所处的区域是否是台风要袭击的危险区域。居民及时收听、收看或上网查阅台风预警信息，了解政府的防台风行动对策。

2. 了解避风场所和逃生路线

如果遭遇台风，就要知道附近是否有安全的避风场所以及逃生路线。处于可能受淹的低洼地区的人要及时转移，从危旧房屋中转移至安全处。

3. 做好日常储备工作

台风来临有可能对水、电、生活物品有影响，应该储存好所需生活用品。建议家里准备应急包，需要多储备一些水和食物。车辆燃油箱加满，以备应急撤离。检查电路、炉火、煤气等设施是否安全，及时关掉阀门开关。

4. 加固房屋

台风来临前关好门窗，以免遭到破坏。清理阳台窗户上的残渣和松动的物件，将放置于阳台的花盆、杂物搬入室内，加固空调外机。保持露天阳台和平台上排水管道畅通，以免台风引起的暴雨导致积水不畅而倒灌室内。房屋中有不牢固的地方需要进行加固，可以用胶带以“米”字形加固窗户，紧闭固定窗外的防风挡板、木板，以免台风来临时房屋坍塌。要备好钉子、铁锤、锯子、铁铲、沙袋、挡板等固定门窗或堵住通风口，防止水从门窗或通风口涌入屋内。

（三）按预警做好防范

幼儿园、中小学校在蓝色预警后应采取暂避措施和户外加固措施，停止露天活动，切断室外电源。发布黄色、橙色预警后，停止室内外大型集会，停课确保师生在安全区域，停止一切游乐设施。

商业场所在发布蓝色预警后，应加固门窗、棚架、广告牌、霓虹灯、室外空调机等易被风吹动的搭建物，停止露天集体活动，停止高空作业，切断室外电源。发布黄色、橙色预警后，应停止室内外一切集会，必要时停业，确保人员转移到安全区域。

工矿企业建筑工地要建立值班制度，密切关注天气预警信息，要编制预案，组织抢险队伍，准备防汛物资；蓝色预警要加固各类设施，有毒有害物资转移到不受洪水、台风威胁的地带，切断危险的室外电源；黄色预警要停止室外作业，人员切勿外出；橙色预警后，停工停产，建筑工地要拉闸断电，确保一切人员在安全地带。

地下公共设施和低洼地带在发布蓝色预警后，要配备足够排水的排水器材，做好排涝和排水准备；发布黄色预警后，应切断电源，采取排水和挡水措施，转移地下重要物资到安全区域；发布橙色预警后，进一步加强公共设施检查，禁止无关人员进入。

渔港码头在发布台风蓝色预警后，应对港区设备、动力、电源、房屋等进行全面检查加固，降低或固定起吊设备，切断室外电源；发布台风黄色预警后，应固定港内船舶，加固或者拆除易被风吹动的建筑物，停止室外作业，人员切勿外出；发布台风橙色预警后，应加强港区检查，关闭挡潮闸，封闭港区，停工停产，注意防范风暴引发自然灾害。

船舶在避风港内，服从调度、固定船舶。船上人员全部上岸，确有必要留守的，必须落实安全保障措施并向有关部门备案。台风来临前，海上船舶应听从指挥，立即到避风场所避风。海上船舶万一躲避不及或遇上台风时，应及时与岸上有关部门联系，争取救援，并采取措施进行自救。

公园、旅游景点在发布蓝色预警后，应对建筑物、游乐设施、指示标牌、易倒树木、宣传广告牌等采取必要的加固措施，划定安全区、危险区和禁止区；发布黄色预警后，停止一切娱乐活动，固定水上船只，做好人员转移准备；发布橙色预警后，应停止营业，景区内人员全部到安全区域，防范山洪、地质灾害。

山洪危险区域在发布蓝色预警后，要做好转移准备；发布黄色预警后，应按照预案，逐步组织群众转移；在发布橙色预警后，应采取紧急疏散和保护措施，确保全部人员转移到安全区域。沿山谷行走时，遭遇大雨不要沿着洪道方向跑，迅速向两侧山坡跑，转移到高地。

（四）台风来临的注意事项

1. 减少外出

台风来临最好的躲避办法就是尽量不要出门，不到万不得已不要迈出家门，躲在没有窗户的房间。如当地有关部门要求撤离，应按要求尽快撤离，但切勿在风暴来袭期间撤离。若居住在高层，且地上积水已经灌入地下，应撤离至二、三楼或事先计划的应急避难场所。撤离前尽量关闭电、水和燃气闸门，拔掉家电的插头。在雨水中行走，要穿雨靴防护，并用盐水浸泡双脚，防止细菌感染。要小心下水道井盖脱落，用木棍或者伞一边探索一边移动。要观察建筑物是否受损，应远离受损建筑物。顺风行走要弯腰慢步，顺风时千万不要跑步前行。行走到拐弯处，要停下来观察，避免被飞来物体砸伤。

2.外出行车要注意

千万不要在河、湖、海的路堤或桥上行走，不要在受强风影响的区域开车、骑车。行车的时候，要注意积水深度，不要抱有待在车内躲避台风的心理，应该马上打开车锁，立即下车转移到安全地带。

3.危险地带勿逗留

不要在危旧住房、厂房、工棚、临时建筑、在建工程、市政公用设施、吊机、施工电梯、脚手架、电线杆、树木、广告牌、铁塔等地方躲风避雨。不要暂留或靠近河沟行走。比地面低的道路、隧道和地下人行通道，千万不要通过。台风强大的风力可能刮掉室外一些悬挂的东西，要远离广告牌、霓虹灯、临时建筑、枯树。台风可能引发暴风潮，小心在河边、江边就被浪潮席卷。台风很可能刮断电线，人一旦靠近很可能被电到，因此要远离电线杆、高压区。遇见掉地上的电线，立即单脚跳远离。

4.海上船只防范注意事项

有条件时在船舶上配备信标机、无线电通信机、卫星电话等现代设备。在没有无线电通信设备的时候，当发现过往船舶或飞机，或与陆地较近时，采用放烟火，发出光信号、声信号，摇动色彩鲜艳的物品等及时发出易被察觉的求救信号。在海面上遇到台风，落水可能性很大，要准备好淡水、食品和通信工具，穿好救生衣。等待救援时，应主动采取应急措施，迅速果断地采取离开台风区域的措施，如停（滞航）、绕（绕航）、穿（迅速穿过）。

（五）台风过后注意事项

台风过后，由于洪水的冲刷污染了生活用水和居住地，加之蚊蝇的大量滋生繁殖、老鼠的迁移，造成了生活环境的严重污染，食品容易发霉变质。以上这些因素均易给人体的健康带来危害，特别是容易发生肠道传染病的暴发流行。

1.预防疾病

台风的登陆很容易带来疾病的发生。如果发生腹泻、发热等症状，要及时到医院就诊。尤其是如果有发热和腹泻等症状一定要及时到当地医院的发热门诊或肠道门诊就医。

2.管理好饮用水

台风过后要注意饮用水的安全，这个时候饮用水可能遭受污染；喝开水，不喝生水，更不要饮用灾后井水；搞好个人卫生，不要使用未经消毒的污水漱口、洗水果、洗碗筷等；对饮用水而言，煮沸是最安全有效的消毒方法。

3.注意饮食安全

台风期间食物可能不新鲜或者受到污染，因此台风过后要吃新鲜的食物，给餐具消毒，预防肠道传染病和食物中毒。不吃腐败变质食物，不吃苍蝇叮爬过的食物，不吃未洗净的瓜果等。也不要吃生冷食品，食物要煮熟、煮透。

4.做好家庭卫生

大量的水资源给害虫病菌带来了繁殖的好机会，因此要大力开展防虫、防鼠的工作，搞好家庭卫生，避免蚊虫叮咬传播疾病，保持室内通风。防止皮肤直接接触疫水，如外出时要穿胶鞋等，戴乳胶手套，皮肤碰到污水后立即用清水冲洗，不用脏手揉眼睛。

二、龙卷风的防范与自救

龙卷风旋转速度可达每小时620千米，移动速度可为每小时50 ~ 65千米，声音听起来像纺纱陀螺或机车发出的声音，在距离40千米外的地方都能听到。龙卷风是最剧烈的大气风暴现象，其毁灭性是巨大的，在小区域上空出现龙卷风会造成非常严重的破坏，所过之处除最坚固的建筑物外，一切都将被吸进空中。龙卷风到达后的建筑物内外压力的失衡常会导致其崩塌或“爆炸”。

龙卷风来临时

大风来临前，要经常了解天气预报，自己所在区域是否为大风袭击区域；了解撤离路线，给车辆加满油；准备好应急包，带足食物和水；加固房屋及门窗，检查电力设施和常用电器，注意炉火、煤气、液化气，防止火灾；取下户外各种悬挂物，清理屋外排水沟；居住在海边或河边低洼地带的人，要撤离到较高地方；把冰箱开到最低冷冻挡，防止食物因停电变质；浴缸和大的容器装满水。当接到撤离通知后，要迅速果断撤离。龙卷风来临时，最好躲在地下室或洞穴里，靠近外墙的地窖也是一个特别坚固的地方；如果没有地下室，也没有防风篱，也可进入一个小房间或者在坚实牢固的家具下面躲避；远离窗户，牢牢关紧面朝龙卷风刮来方向的所有门窗，然后另一侧的门窗全部要打开，这样可以防止龙卷风刮进屋内掀起屋顶的同时，破坏屋内外的气压平衡，房屋发生“爆炸”和坍塌。如果龙卷风来临时正在室外，应趴在牢固的物体后面或者躲在地面的凹陷处，同时用手遮住头部，以免被随风乱飞的杂物伤害或被卷向空中摔回地面受伤；尽量穿雨衣，不要打伞；远离可能坠落下来的建筑物、树木、电桩、塔吊和电线；注意路面积水，防止跌落进下水道；保护头部最重要，面向墙壁蹲下，或者寻找低洼地带趴下，闭上眼口，用手护住头部；可以用衣物或毯子将自己裹起来，避免四处飞散的碎片；不要待在车内，风暴会将整辆车子都掀到半空中；如果能够看到或听到龙卷风即将到来，避开它的路线，以与其路线呈直角方向转移。

三、沙尘暴的防范

沙尘暴来临时最好躲在室内，不要外出，做好保护措施。接到沙尘暴预警后，检查居住房屋是否牢固安全，如果是危旧房屋，应马上转移避险。当沙尘暴来临的时候应该待在室内，紧闭门窗，可用胶条对窗户进行封闭，防止沙尘飞入房间里面。沙尘暴出现时，补充水分是很重要的，体内水分充足可以加速新陈代谢和保护皮肤。如果必须外出时，要注意眼睛和口鼻的防护。防止眼睛中进入沙子，最好的办法是外出的时候佩戴眼镜；外出的时候一定要佩戴口罩，防止沙尘进入口鼻中；回家要注意洗脸、漱口、清洗鼻腔，防止沙尘伤害呼吸器官。如果在室外，要远离树木和广告牌，蹲靠在能避风的矮墙处或趴在高坡的背风处，抓住牢固的物体，绝对不能乱跑，以免被狂风卷走或者被沙尘埋没。

四、火山爆发防范与自救

火山爆发多发生在地壳运动频繁的地带，常常喷出熔岩、火山灰等。死火山、活火山、休眠火山相互可能转换。火山在喷发之前常常活动增加，伴有类似打雷的“隆隆”声，山顶会有蒸汽溢出，水源中出现硫黄味道，云层中也会堆积硫黄颗粒形成刺激性的酸雨，这些都是灾难即将来临的警告信号。当前，加强火山预防警报是最好的防范。

1.熔岩流

熔岩流的移动速度非常快，可以为每小时8～65千米。火山爆发后，熔岩流会持续快速向前推进，毁灭沿途所经之处的一切东西，直到到达山谷底或者最终冷却。此时应迅速去高处避难。

2.喷射物

火山爆发时，带来大量大小不等、形态各异的喷射物，从粉尘颗粒到大块的热熔岩都有，而且由于地底庞大的压力，火山喷射物往往能扩散相当大的范围。逃离时，最好用交通工具快速撤离。可以使用建筑工人用的那种坚硬的头盔、摩托车头盔或骑马用的头盔来保护自己头部，穿上厚衣物。如果是在更远的区域，不需要逃离时，要警惕随之而来的火山灰和大气水源污染。

火山爆发

3.火山灰

火山灰并不是灰，而是被火山喷出的岩石粉末团，火山灰的覆盖范围比火山喷射物的覆盖面积还要大，其中一些灰尘甚至能被携至高空，扩散到全世界，进而影响天气情况。堆积的火山灰，重量能使屋顶倒塌，还可能会破坏庄稼、阻塞交通。火山灰具有刺激性，常伴随有毒气体，可能会对肺部产生伤害，还会伤眼睛。当火山灰中的硫黄随雨水降落到地面上时，硫酸和别的一些酸类会大面积、大密度产生，它们会灼伤皮肤、眼睛和黏膜等，还会腐蚀建筑物。在家关闭好门窗，用湿布堵住门窗缝隙。外行一定要戴上护目镜、通气管面罩或滑雪镜以保护眼睛，并用一块湿布护住嘴和鼻子。如果有条件，戴上工业防毒面具，回到庇护所后脱去衣服，彻底洗净暴露在外的皮肤，并用大量的干净水冲洗眼睛。

4.应对气体球状物危害

火山爆发时会有大量气体球状物喷出，这些物质以每小时160千米以上的速度滚下火山。附近的人要迅速躲避在附近坚实的地下建筑物中，或跳入水中屏住呼吸半分钟左右，气体球状物就会滚过去。

5.火山泥石流

岩浆滚滚而下，高温会使山顶的冰雪消融，从而引发洪灾，或者还伴有泥土，会形成泥石流，即所谓的火山泥石流。火山泥石流的移动速度可以高达每小时100千米，在狭窄的山谷，火山泥石流的高度可达30米，流速之快，覆盖范围之广，将会带来毁灭性的后果，在主火山爆发后很长一段时间它们都是非常危险的。1985年在哥伦比亚就曾因火山泥石流而造成了巨大的惨剧。火山处于休眠状态时，如果其产生的热量足以引起冰雪融化，也会产生潜在的危险，一场大雨就可能冲毁堤坝，引发山体滑坡和泥石流。

五、海啸防范与自救

海啸主要发生在太平洋区域，海啸时可引发高达30米的巨浪，在沿海地带会造成巨大破坏。它们的影响和规模因方向、海岸形状和其他因素不同而不同。在某些特定的海岸，原本威力很小的海啸能沿着海湾产生数百千米长的巨大海浪。

（一）海啸前的预警

人类不能控制海啸的发生，但可以通过预测、观察来减少海啸所造成的损失。当感觉大地发生颤抖时，远离海滨，登上高处，更不要去看海啸。如果和海浪靠得太近，危险来临时很可能无法逃脱。如在海边要经常了解天气预报，特别是住在海啸风险区域内的，要准备应急包，制订疏散计划，定期进行撤离演练，熟悉急救护理知识。地震海啸发生的最早信号是地面强烈震动，地震波与海啸的到达有一个时间差，正好有利于人们预防。地震是海啸的“排头兵”，如果感觉到较强的震动，千万不要靠近海边、江河的入海口。如果听到

海啸来临

有关附近地震的报告，要做好防海啸的准备，海啸有时会在地震发生几小时后到达离震源上千米远的地方。如果发现动物突然离开或聚集成群或进入通常不去的地方，潮汐突然反常涨落、海平面显著下降或者有巨浪袭来，并且有大量的水泡冒出，都应快速远离海岸边，马上向内陆高处转移。

（二）海啸防范注意事项

海边居民平时家里成员都要进行海啸预防演练。接到海啸警报后，立即关闭屋内的水电气阀门。发生海啸时，航行在海上的船只不可以回港或靠岸，应该马上驶向深海区，深海区相对于海岸更为安全。因为海啸在海港中造成的落差和湍流非常危险，船主应该在海啸到来前把船开到开阔海面。如果没有时间开出海港，所有人都要撤离停泊在海港里的船只。海啸登陆时海水往往明显升高或降低，如果看到海面后退速度异常快，立刻撤离到内陆地势较高的地方。人员要迅速远离海滩和江河入海口，即使看到较小海啸也要立刻离开，跑向内陆或者更高地方，越远越好。如果逃生时间有限或者已经身处险境，选择高大、坚固建筑物尽可能往高处爬，最好爬到楼顶。海边钢筋加固的高层大楼也是一个躲避海啸的安全场所。

（三）遭遇海啸时的自救互救

在海上，若已被困，为避免被甩入海中，应紧紧抓住船上牢固的物体。在陆地上，应立刻找到建筑物、树木或者比较固定的位置，用身体紧紧抱住牢固物体或紧紧拴住身体，因为海啸波退去的速度是比较快的。如果在发生海啸时不幸落水，要尽量抓住木板等漂浮物，同时注意避免与其他硬物碰撞。在水中不要举手，也不要乱挣扎，尽量减少动作，能浮在水面随波漂流即可。这样既可以避免下沉，又能够减少体能的无谓消耗。马上观察岸边在哪边，漂浮物越密集代表离岸边越近。不要脱衣服，尽量不要拼命游泳，能漂浮即可，以防体内热量过快散失。不要喝海水，海水不仅不能解渴，反而会让人脱水而出现幻觉，导致精神失常甚至死亡。尽可能向其他落水者靠拢，既便于相互帮助和鼓励，又因为目标扩大更容易被救援人员发现。人在海水中长时间浸泡，热量散失会造成体温下降。溺水者被救上岸后，最好能放在温水里恢复体温，没有条件时也应尽量裹上被子、毯子、大衣等保暖。注意不要采取局部加温或按摩的办法，更不能给落水者饮酒，饮酒只能使热量更快散失。给落水者适当喝一些糖水有好处，可以补充体内的水分和能量。如果落水者受伤，应采取止血、包扎、固定等急救措施，重伤员则要及时送医院救治。要记住及时清除落水者鼻腔、口腔和腹内的吸入物。将落水者的肚子放在施救者的大腿上，从后背按压，将海水等吸入物排出。如心跳、呼吸停止，则应立即交替进行心肺复苏。

六、流沙、泥潭、沼泽地逃生

（一）流沙自救

一旦陷入流沙，千万不要惊慌，更不要盲目挣扎，否则会越陷越深。放松身体，大口吸气，后仰身体，并尽量张开双臂分散体重，增加浮力。不要立即脱下背包来减轻重量，它可以增加受力面积。如有手杖，可以插在身体部位下的沙中，也可以把手中的雨伞等物品放在身下。缓慢单侧活动下肢，让沙粒可以流动到肢体活动后留下的空间，避免出现“真空效应”。所有动作都要缓慢，如只有自己一人，朝天躺下后，应拨动手脚面的泥土，用仰泳的姿势慢慢移向硬地。如有同伴，应躺着不动，等同伴用把绳子抛过来，在同伴的帮助下慢慢上移。

（二）泥潭自救

通过泥潭时要穿戴防水性好的衣物，备用衣物要用防水材料包裹。带上一根木棍或手杖，可用于探路，也可在滑入泥潭时获得支撑。要尽量避开湿地中寸草不生的黑色平地，水苔像地毯一样布满的泥沼，可能是危险的泥潭。原地用力跺脚，前面地面出现颤动，可能是泥潭。一旦陷入，千万不要惊慌，更不要盲目挣扎，否则会越陷越深。后仰身体，并尽量张开双臂分散体重，增加浮力。不要脱下背包来减轻重量，可以缓慢放在身体下面，它可以增加受力面积。

陷入流沙

（三）沼泽地行进

通过沼泽地不仅难度很大，而且还十分危险，如果明知道前方是沼泽地，最明智的做法就是绕开它。但如果不可避免地要穿越沼泽地时，一定要特别注意观察地貌和植被。草原中的沼泽地最容易陷落的地方往往生有鲜绿色的杂草；森林中的沼泽地最容易陷落的地方往往枯树较多，而且树木稀疏；湖泊和老河床所形成的沼泽地，其危险性要比森林和草原中的沼泽地大，池沼中的水面有许多貌似地面的湖草、碎叶、泥土混合的漂浮层，走在上面非常容易发生危险。在沼泽地行进时，最好是在手中横执一根竿子，并不断地用它去探查前方道路的厚度和强度，以防突然陷落。

通过沼泽地时，不能踩着别人的足迹行走，因为漂浮层强度有限，重复踩一个地方就有可能会陷落。如果不得不走一条线路时，彼此之间应该保持一定的距离，避免重力过于集中。如果遇到有鲜红色植物的地方，一定要绕开行走，因这种地方不是湿度大就是漂浮层很薄，下面可能是泥潭。如果不小心陷入了泥潭，一定不能着急，身体向后倾，轻轻躺下并尽量张开双臂来分散体重，扩大身体与泥潭的接触面积，减小身体对泥潭的压力，减缓下陷的速度。如趴着，可缓慢把背包放在胸前，增加阻力。若与硬地的距离很近，可以利用身体的翻滚从泥潭中摆脱出来，也可以将身体向前延伸一段距离，然后攀扶或接近干燥地面及其他附着物。在移动身体的时候一定要小心，每一个动作都要让泥有时间流到身体的下面，否则将会越陷越深。如果身旁有树根、草根，可以拉着它们借力移动。移动的速度可能会很慢，但只要不往下陷，即使是花费了很长时间才移动了几米也是胜利。当感到疲倦的时候，可以伸开四肢，保持身体不会下沉，躺着不动，等休息好以后再慢慢地向前移动。陷入泥潭后应该力求自救，在自救无望时再由其他同伴实施救援。在其他人员开始救援的时候，陷落者要停止活动，以减缓下沉的速度，救援者要用绳索或者长木棍救援，以防止破坏遇险者附近草层的强度和浮力，而使两者都无生还的希望。救援者在救援前，应该以树枝、树叶、草皮垫在地上，匍匐前进靠近陷入者，再用木板、树枝等铺在陷入者的身边，增加浮力，用绳索或者木棍将其从泥潭中拖到硬地上来。如果救援者有长而结实的树枝、木棒或者是绳子，可以先站到硬地上，直接将树枝、木棒或者是绳子递到陷入者的手中，用力将其从泥潭中拉出来。

无论是流沙、泥潭还是沼泽地，不要误入才是最好，要能识别，行进时用木棍探路，小心前进。

参考文献

[1] 才林.遇险自救自我防卫野外生存实用百科[M]. 北京：北京联合出版公司，2014.

[2] 吴飞.图解野外生存手册[M]. 呼伦贝尔：内蒙古文化出版社，2010.

[3] 沈克尼.陶京天.野外生存[M]. 北京：解放军出版社，1997.

[4] 《家庭应急必备》编写组.家庭应急必备[M]. 北京：人民出版社，2011.

后记

本书是一本介绍家庭各成员在工作、生活、旅游中如何应对突发事件这些的通俗科普读物。书中介绍的内容，是千百年来人类应对自然灾害、突发事件总结探索出来的应急知识和经验。本书对科普知识进行归纳汇总，旨在普及应急知识，提高公众自救互救能力，减少灾害事件对每个家庭的损害。

本书完成得到四川科学技术出版社大力支持，得到责任编辑辛勤指导。特此表示衷心感谢。

由于各种因素所限，书中可能还存在不少缺陷甚至差错，敬请读者和社会大众批评指正，以便再版时进行修订。

编者